Sprengstoffe

und

Zündung der Sprengschüsse

mit besonderer Berücksichtigung der

Schlagwetter- und Kohlenstaubgefahr

auf Steinkohlengruben.

Von

F. Heise,

Professor an der Königlichen Bergakademie zu Berlin.

Mit 146 in den Text gedruckten Figuren.

Berlin.
Verlag von Julius Springer.
1904.

ISBN 978-3-642-51776-1 ISBN 978-3-642-51816-4 (eBook)
DOI 10.1007/978-3-642-51816-4

Softcover reprint of the hardcover 1st edition 1904

Piererscbe Hofbuchdruckerei Stephan Geibel & Co. in Altenburg.

Vorwort.

Das vorliegende Werk ist in erster Linie für Bergleute bestimmt und soll diesen Gelegenheit geben, sich über das Gebiet der Sprengstoffe und der Zündung der Sprengschüsse in einem für die bergmännische Praxis genügenden Umfange zu unterrichten.

Die Abschnitte über Sicherheitssprengstoffe und elektrische Schufszündung sind besonders eingehend behandelt, da sie für Steinkohlengruben im Hinblick auf die Schlagwetter- und Kohlenstaubgefahr eine hervorragende Wichtigkeit besitzen. Übrigens fehlt gerade für diese Abschnitte, obwohl sie in vielen verstreuten Einzelaufsätzen bearbeitet sind, eine für Bergleute geeignete zusammenfassende Darstellung.

Da die Sprengarbeit nicht allein auf den Bergbau beschränkt ist, wird das Buch ferner allen denjenigen als wissenschaftliches Hilfsmittel und Nachschlagewerk dienen können, die regelmäfsig mit der Handhabung und dem Gebrauche von Sprengstoffen zu tun haben, insbesondere also den Offizieren der technischen Waffengattungen, den Tunnelbautechnikern und den Besitzern und Leitern von Steinbrüchen.

Um den Bedürfnissen der Praxis entgegen zu kommen, sind für die verschiedenen Sprengstoffe und Zündmittel zumeist die Bezugsquellen angegeben. Veraltetes und Überholtes ist als solches hervorgehoben.

Ich hoffe, dafs das Buch nicht allein in den genannten Kreisen, sondern auch bei den Technikern der Sprengstoff- und Zündmittelindustrie selbst geneigte Aufnahme finden wird. Wenn in dem Buche auch ein näheres Eingehen auf die Herstellung der Sprengstoffe vermieden ist, so mufs doch der Sprengstoff-

*

erzeuger bezw. der Zündmittelfabrikant mit dem Sprengstoffverbraucher Hand in Hand arbeiten, und es kann für den ersten nur nützlich sein, die Bedürfnisse des letzten und dessen Anschauungen kennen zu lernen. Die Kenntnis der Theorie ist überdies für beide Teile notwendig.

Alle Fachkollegen sowie die Interessenten bitte ich, mich bei der weiteren Bearbeitung des Gebietes dadurch unterstützen zu wollen, dafs sie mir über Neuerungen bei den Spreng- und Zündmitteln, über Verbesserungen, Versuche und Erfahrungen, desgleichen über etwaige Irrtümer und Unvollständigkeiten meines Buches freundlichst Mitteilung machen.

Berlin, im Februar 1904.

Der Verfasser.

Inhaltsverzeichnis.

Erster Teil. Die Sprengstoffe.

Zweiter Teil. Die Zündung der Sprengschüsse.

Erster Teil.

Die Sprengstoffe.

I. Geschichtliches.

Die Erfindung des Schwarzpulvers ist in ein kaum zu lichtendes Dunkel gehüllt. Wahrscheinlich hat sich das Pulver allmählich aus dem griechischen Feuer entwickelt. Verhältnismäfsig spät lernte man es als Schiefs- und Sprengmittel benutzen. Erst im Anfange des 14. Jahrhunderts wird das Pulver als Treibmittel in Kanonen und Gewehren verwandt, und weitere drei Jahrhunderte später ist seine Benutzung für Sprengzwecke in Bergwerken nachweisbar. Nach Guttmann findet sich die erste sichere Nachricht über die Sprengarbeit in Bergwerken im Protokolle des Schemnitzer Berggerichtsbuches vom 8. Februar 1627, wonach ein Tiroler, namens Caspar Weindl, an diesem Tage die erste Sprengung im Ober-Biberstolln in Ungarn durchgeführt hat. Im Jahre 1632 wurde sodann die Sprengarbeit bei Klausthal, 1645 bei Freiberg und 1670 in England eingeführt.

Lange Zeit blieb das Pulver als Sprengmittel allein herrschend. Erst das 19. Jahrhundert brachte neue Sprengstoffe. Im Jahre 1845 wurde von Schönbein die Schiefsbaumwolle und 1847 von Sobrero das Sprengöl (Nitroglyzerin) erfunden, womit der Grund für die Entwicklung der nitrierten Sprengstoffe gelegt wurde.

Die Schiefsbaumwolle konnte in den ersten beiden ihrer Entdeckung folgenden Jahrzehnten nicht festen Fufs fassen, da sie infolge der Unvollkommenheit der Fabrikation nicht in genügender Reinheit hergestellt wurde und mehrfach in Magazinen auf unaufgeklärte Weise explodierte.

Die Bedeutung des Sprengöls für Sprengzwecke wurde erst erkannt, als Alfred Nobel im Jahre 1864 zeigte, dafs der für die Explosion nötige Schlag durch Entzündung einer kleinen über dem Sprengöl befindlichen Pulverladung, die später durch ein starkes Zündhütchen — Sprengkapsel — ersetzt wurde, hervorgebracht werden konnte.

Das Sprengöl wurde alsbald in Blech-, Papier- oder Glaspatronen angewandt. Im festen Gestein wurde es auch wohl unmittelbar in das Bohrloch gegossen. Der flüssige Zustand des neuen Sprengmittels hatte erhebliche Übelstände und Gefahren im Gefolge, so dafs die weitere, im Jahre 1866 gemachte Entdeckung Nobels, dafs Kieselguhr das Nitroglyzerin aufzusaugen und festzuhalten imstande ist, auf fruchtbaren Boden fiel. Das Guhrdynamit bürgerte sich schnell ein. Im Jahre 1878 wurde wiederum von Nobel die Entdeckung gemacht, dafs Sprengöl mit Kollodiumwolle — einer besonderen Art der Schiefsbaumwolle — sich zu einer gelatineähnlichen, gallertartigen Masse verbindet und dafs letztere besonders kräftige Sprengwirkungen besitzt. Aus dieser Entdeckung entstanden die Sprengstoffe Sprenggelatine und Gelatinedynamit. Um das Jahr 1886 erfand der französische Chemiker Vieille das rauchlose Pulver.

Gewissermafsen als Vorläufer der Sicherheitssprengstoffe können die von Sprengel im Jahre 1873 angegebenen Sprengmittel angesehen werden. Mitte der 80er Jahre erschienen die ersten Sicherheitssprengstoffe (Sekurit, Karbonit, Roburit), die mit dem Anspruche auftraten, dafs sie ohne Flammenbildung explodierten und Schlagwetter überhaupt nicht zu zünden vermöchten. Die späteren Untersuchungen der französischen Schlagwetterkommission (1887—1889) förderten die Kenntnis von dem Wesen der Sicherheitssprengstoffe ungemein.

II. Allgemeines über Sprengstoffe.

A. Erklärung der Grundbegriffe (Explosion, Explosionstemperatur, Zündung).

Die Wirkung der Sprengstoffe beruht auf ihrer Explosionsfähigkeit. Die Moleküle des Sprengstoffes sind in labilem, chemischem Gleichgewichte angeordnet, das plötzlich durch Zerfall der alten und Bildung neuer chemischer Verbindungen unter Wärmeentwicklung in das stabile Gleichgewicht übergehen kann. Unter Explosion (explosion, detonation; explosion) versteht man also eine sehr schnell verlaufende chemische Umsetzung des Sprengmittels, wobei als Explosionserzeugnisse aufser etwaigen festen Rückständen (Rauch) vorzugsweise Gase unter einer hohen Temperatur entstehen. Diese Temperatur heifst die Explosions- oder Flammentemperatur (température d'explosion; temperature of explosion). Die Spannkraft der stark erhitzten, im Bohrloche zusammengedrängten Gase bewirkt die Sprengung.

Die Fähigkeit der verschiedenen Sprengstoffe zu explodieren, ist verschieden grofs und unterliegt auch bei einem und demselben Sprengmittel erheblichen Schwankungen. Besonders üben der physikalische Zustand des Sprengstoffes (Körnung, Pressung des Materials), der Wassergehalt und die Temperatur einen deutlichen Einflufs aus. Unter Umständen kann die Explosionsfähigkeit zeitweise oder dauernd verloren gehen.

Im landläufigen, freilich nicht in allen Fällen zutreffenden Sinne kann man die Explosion als plötzliche Verbrennung auffassen. Nach dieser Annahme sind in den Sprengstoffen einerseits brennbare und andererseits solche Bestandteile vereinigt, die Sauerstoff abgeben. Als brennbare Bestandteile kommen hauptsächlich Kohlenstoff und Wasserstoff und deren Verbindungen in Betracht. Demzufolge sind die wichtigsten Explosionserzeugnisse Kohlensäure, Kohlenoxyd und Wasserdampf.

Die im Sprengstoffe einmal eingeleitete Explosion pflanzt sich gewöhnlich infolge ihrer eigenen Wirkung ohne weiteres durch die ganze Masse hin fort. Der erste Anstofs zur Explosion mufs von aufsen gegeben werden. Die Einleitung erfolgt in der Regel durch die Zündung (mise du feu, amorçage, allumage; firing, ignition).

Manche Sprengstoffe erhalten den Anstofs zur Explosion einfach durch Erwärmung. Pulver, das auf 315°, und Knallquecksilber, das auf 186° erhitzt ist, entzünden sich und explodieren. Bei anderen Sprengstoffen tritt zufolge Erwärmung an freier Luft zwar bei einer gewissen Temperatur ebenfalls Entflammung ein.

Professor Munroe (Amerika) hat beispielsweise die folgenden Entzündungstemperaturen bestimmt:

für Sprengöl	203—205°
„ komprimierte Schiefswolle . .	192—201°
„ Dynamit Nr. 1	197—200°
„ Gelatinedynamit	203—209°

Die Entflammung führt aber nicht regelmäfsig zur eigentlichen Explosion, wie in den folgenden Abschnitten (S. 7—14) näher ausgeführt ist. Es ist vielmehr zur Einleitung der Explosion aufserdem eine Steigerung des Druckes nötig. In solchen Fällen benutzt man zur Zündung des Sprengstoffes gewöhnlich eine mit Knallquecksilber gefüllte Sprengkapsel, deren Explosion die nötige Temperatur und den erforderlichen Druck liefert. Auch Stofs, Schlag oder Reibung können genügende Temperatur und ausreichenden Druck an der Angriffsstelle erzeugen, um die Explosion des Sprengstoffes in die Wege zu leiten.

Die Temperatur, bei der ein Sprengstoff explodiert oder ins Brennen gerät, heifst seine Entzündungstemperatur (température initiale; firing point), die nicht mit der oben genannten Explosionstemperatur verwechselt werden darf.

B. Fortpflanzung der Explosion.

1. Verbrennung und Detonation. Nach den klassischen Untersuchungen von Berthelot und Vieille sind zwei verschiedene Arten der Explosionsfortpflanzung zu unterscheiden, nämlich die Verbrennung und die Detonation. In Berücksichtigung dieses Unterschiedes spricht man von langsam explodierenden und von brisanten Sprengstoffen (explosifs de premier ordre, explosifs de second ordre, poudres lents, explosifs brisants; low and high explosifs). Zu der ersteren Gruppe gehören das Schwarzpulver und die damit verwandten Sprengstoffe, ferner die eigentlichen Schiefsmittel, wie das rauchlose Pulver. Zu den brisanten Sprengstoffen gehören insbesondere die Dynamite und die Ammonsalpetersprengstoffe.

2. Bei der **Verbrennung** oder **Deflagration** geht die Fortpflanzung der Explosion durch unmittelbare Wärmeübertragung von Schicht zu Schicht — also durch ein eigentliches Abbrennen vor sich. Die Schnelligkeit, mit der dies geschieht, ist sehr verschieden und kann unter mäfsigem Gasdrucke bei manchen Sprengstoffen so verlangsamt werden, dafs der Charakter der Explosion überhaupt nicht in die Erscheinung tritt. Man spricht dann von einem Abbrennen oder — wenn der Sprengstoff sich im Bohrloche befindet — von einem Auskochen der Ladung (vergl. S. 10 ff.).

Bei beträchtlichem Gasdrucke, wie er im Bohrloche die Regel ist, geht die Verbrennung mit erheblicher Beschleunigung von mindestens einigen Metern in der Sekunde vor sich. Wir sprechen dann von einer Explosion I. Ordnung. Die Geschwindigkeit der beschleunigten Verbrennung oder der Explosion I. Ordnung ist nach dem physikalischem Zustande und der chemischen Beschaffenheit des Sprengstoffes verschieden, ist im übrigen aber abhängig von dem Gasdrucke.

Feinkörniges Pulver explodiert schneller als grobkörniges. Die Entzündung von Korn zu Korn geht schneller vor sich als die Verbrennung nach dem Innern des Korns. Kalisalpeterpulver explodiert schneller als Natronsalpeterpulver. Was den Einflufs des Gasdruckes betrifft, so ist bekannt, dafs eine sehr dünne auf den Boden gestreute Pulverschnur langsam weiterbrennt, weil die Explosionsgase sich sofort in die Luft zerstreuen und somit die Fortpflanzung der Entzündung annähernd unter atmosphärischem Drucke vor sich geht. Streut man auf dieselbe Länge gröfsere Mengen Pulver oder schliefst es gar in eine feste Röhre ein, so dafs die Explosion unter hohem Gasdruck erfolgen mufs, so ist auch die Explosionsschnelligkeit ungleich gröfser. Nach Piobert wächst die Verbrennungsgeschwindigkeit der Pulver im bestimmten Verhältnis mit dem Gasdrucke. Wenn man die Verbrennungsgeschwindigkeit v_1 bei atmosphärischem Drucke p_1 kennt, so hat man für einen Druck p_x:

$$\frac{v_1}{v_x} = \frac{p_1}{p_x} C,$$

worin v_x die gesuchte Geschwindigkeit und C eine Konstante darstellt, die für Schwarzpulver 0,33 beträgt.

3. Die **Detonation** oder Explosion II. Ordnung tritt ein, wenn die Explosion durch Vermittlung einer besonderen, physikalischen Wellenbewegung — ähnlich der Wirkung der Schallwelle — vor sich geht. Die Explosionswelle (onde explosive) läfst sich so erklären, dafs die im Punkte der Zündung gebildeten Gasteilchen zunächst nicht die Zeit finden, sich auszudehnen und ihre Wärme — wie bei der Verbrennung — der nächsten Schicht mitzuteilen. Die Schwingungen der Gasmoleküle wirken vielmehr allein vermöge ihrer lebendigen Kraft, indem sie einen starken Stofs auf die Nachbarschicht ausüben. Hierdurch werden die Nachbarmoleküle auf die Entzündungstemperatur gebracht, erleiden die Explosionszersetzung und sind nun ihrerseits imstande, die Wellenbewegung weiter an die nächste Schicht zu übermitteln. Es findet also eine unaufhörliche Aufeinanderfolge von mechanischen, kalorischen und chemischen Wirkungen statt.

Die Explosionswelle kann sowohl bei festen und flüssigen Sprengstoffen wie bei explosiven Gasgemischen Trägerin der Explosionsfortpflanzung sein.

4. **Geschwindigkeit der Explosionswelle.** Berthelot und Vieille haben gefunden, dafs die Geschwindigkeit der Explosionswelle in explosiven Gasgemischen allein abhängig von der Natur des Gases, dagegen unabhängig von dem Drucke ist. Es lassen sich also für Gasgemische ganz bestimmte Geschwindigkeiten der Explosionswelle aufstellen.

Berthelot gibt z. B. folgende Zahlen an:

Wasserstoff + Sauerstoff . .	2810 m in der Sekunde,
Kohlenoxyd + Sauerstoff . .	1088 m „ „ „
Methan + Sauerstoff	2287 m „ „ „

Für feste und flüssige Sprengstoffe gelten die für Gasgemische ermittelten einfachen Gesetze nicht, so dafs es unmöglich ist, bestimmte, allgemein gültige Explosionsgeschwindigkeiten für die einzelnen Sprengstoffe anzugeben.

Im folgenden seien die Ergebnisse einiger Messungen mitgeteilt:

In Österreich hat man bei Explosion einer 67 m langen Dynamitpatrone eine Geschwindigkeit von über 6000 m in der Sekunde gemessen. Der Oberst Sébert hat bei Schiefswolle Geschwindigkeiten von 5000 bis 7000 m beobachtet. Bei Versuchen in Wahn, die von der deutschen Militärverwaltung im Einvernehmen mit verschiedenen Sprengstofffabriken vorgenommen wurden, fand man ähnliche Zahlen für die genannten Sprengstoffe. Für Sprenggelatine und Pikrinsäure fand man Geschwindigkeiten von annähernd 7700 m in der Sekunde, bei Ammonsalpetersprengstoffen von 2000—3900 m. Dabei zeigte sich aber, dafs die Geschwindigkeit bei den frei an der Luft explodierenden, zylindrischen Sprengladungen unmittelbar abhängig ist von der Patronenstärke. Der eine Ammonsalpetersprengstoff, der bei 30 mm Patronenstärke 2900 m als Fortpflanzungsgeschwindigkeit der Explosion aufwies, besafs bei 50 mm Patronendicke eine solche von 3900 m. Ein anderer wies bei entsprechenden Patronendurchmessern Geschwindigkeiten von 2900 und 3300 m auf. Derartige Messungen können somit die Frage nach der Fortpflanzungsgeschwindigkeit der Explosion im Bohrloche nicht entscheiden.

Auch Direktor C. E. Bichel hat bei Versuchen auf der Karbonitfabrik zu Schlebusch je nach den Versuchsbedingungen verschiedene Werte ermittelt[1]). Bei fester Einschliefsung ergaben sich für manche Sprengstoffe höhere Explosionsgeschwindigkeiten, und zwar für

Donarit, eingeschlossen	4137 m
„ nicht eingeschlossen	3930 m
Ammonkarbonit I, eingeschlossen . .	3195 m
„ nicht eingeschlossen	1753 m
Ammonkarbonit, eingeschlossen . . .	3094 m
„ nicht eingeschlossen.	1649 m
Thunderite, eingeschlossen	3654 m
„ nicht eingeschlossen . .	2137 m

Bei den Schlebuscher Versuchen wurden Apparate angewendet, die von Dr. Mettegang angegeben waren. Dieselben arbeiteten so genau, dafs sie schon bei explodierenden Sprengstoffzylindern von nur $3^1/_2$ m Länge verläfsliche Resultate ergaben.

Nach Gody[2]) und Vieille[3]) ist die Geschwindigkeit der Explosionswelle insbesondere von der Ladedichte und dem

---

[1]) Preufs. Z. Bd. L. 1902. S. 669 ff.

[2]) Gody, Traité théorique et pratique des matières explosives. Namur 1896. S. 543.

[3]) Mémorial des poudres et salpêtres. Bd. IV, S. 21.

Covolumen abhängig. Sie würde bei vielen Sprengstoffen unendlich grofs sein, wenn die Explosion der Ladung tatsächlich im eigenen Volumen (d. h. in einem nicht nachgiebigen Einschlusse) vor sich ginge.

Detonation und Verbrennung schliefsen sich nicht notwendig aus. Die verlangsamte Verbrennung kann bei manchen Sprengstoffen (z. B. Dynamit) in beschleunigte Verbrennung und diese in Detonation übergehen. Schwarzpulver und die verwandten Sprengstoffe unterliegen der langsamen und der beschleunigten Verbrennung. Knallquecksilber detoniert dagegen stets. Die tatsächliche Explosionsgeschwindigkeit schwankt somit in den weitesten Grenzen.

C. Die Explosionszersetzung bei beträchtlichem Gasdrucke.

(Explosion I. und II. Ordnung.)

Die chemische Zusammensetzung des Sprengstoffes ist mafsgebend für seine Explosionszersetzung. Die Zusammensetzung kann so gewählt sein, dafs der Sauerstoff entweder im Überschufs vorhanden ist und bei der Explosion frei wird (z. B. beim Nitroglyzerin) oder dafs er gerade zur völligen Verbrennung der brennbaren Bestandteile ausreicht (z. B. bei gewissen Sprenggelatinen) oder aber, dafs er nicht zur völligen Verbrennung der brennbaren Bestandteile genügt (z. B. bei der Schiefswolle). Im letzteren Falle entsteht Kohlenoxyd. Aufserdem pflegt alsdann in den Nachschwaden freier Wasserstoff (und in geringen Mengen Methan) aufzutreten.

Der Verlauf der Explosion läfst sich voraussehen, wenn der Sprengstoff genügenden Sauerstoff zur völligen Verbrennung aller brennbaren Bestandteile enthält. Es tritt völlige Oxydation ein, und es wird das Maximum an Wärme- und Kraftentwicklung erreicht (Prinzip der gröfsten Arbeitsleistung).

Z. B. Nitroglyzerin: $C_6 H_{10} N_6 O_{18} = 6\, CO_2 + 5\, H_2O + 3\, N_2 + {}^1/_2\, O_2$.

Die Wirklichkeit kann natürlich der theoretischen Zersetzungsgleichung nicht ganz entsprechen. Es würde dies der Fall sein, wenn die Explosionserzeugnisse genügend Zeit zur gegenseitigen

Einwirkung aufeinander hätten. Die plötzliche Abkühlung aber, die die Gase erleiden, und die aufserordentlich kurze Dauer der Explosion verhindern bis zu einem gewissen Grade die volle chemische Umsetzung.

Die Wahrscheinlichkeit einer der theoretischen Zersetzung annähernd entsprechenden Explosion ist gröfser bei Sprengstoffen, die eine chemische Verbindung darstellen, als bei solchen, die mechanische Mischungen verschiedener Bestandteile sind. Bei letzteren wieder werden sorgfältig verarbeitete Sprengstoffe in einer Weise explodieren, die mehr der Theorie sich nähert, als es gemischte Sprengstoffe tun.

Schwieriger ist die Beurteilung der voraussichtlichen Explosionszersetzung bei Sprengstoffen, deren Sauerstoffvorrat nicht zur völligen Verbrennung der Bestandteile ausreicht. In diesem Falle sind die Explosionserzeugnisse — also auch der Explosionsverlauf — je nach der Temperatur und dem Drucke verschieden. Mallard und Le Chatelier nehmen an, dafs in solchen Fällen sich der Sauerstoff zunächst mit dem Kohlenstoff zu Kohlenoxyd verbindet und dafs der alsdann noch verfügbare Sauerstoff sich etwa zu gleichen Teilen mit dem freien Wasserstoff zu Wasser und mit Kohlenoxyd zu Kohlensäure vereinigt. Diese Annahme entspricht im grofsen und ganzen den Analysenergebnissen. Abweichungen hiervon haben um so weniger eine grofse Bedeutung, als die angegebene Voraussetzung die Mitte der überhaupt erreichbaren höchsten und niedrigsten Wärmeentwicklung als zutreffend hinstellt. Als Beispiel sei die 11 fach nitrierte Schiefswolle gewählt:

$$C_{24}H_{29}N_{11}O_{42} = 15\,CO + 9\,CO_2 + 9\,H_2O + 5{,}5\,H_2 + 5{,}5\,N_2.$$

Die Voraussage wird bei solchen Sprengstoffen sehr unsicher, die wie z. B. Schwarzpulver feste Explosionserzeugnisse verschiedener Art in erheblichen Mengen hinterlassen.

D. Die verlangsamte Verbrennung der Sprengstoffe.

(Auskochen der Sprengschüsse.)

Das Auskochen der Sprengschüsse ist besonders auffällig, wenn es bei solchen Sprengstoffen auftritt, von denen man die Detonation erwartet. Es kommt in der Praxis ziemlich häufig vor und wird bei allen nitroglyzerinhaltigen Sprengmitteln und auch bei den Ammonsalpetersprengstoffen beobachtet.

Auskochende Schüsse unterscheiden sich von explodierenden nicht nur durch die verschiedene Schnelligkeit des chemischen Zerfalls und durch die fehlende Sprengwirkung, sondern auch durch die Art der Zersetzung des Sprengstoffes. Die Beschaffenheit der bei dem Auskochen und bei der Explosion entstehenden Gase ist verschieden. Insbesondere sind es nitrose Dämpfe — die höheren Oxyde des Stickstoffes —, die als unterscheidendes Kennzeichen auftreten.

Bei der Verbrennung von Nitroglyzerin in Gestalt von Guhrdynamit unter atmospnärischem Drucke erhielten Sarrau und Vieille folgende Zusammensetzung der Verbrennungsgase:

NO	48,2 %
CO	35,9 %
CO_2	12,7 %
H_2	1,6 %
N_2	1,3 %
CH_4	0,3 %
	100 %

Schiefsbaumwolle lieferte bei der Verbrennung im Vakuum folgende Gase:

	Nach Hecker u. Schmidt.	Nach Teschenmacher u. Porret.
NO	15,35 %	18,08 %
CO	37,91 %	19,02 %
CO_2	13,32 %	7,63 %
H_2O	24,76 %	47,66 %
N_2	4,03 %	3,82 %
CN	—	3,79 %
Ölbildendes Gas	4,63 %	--
	100,00 %	100,00 %

Für den Ammonsalpeter gibt Berthelot eine ganze Reihe verschiedener Arten der Zersetzung an. Es sind dies:

1. $N_2H_4O_3 = HNO_3 + NH_3$,
   eine Zersetzung, die bei niedriger Temperatur unter starkem Wärmeverbrauch vor sich geht;
2. $N_2H_4O_3 = N_2O + 2\,H_2O$,
   bei höherer Temperatur und mäfsiger Wärmezufuhr;
3. $N_2H_4O_3 = N_2 + {}^1/_2\,O_2 + 2\,H_2O$,
   bei plötzlicher starker Erhitzung (Explosionszersetzung).

Nebenher kommen noch folgende Zersetzungen vor:

4. $N_2H_4O_3 = \mathbf{NO} + {}^1/_2 N_2 + 2H_2O,$
5. $2N_2H_4O_3 = {}^1/_2 N_2 + \mathbf{NO_2} + 4H_2O,$
6. $3N_2H_4O_3 = 2N_2 + \mathbf{N_2O_3} + 6H_2O,$
7. $5N_2H_4O_3 = 2\mathbf{HNO_3} + 4N_2 + 9H_2O.$

Berthelot hebt dabei hervor, dafs je nach der im Laufe der Zersetzung sich entwickelnden Temperatur und nach der Schnelligkeit der chemischen Vorgänge die eine oder andere der aufgeführten Zersetzungsarten vorherrschen wird, ohne dafs damit jedoch die übrigen völlig ausgeschlossen sind.

Tatsächlich bemerkt man bei allen auskochenden Sprengschüssen, dafs aus dem Bohrloche grofse Mengen gelbroten Qualmes hervorbrodeln, die sich schon nach ihrem Aussehen als höhere Oxydverbindungen des Stickstoffes kennzeichnen. Bei regelmäfsiger Explosion fehlen dagegen solche Stickoxydverbindungen in den Nachschwaden völlig. Man erklärt dies daraus, dafs unter dem Drucke der Explosion und bei der erhöhten Temperatur das Stickoxyd reduziert wird, so dafs Kohlensäure, Kohlenoxyd und Wasser unter Ausscheidung von Stickstoff gebildet werden.

Ursachen für das unbeabsichtigte Auskochen der Sprengladungen gibt es mancherlei. Wappler[1]) führt für Dynamitsprengungen als die wichtigsten an: zu schwache Sprengkapseln oder Zündungen ohne Sprengkapseln; schlechtes Einsetzen der Zündschnur mit der Kapsel in die Ladung, so dafs letztere vor der Explosion der Kapsel entzündet wird; Nichtaneinanderstofsen der einzelnen Sprengpatronen und die Verwendung gefrorenen Dynamits.

Auskochen und Explosion der Sprengladung können in einem und demselben Bohrloche stattfinden, so dafs die Ladung, wie Sarrau[2]) und Volf[3]) berichten, zum Teil abbrennt und zum Teil explodiert.

Häufig wird der Sprengstoff zunächst ins Kochen geraten und erst nachträglich entweder als Folge des unter dem Besatze sich entwickelnden Gasdruckes oder mittelst der verspätet explodierenden Sprengkapsel zur Explosion kommen. In anderen

---

[1]) Über gesundheitliche Wirkungen der Dynamitsprengung. Jahrbuch f. d. B. u. Hw. im Kgr. Sachsen. 1887. S. 31.

[2]) Annales des Mines ou etc. Paris 1896. Bd. X., S. 126 ff.

[3]) Östr. Z. f. B. u. Hw. 1901. Nr. 17, S. 221 ff.

Fällen wird der vorderste Teil der Ladung ordnungsmäfsig explodieren, während die hinteren Patronen, die vielleicht durch einen Bohrmehlpfropfen abgesondert lagen, zu spät und zu schwach gezündet werden und nachträglich langsam abbrennen.

Die Nachschwaden auskochender Schüsse wirken wegen des hohen Gehaltes an nitrosen Dämpfen giftig [1]). Aufserdem sind solche Schüsse wegen der Möglichkeit verspäteter Explosionen gefährlich.

E. Volumen der Nachschwaden.

Die aus der Explosionszersetzung unter der Explosionstemperatur entstandenen Gase, die Schwaden oder Nachschwaden, kühlen sich bald ab und nehmen die Grubentemperatur an. Es ist wichtig, die Art und die zu erwartende Menge der Nachschwaden zu kennen, da sie für die Sprengwirkung sowohl wie für die Zusammensetzung der Grubenwetter, in denen der Bergmann zu atmen gezwungen ist, von Bedeutung sind.

Die Art der Nachschwaden ergibt sich unmittelbar aus der theoretisch oder auf Grund bekannter Schwadenanalysen festgestellten Zersetzungsgleichung. Aus dieser Gleichung läfst sich auch die Menge der Schwaden leicht berechnen:

Die Explosionszersetzung des Schwarzpulvers sei:

$$20\,KNO_3 + 30\,C + 10\,S = 6\,K_2CO_3 + K_2SO_4 + 3\,K_2S_3 + 14\,CO_2 + 10\,CO + 10\,N_2.$$

In Berücksichtigung der Atomgewichte lehrt diese Formel, dafs $20 \cdot 101$ g Salpeter + $30 \cdot 12$ g Kohle + $10 \cdot 32$ g Schwefel, also 2700 g Pulver aufser dem festen Kaliumkarbonat, Kaliumsulfat und Kaliumsulfid

$14 \cdot 44 = 616$ g Kohlensäure,
$10 \cdot 28 = 280$ g Kohlenoxyd,
$10 \cdot 28 = 280$ g Stickstoff

liefern. Aus den physikalischen Tabellen ist für das Gewicht der Gase unmittelbar ihr Volumen bei bestimmter Temperatur und gegebenem Drucke zu entnehmen.

Noch einfacher als mittelst solcher Tabellen läfst sich das Volumen der Gase ohne weiteres aus der Zahl der in der Zer-

---

[1]) Auskochende Sprengschüsse und ihre Gefahren, vom Verfasser. Glückauf, 1898. Nr. 8, S. 146 ff.

setzungsgleichung auftretenden Gasmoleküle berechnen, wenn man sich erinnert, dafs die Moleküle aller Gase bei gleicher Temperatur und gleichem Drucke ein gleiches Volumen einnehmen. (Gesetz von Avogadro.) Die Gasvolumina verhalten sich wie die Zahlen der nach der Gleichung vorhandenen Moleküle. Das in g ausgedrückte Molekulargewicht irgend eines Gases nimmt bei 0^0 und 760 mm Druck einen Raum von 22,32 l ein, der sich für die Grubentemperatur von 15^0 auf $22{,}32\ (1 + \alpha t) = 22{,}32\ (1 + \frac{1}{273} \cdot 15) = 23{,}55$ l erhöht.

Nach der obigen Zersetzungsgleichung des Schwarzpulvers werden also von 2700 g Sprengstoff

14 · 23,55 l = 329,7 l Kohlensäure,
10 · 23,55 l = 235,5 l Kohlenoxyd,
10 · 23,55 l = 235,5 l Stickstoff

gebildet oder von 1000 g rund 122 l Kohlensäure, 87 l Kohlenoxyd und 87 l Stickstoff.

Die Nachschwaden des Nitroglyzerins berechnen sich nach der folgenden Zersetzungsgleichung:

$$C_6H_{10}N_6O_{18} = 6\,CO_2 + 5\,H_2O + 3\,N_2 + {}^1\!/_2\,O_2.$$

Aus 454 g Nitroglyzerin, die dem Molekulargewicht entsprechen, entstehen bei 15^0 C. und 760 mm Druck:

6 · 23,55	=	141,30 l	Kohlensäure,
5 · 23,55	=	117,75 l	Wasserdampf,
3 · 23,55	=	70,65 l	Stickstoff,
½ · 23,55	=	11,775 l	Sauerstoff
		341,475 l.	

Für 1000 g Sprengöl sind die erhaltenen Zahlen mit $\frac{1000}{454}$ zu multiplizieren.

Die rechnungsmäfsigen Nachschwaden einiger Sprengstoffe sind nach Menge und Art in der folgenden Tabelle zusammengestellt, wobei angenommen ist, dafs die Gase bis zu 15^0 C. abgekühlt sind und das Wasser in gasförmigem Zustande geblieben ist. In der letzten Spalte ist das Gewicht der festen Explosionserzeugnisse (des Rauches) angegeben:

Name des Sprengstoffes	1000 g liefern bei der Explosion an Gasen							1000 g liefern festen Rückstand (Rauch)
	insgesamt	CO_2	H_2O	CO	N_2	O_2	H_2	
	Liter							g
75 %iges Schwarzpulver	296	122	—	87	87	—	—	564
Gelatinedynamit	640	248	234	—	135	23	—	166
Kohlenkarbonit	805	149	148	211	79	—	218	245
Phönix I	781	163	163	180	87	—	188	200
Dahmenit A	977	124	555	—	268	—	30	22
Köln-Rottweiler Sicherheitssprengpulver	995 [1]	62	596	—	275	53	—	7
Roburit I	941	59	535	—	267	80	—	54
Westfalit	982	73	594	—	273	42	—	27

Die Tabelle zeigt, wie überaus verschieden nach Art und Menge die von den einzelnen Sprengstoffen zu erwartenden Nachschwaden sind.

F. Ermittlung der Explosionstemperatur.

1. Zur Bestimmung des Druckes, unter dem die entwickelten Gase bei der Explosion in einem gegebenen Raume stehen, ist die Kenntnis der Explosions- oder Flammentemperatur notwendig. Ferner ist diese Kenntnis zur Beurteilung der Schlagwettersicherheit der Sprengstoffe unerläfslich.

Zufolge des schnellen Verlaufes der Explosion mufs die höchste erreichte Flammentemperatur sofort infolge Ausdehnung der Gase, Abkühlung und Arbeitsleistung wieder herabgehen. Die Flammentemperaturen der im Gebrauche befindlichen Sprengmittel liegen zwischen 1400 und 3200° C. Die zur Explosion kommende Sprengstoffmenge ist theoretisch ohne Einflufs auf die Höhe der Flammentemperatur, da diese lediglich von dem Verhältnis der frei werdenden Wärmemenge zur spezifischen Wärme der Explosionserzeugnisse abhängt und das genannte Verhältnis bei jeder Ladung unverändert bleibt. Tatsächlich wird aber besonders für die kleinsten Ladungen ein Unterschied anzunehmen sein, da für sie die von aufsen mit Übermacht einwirkende Abkühlung es nicht zur Erreichung der höchsten möglichen Temperatur kommen lassen wird.

---

[1]) Darunter aufserdem 9 l SO_2.

Mittel, die Explosionstemperaturen unmittelbar oder mittelbar zu messen, gibt es bisher nicht. Wir sind allein auf die Rechnung angewiesen.

2. **Die rechnungsmäfsige Feststellung** der Explosionstemperatur t eines Sprengstoffes erfolgt nach den thermochemischen Gesetzen, indem man die bei der Umsetzung der chemischen Verbindungen frei werdende Wärmemenge Q durch die mittlere spezifische Wärme c der Explosionserzeugnisse dividiert:

$$t = \frac{Q}{c}$$

Es sind also die Gröfsen Q und c zu bestimmen.

3. **Die bei der Explosion frei werdende Wärme Q** läfst sich aus den bekannten thermochemischen Gröfsen berechnen, indem man die folgenden Gesetze zur Grundlage nimmt:

1. „Wenn man von einer chemischen Zusammensetzung zu einer anderen übergeht, so ist die hierbei frei werdende Wärme gleich der Differenz der Bildungswärmen der Bestandteile der Endzusammensetzung und derjenigen der Anfangszusammensetzung.“
2. „Die bei der chemischen Umsetzung frei werdende Wärmemenge hängt ausschliefslich von dem Anfangs- und Endzustande ab, und es ist gleichgültig, welcher Art die dazwischenliegenden Zustände sein mögen.“

Man mufs also sowohl die Bildungswärme der den Sprengstoff zusammensetzenden Körper als auch die der Explosionserzeugnisse kennen. Die Bildungswärmen derjenigen chemischen Verbindungen, die für die Berechnung der hauptsächlichsten Sprengstoffe in Frage kommen, sind nahezu sämtlich bekannt. Die folgende Tabelle gibt darüber Aufschlufs. Die angegebenen Werte gelten für eine Temperatur von 15° C. und den atmosphärischen Druck.

Bezeichnung	Formel	Molekulargewicht	Bildungswärmen in grofsen Kalorien für das Molekulargewicht in g		
			fester Zustand	flüssiger Zustand	gasförmiger Zustand
Wasser	H_2O	18	70,4	69	58,2
Schwefelwasserstoff . .	H_2S	34	—	—	4,8
Schwefeldioxyd . . .	SO_2	64	—	—	69,2
Schwefeltrioxyd . . .	SO_3	80	103,6	—	91,8

Bezeichnung	Formel	Molekulargewicht	Bildungswärmen in grofsen Kalorien für das Molekulargewicht in g		
			fester Zustand	flüssiger Zustand	gasförmiger Zustand
Schwefelsäure	H_2SO_4	98	124,8	124	—
Überchlorsäure	$HClO_4$	100,5	—	−30,8	—
Kohlensäure	CO_2	44	—	—	94
Kohlenoxyd	CO	28	—	—	25,8
Kaliummonoxyd	K_2O	94	97,2	—	—
Natriummonoxyd	Na_2O	62	100,2	—	—
Chlorkalium	KCl	74,6	105,0	—	—
Chlornatrium	$NaCl$	58,5	97,3	—	—
Chlorammonium	NH_4Cl	53,5	76,7	—	—
Chlorcalcium	$CaCl_2$	111,0	170	—	—
Schwefelkalium	K_2S	110,2	102,2	—	—
Schwefelnatrium	Na_2S	78	88,4	—	—
Kalisalpeter	KNO_3	101	118,7	—	—
Natronsalpeter	$NaNO_3$	85	110,6	—	—
Ammonsalpeter	NH_4NO_3	80	87,9	—	—
Barytsalpeter	BaN_2O_6	261	94,4	—	—
Kaliumsulfat	K_2SO_4	174	342,2	—	—
Natriumsulfat	Na_2SO_4	142	326,4	—	—
Ammoniumsulfat	$(NH_4)_2SO_4$	132	135,0	—	—
Magnesiumsulfat	$MgSO_4$	120	301,2	—	—
Kaliumkarbonat	K_2CO_3	138	278,8	—	—
Natriumkarbonat	Na_2CO_3	106	270,2	—	—
Ammoniumkarbonat	K_2CO_3	138	178,8	—	—
Baryumkarbonat	$BaCO_3$	197	150	—	—
Naphthalin	$C_{10}H_8$	128	−42	—	—
Nitronaphthalin	$C_{10}H_7NO_2$	173	−14,7	—	—
Binitronaphthalin	$C_{10}H_6N_2O_4$	218	−5,7	—	—
Trinitronaphthalin	$C_{10}H_5N_3O_6$	263	3,3	—	—
Ammoniak	NH_3	17	—	—	12,2
Acetylen	C_2H_2	26	—	—	−61,4
Äthylen	C_2H_4	28	—	—	−15,4
Methan	CH_4	16	—	—	18,5
Benzol	C_6H_6	78	−0,9	−3,2	−10,2
Nitrobenzol	$C_6H_5NO_2$	123	6,9	4,2	—
Binitrobenzol	$C_6H_4N_2O_4$	168	12,7	—	—
Tereben	$C_{10}H_{16}$	136	—	−17	8,6
Anthrazen	$C_{14}H_{10}$	178	−42,4	—	—
Methylalkohol	CH_4O	32	—	62	53,6
Äthylalkohol	C_2H_6O	46	—	70,5	60,7
Phenol (Karbolsäure)	C_6H_6O	94	36,8	34,5	—
Trinitrophenol (Pikrinsäure)	$C_6H_3N_3O_7$	229	49,1	—	—
Kaliumpikrat	$KC_6H_2N_3O_7$	267	117,5	—	—
Ammoniumpikrat	$NH_3 \cdot C_6H_2N_3O_7$	246	80,1	—	—
Natriumpikrat	$NaC_6H_2N_3O_7$	251	105,3	—	—
Äther	$C_4H_{10}O$	74	—	72	65,3
Kaliumchlorat	$KClO_3$	122,6	94,6	—	—
Natriumchlorat	$NaClO_3$	106,5	85,4	—	—

Bezeichnung	Formel	Molekulargewicht	Bildungswärmen in grofsen Kalorien für das Molekulargewicht in g		
			fester Zustand	flüssiger Zustand	gasförmiger Zustand
Kaliumperchlorat . . .	$KClO_4$	138,6	112,5	—	—
Natriumperchlorat . .	$NaClO_4$	122,5	110,2	—	—
Stickoxydul	N_2O	44	—	—	—20,6
Stickoxyd	NO	30	—	—	—21,6
Salpetrige Säure . . .	N_2O_3	76	—	—	—22,2
Untersalpetrige Säure .	NO_2	46	—	—	—2,6
Salpetersäureanhydrid .	N_2O_5	108	—	—	—1,2
Glyzerin	$C_3H_8O_3$	92	169,4	165,5	—
Nitroglyzerin	$C_6H_{10}N_6O_{18}$	454	—	196	—
Mannit	$C_6H_{14}O_6$	172	320	—	—
Nitromannit	$C_6H_8N_6O_{18}$	452	179,1	—	—
Zellulose (Wolle) . . .	$C_6H_{10}O_5$	162	227	—	—
„ (Mehl) . . .	$C_6H_{10}O_5$	162	200	—	—
nitrierte Zellulose .	$C_{24}H_{32}N_8O_{36}$	1008	706	—	—
	$C_{24}H_{31}N_9O_{38}$	1053	696	—	—
	$C_{24}H_{29}N_{11}O_{42}$	1143	624	—	—
Öl, vegetabilisches . .	$C_{23}H_{36}O_7$	424	—	223	—
Knallquecksilber . . .	$C_2N_2O_2Hg$	284	—62,9	—	—

Beispiel: Suchen wir die Wärme Q_p, die ein dem Molekulargewichte gleiches Gewicht Sprengöl (454 g) liefert, wenn es unter konstantem Drucke an freier Luft bei 15° C. die Explosionszersetzung erleidet. Die Zersetzungsgleichung ist:

$$C_6H_{10}N_6O_{18} = 6\,CO_2 + 5\,H_2O + 3\,N_2 + {}^1/_2\,O_2.$$

Unter Anwendung der Zahlen der vorstehenden Tabelle kommt man zu folgender Aufstellung:

Positive Wärme: 6 Moleküle $CO_2 = 6 \cdot 94 = 564$

5 „ $H_2O = 5 \cdot 58{,}2 = 291$

Summe 855

Negative Wärme: 1 Molekül $C_6H_{10}N_6O_{18} = 1 \cdot 196 = 196$

Also $Q_p = 855 - 196 = 659$ Kalorien.

Die Explosion eines Sprengstoffes geschieht so aufserordentlich schnell, dafs die bei dem Beispiel angenommene Voraussetzung des konstanten Druckes nicht zutrifft. Tatsächlich ist der Druck, unter dem die Gase bei der Explosion stehen, gegenüber dem Luftdrucke gewaltig grofs, während das anfängliche Volumen der Gase annähernd dem Volumen des Sprengstoffes entspricht. Die bei gleichbleibendem Volumen frei werdende Wärmemenge ist aber etwas gröfser als bei der Zersetzung an freier Luft bei konstantem Drucke, weil die an freier Luft entwickelten Gase beim Verdrängen der Luft Arbeit verrichten, die Wärme verzehrt. Die Rechnung bedarf also einer Berichtigung.

Wenn wir als Luftdruck 10 335 kg auf 1 qm annehmen, so läfst sich die beim Verdrängen der Luft geleistete Arbeit T, wie folgt, ausdrücken:

$$T = 10335\,(v_{15} - v_s),$$

wobei v_s das Volumen des Sprengstoffes und v_{15} das der Explosionsgase in Kubikmetern bei atmosphärischem Drucke und gewöhnlicher Temperatur bedeuten. v_s ist gegenüber v_{15} verschwindend klein und kann vernachlässigt werden.

Was v_{15} betrifft, so ist es nach den Ausführungen auf Seite 15 bei atmosphärischem Drucke und 15 ^{0} C. gleich 23,55 l mal der Anzahl n der gasförmigen Moleküle, die die Explosion geliefert hat. Es wird also

$$T = 10\,335 \cdot 0{,}02355 \cdot n.$$

Dividiert man die Gröfse T durch 425 (mechanisches Wärmeäquivalent), so erhält man die Anzahl der Kalorien, die beim Verdrängen der Luft durch die Explosionsgase verzehrt werden. Um ebensoviel ist die für die Explosion unter konstantem Drucke gefundene Gröfse Q_p zu vermehren, wenn man zu der bei der Explosion im konstanten Volumen frei werdenden Wärmemenge Q gelangen will.

$$Q = Q_p + \frac{10\,335 \cdot 0{,}02355}{425}\,n$$

$$Q = Q_p + 0{,}57\,n.$$

Fortsetzung des obigen Beispiels: Sprengöl lieferte nach der Gleichung $6 + 5 + 3 + {}^1/_2 = 14{,}5$ gasförmige Moleküle.

Es wird demnach für dieses Beispiel

$$Q = Q_p + 0{,}57 \cdot 14{,}5$$
$$Q = 659 + 8{,}3$$
$$Q = 667{,}3.$$

4. **Die spezifische Wärme c,** die in der Gleichung

$$t = \frac{Q}{c}$$

erscheint, kann als konstant angesehen werden, wenn es sich um einen festen Körper handelt.

Bei Gasen ist die spezifische Wärme je nach der Temperatur verschieden.

Mallard und Le Chatelier drücken diese Gröfse für

Gase in folgender Formel aus:

$$c = a + bt,$$

worin a und b Konstanten sind.

Die Anfangsgleichung, die die Explosionstemperatur ausdrückt, stellt sich nun, wie folgt, dar:

$$t = \frac{Q}{a + bt}$$

oder

$$bt^2 + at - Q = 0.$$

Die aufzulösende Gleichung ist also zweiten Grades.

In der folgenden Tabelle sind die spezifischen Wärmen für Körper vereinigt, die als Explosionserzeugnisse der wichtigeren Sprengstoffe erscheinen.

Bezeichnung	Formel	Molekulargewicht	Spezifische Wärme in kleinen Kalorien für das Molekulargewicht in g	Spezifisches Gewicht (Dichtigkeit)
Kohlensäure	CO_2	44	$6,26 + 0,0037\,t$	—
Wasserdampf. . . .	H_2O	18	$5,61 + 0,0033\,t$	—
Kohlenoxyd	CO	28	$4,8 + 0,0006\,t$ (für Kohlenoxyd, Stickstoff, Sauerstoff, Wasserstoff)	—
Stickstoff	N_2	28		—
Sauerstoff	O_2	32		—
Wasserstoff	H_2	2		—
Magnesia	MgO	40	9,76	3,2
Chromoxyd	Cr_2O_3	152,8	29,0	5,0
Aluminiumoxyd . . .	Al_2O_3	103	22,4	—
Chlorammonium. . .	NH_4Cl	53	20,0	1,53
Chlorkalium	KCl	74,6	12,89	1,94
Chlornatrium	$NaCl$	58,5	12,5	2,10
Schwefelkalium . . .	K_2S	110	19,0	—
Kaliumsulfat	K_2SO_4	174	33,2	2,66
Natriumsulfat. . . .	Na_2SO_4	142	32,4	2,63
Calciumsulfat . . .	$CaSO_4$	136	25,4	2,93
Ammoniumsulfat . .	$N_2H_8SO_4$	132	46,2	1,76
Kaliumbichromat . .	$K_2Cr_2O_7$	294	36,4	2,69
Kaliumkarbonat. . .	K_2CO_3	138	30,0	2,26
Natriumkarbonat . .	Na_2CO_3	106	29,0	2,47
Calciumkarbonat . .	$CaCO_3$	100	21,0	2,71
Kieselsäure	SiO_2	60	11,4	2,6

Fortsetzung des Beispiels: Für Sprengöl ergibt sich nach dem Vorhergehenden folgende Gleichung:

$$t\,[6\,(6,26 + 0,0037\,t) + 5\,(5,61 + 0,0033\,t) + 3,5\,(4,8 + 0,0006\,t)] = 667\,300,$$

in der Q mit 1000 multipliziert ist, da auch auf der linken Seite die kleinen Kalorien zur Anwendung gekommen sind.

$$t^2 + 2020\,t - 16\,354\,000 = 0$$

$$t = 3158^{\circ}\,C.$$

5. **Einwände gegen die Anwendbarkeit der Rechnung für die Ermittlung der Explosionstemperaturen.** Es ist eine in der Literatur viel umstrittene Frage, inwieweit die rechnungsmäfsigen Explosionstemperaturen den tatsächlich erreichten entsprechen. Als Haupteinwände gegen die Zulässigkeit der Rechnung werden geltend gemacht, dafs die Annahmen über die Explosionszersetzung nicht genügend sicher sind, dafs die spezifische Wärme der Explosionserzeugnisse bei höheren Temperaturen unbekannt ist, und dafs schliefslich der Einflufs der Dissoziation sich gänzlich der Rechnung entzieht.

Was die Zweifel über die Art der Explosionszersetzung betrifft, so sind dieselben zum Teil schon auf Seite 11 besprochen worden. Häufig werden den Sprengstoffen zwecks Erniedrigung der Explosionstemperatur Salze beigemengt, die nicht an der eigentlichen Explosionsverbrennung teilnehmen, sondern lediglich durch die frei werdende Wärme verflüchtigt werden sollen. Es mufs in jedem Falle zweifelhaft bleiben, inwieweit solche Salze die ihnen zugedachte Aufgabe der Wärmebindung erfüllen und ob sie überhaupt bei der überaus kurzen Explosionsdauer die hohe Explosionstemperatur annehmen können.

Alle in dieser Richtung liegenden Bedenken fallen selbstverständlich auch auf die Feststellung der Explosionstemperatur zurück.

Was die spezifische Wärme betrifft, so steigt diese bekanntlich mit der Temperatur. Erfahrungszahlen darüber, wie sich die spezifische Wärme der Explosionserzeugnisse bei den Explosionstemperaturen von 2000—3000^0 verhält, liegen nicht vor, so dafs die hierüber gemachten Annahmen der sicheren Grundlage entbehren. Die Möglichkeit von daraus entspringenden Fehlerquellen ist nicht zu bestreiten. Insbesondere pflegt man die Steigerung der spezifischen Wärme der festen Explosionserzeugnisse bei hohen Temperaturen mangels einwandfreier Formeln nicht mit in Rechnung zu stellen. Sehr wahrscheinlich sind deshalb die errechneten Explosionstemperaturen für Sprengstoffe mit beträchtlichem, festem Rückstande verhältnismäfsig zu hoch.

In Berücksichtigung der Dissoziation ist es ungewifs, ob manche Explosionserzeugnisse, wie Kohlensäure, Wasserdampf, Kalium- und Natriumkarbonat und ähnliche Körper, bei der

Explosionstemperatur sich unmittelbar bilden oder zunächst nur in ihren Elementen vorhanden sind. In letzterem Falle würde die tatsächlich erreichte Temperatur niedriger als rechnungsmäfsig sein. Erst nach Mafsgabe der von aufsen einwirkenden Abkühlung würden sich die genannten Verbindungen bilden. Andererseits wirkt aber der bei der Explosion vorhandene hohe Gasdruck der Dissoziation entgegen, und es ist möglich, wenn nicht wahrscheinlich, dafs unter diesem Einflusse die Dissoziation überhaupt keine Wirkung mehr ausübt.

G. Der von den Explosionsgasen ausgeübte Druck.

Der Druck der Explosionsgase ist der Träger der Sprengwirkung. Insbesondere interessiert die Frage, welchen Druck die Sprenggase im Bohrlochsraume auszuüben vermögen. Bisweilen ist auch die Feststellung von Gasdrücken in gröfseren Explosionsräumen erwünscht, z. B. wenn man den Gasdruck in Lagerräumen bei etwaiger Explosion des Sprengstoffbestandes feststellen will.

1. Der Druck der Gase hängt in erster Linie von der **Ladedichte** ab. Die Ladedichte Δ (densité de chargement) gibt an, wieviel Gewichtseinheiten des Sprengstoffes in der Raumeinheit untergebracht sind. Ist w das Gewicht des Sprengstoffes und V der Raum, in dem die Explosion vor sich geht, so ist:

$$\Delta = \frac{w}{V}.$$

2. Das **Gay-Lussac'sche Gesetz** besagt, dafs bei konstantem Drucke die Gasvolumina (V_0, V_1) den absoluten Temperaturen (T_0, T_1) proportional sind. Also verhält sich:

$$\frac{V_0}{V_1} = \frac{T_0}{T_1}$$

Wenn die Temperatur als konstant angenommen wird, besagt das Mariotte'sche Gesetz, dafs die Volumina umgekehrt proportional den Drücken (P_0, P_1) sind. Oder:

$$\frac{V_0}{V_1} = \frac{P_1}{P_0}.$$

Setzen wir nun:

v_0 = Volumen der von 1000 g Sprengstoff gelieferten Explosionsgase bei 0^0 C. und 760 mm Druck;

v_t = Volumen derselben Gasmenge bei der Explosionstemperatur t und 760 mm Druck;
v_1 = Raumeinheit (1 l);
$T = t + 273$ (absolute Explosionstemperatur);
p_0 = 1,033 kg auf 1 qcm (atmosphärischer Druck);
f = Druck der von der Gewichtseinheit (1000 g) des Sprengstoffes gelieferten Explosionsgase bei der Explosionstemperatur t in der Raumeinheit (1 l).

Nach dem Gay-Lussac'schen Gesetze erhalten wir:

$$\frac{v_0}{v_t} = \frac{273}{273 + t}$$

$$1. \quad v_t = \frac{v_0 (273 + t)}{273};$$

ferner nach dem Mariotte'schen Gesetze:

$$\frac{f}{p_0} = \frac{v_t}{v_1}$$

$$2. \quad f = 1{,}033 \cdot v_t;$$

durch Einsetzen des Ausdruckes für v_t nach Formel 1 erhalten wir:

$$3. \quad f = \frac{1{,}033 \cdot v_0 (273 + t)}{273}.$$

3. **Spezifischer Druck.** Der auf die vorstehende Weise ermittelte, von der Gewichtseinheit des Sprengstoffes bei der Explosion in der Raumeinheit ausgeübte Druck f ist eine für jeden Sprengstoff besonders charakteristische Gröfse. Er heifst der spezifische Druck[1]) und kann, wenn er einmal bestimmt ist, für alle Rechnungen wieder benutzt werden.

Es folgen die für einige Sprengstoffe berechneten Gröfsen des Ausdruckes f:

[1]) In der Literatur über Sprengstoffe wird der Ausdruck „spezifischer Druck" nicht einheitlich gebraucht. Zum Teil versteht man darunter den von der Gewichtseinheit der erzeugten Gase bei der Explosionstemperatur in der Raumeinheit erzeugten Druck unter Berechnnng nach dem Gay-Lussac-Mariotte'schen Gesetze. Es ergibt das einen Unterschied für solche Sprengstoffe, die bei der Explosion nicht völlig vergasen, sondern einen festen Rückstand hinterlassen.

Bezeichnung des Sprengstoffes	$f = \frac{1{,}033 \cdot v_0 (273 + t)}{273}$ kg
Sprengöl	9281
Sprenggelatine	9360
Gelatinedynamit	7476
8fach nitrierte Schiefswolle	9249
11 „ „ „	9594
Pikrinsäure	9780
Ammonsalpeter	5196
Bellit (82,6 % NH_4NO_3 + 17,4 % $C_6H_4[NO_2]_2$)	8476
Dahmenit A	8190
Westfalit	7316
Roburit I	6370
Köln-Rottweiler Sicherheitssprengpulver	7289
Kohlenkarbonit	6115
Phönix I	6933
Schwarzpulver (75 %iges)	2884
Knallquecksilber	4450

Explodieren w Gewichtseinheiten des Sprengstoffes in dem Explosionsraum V, so läfst sich der Druck p unter Benutzung der Formel 3, wie folgt, berechnen:

$$p = \frac{\frac{1{,}033 \cdot v_0 (273 + t)}{273} w}{V}$$

$$4. \quad p = \frac{f \cdot w}{V} \text{ oder}$$

$$p = f \cdot \varDelta.$$

Beispiel: Es explodieren 20 kg Sprengöl in einer Kammer von 2 cbm Inhalt. Wie grofs ist der durch die Explosionsgase auf die Wände ausgeübte Druck p?

Wir haben $f = 9281$, $w = 20$ und $V = 2000$.

$$p = \frac{9281 \cdot 20}{2000}$$

$$p = 92{,}81 \text{ kg auf 1 qcm.}$$

4. **Einflufs des Covolumens.** Es ist das Gay-Lussac-Mariotte'sche Gesetz nur bei verhältnismäfsig niedrigen Gasdrücken und Temperaturen anwendbar. Will man den sehr hohen Druck der Gase bei der Explosion im eigenen Volumen des Sprengstoffes berechnen, so ist das Gesetz schon nicht mehr gültig.

Nach der neueren Theorie vermindert sich das Volumen der Gase nicht unbegrenzt entsprechend dem Drucke. Schliefslich nimmt das Volumen bei konstanter Temperatur nicht mehr ab. Die Gasmoleküle sind bis zum denkbar gröfsten Grade zusammengeprefst. Der Raum, den ein Gas in diesem Zustande einnimmt, wird als nicht mehr zu verkleinernder Inhalt der Gasmoleküle selbst betrachtet und heifst das Covolumen. Man kann sich also vorstellen, dafs den Sprengstoffgasen nicht der ganze Raum V, in dem die Explosion vor sich geht, sondern nur ein um das Covolumen verminderter Raum zur Verfügung steht.

Das Covolumen aller Gase ist etwa $^1/_{1000}$ desjenigen Volumens, das von der betreffenden Gasmenge bei 0° C. und 760 mm Druck eingenommen wird. Wenn wir es mit α bezeichnen, ist also:

$$\alpha = \frac{1}{1000} \cdot v_0.$$

Beispiel: Aus 1 kg Sprengöl entstehen bei der Explosion Gase, die bei 0° C. und 760 mm Druck einen Raum von 713 l einnehmen. Das Covolumen derselben ist 0,713 l. Da das Sprengöl ein spezifisches Gewicht von 1,6 besitzt, so würde bei der Explosion von 1600 g im eigenen Volumen, also in 1 l, das Covolumen der entsprechenden Gase $0{,}713 \cdot 1{,}6 = 1{,}14$ l betragen.

Das Beispiel zeigt, dafs bei Sprengstoffen mit hohem spezifischem Gewichte das Covolumen der entstehenden Gase gröfser als das ursprüngliche Volumen des Sprengstoffes selbst sein kann. Der Druck der Gase wird in solchen Fällen $= \infty$, und kein Behälter ist imstande, die Gase auf den ursprünglichen, vom Sprengstoffe eingenommenen Raum zurückzudämmen.

5. **Einflufs des festen Rückstandes.** Eine ähnliche Rolle wie das Covolumen spielt der feste Rückstand, den manche Sprengstoffe bei der Explosion hinterlassen. Auch dieser Rückstand vermindert den den Gasen zur Verfügung stehenden Raum im Bohrloche und erhöht somit den Gasdruck. Das Volumen des Rückstandes ist aus der Zersetzungsgleichung leicht abzuleiten, da hiernach das Gewicht desselben bekannt ist. Dasselbe ist alsdann noch durch die Dichtigkeit zu dividieren. Wenn wir das Volumen des festen Rückstandes mit u bezeichnen, so nimmt schliefslich nach Sarrau die allgemeine Formel für den Druck P die folgende Gestalt an:

$$P = \frac{\frac{1{,}033 \cdot v_0 (273 + t)}{273} w}{V - (a + u) w} \quad \text{oder}$$

$$P = \frac{f w}{V - (a + u) w}$$

$$5. \qquad P = \frac{f \varDelta}{1 - (a + u) \varDelta}$$

Diese Formel ergibt bei Durchführung der Rechnungen Werte, die durch die Praxis bis zu einem gewissen Grade bestätigt sind, und gestattet eine genügend sichere Feststellung des in einem Explosionsraume zu gewärtigenden Druckes, wenn die Art der Explosionszersetzung einigermafsen genau bekannt ist. Die folgende Tabelle[1]) gibt für einige Sprengstoffe die Werte von P in Kilogrammen auf 1 qcm, und zwar als Funktion von $\varDelta$ an. Die Tabelle läfst erkennen, wie unverhältnismäfsig schnell infolge des Einflusses des Covolumens und des festen Rückstandes die Drücke bei höheren Ladedichten wachsen.

$\varDelta$	Schwarz-pulver kg	Sprengöl kg	Schiefsbaum-wolle kg	Ammon-salpeter kg	Knallqueck-silber kg
0,1	336	1 098	1 061	542	468
0,2	708	2 351	2 343	1 217	966
0,3	1 123	3 847	3 921	2 077	1 501
0,4	1 587	5 640	5 912	3 211	2 072
0,5	2 112	7 829	8 502	4 779	2 686
0,6	2 708	10 560	12 000	7 082	3 347
0,7	3 393	14 060	17 020	10 800	4 062
0,8	4 201	21 520	24 810	17 870	4 952
0,9	5 126	25 270	38 500	36 250	5 683
1,0	6 236	35 010	—	—	6 602
1,2	9 255	—	—	—	8 726
1,4	14 130	—	—	—	11 320
1,6	29 340	—	—	—	14 560
1,8	—	—	—	—	18 790
2,0	—	—	—	—	24 350
2,4	—	—	—	—	43 970

[1]) Le spectateur militaire, Paris, 1901. Notions sur les explosifs brisants, Auzenat.

Nach der Formel 5 wird der Druck $P = \infty$, sobald $(\alpha + u)\,\Delta$ gleich oder größer als 1 wird, oder, was dasselbe ist, sobald die Ladedichte Δ gleich oder größer ist als $\frac{1}{\alpha + u}$.

Die Werte von $\frac{1}{\alpha + u}$ sind für:

Schwarzpulver	2,05
Sprengöl	1,40
Schießbaumwolle	1,16
Ammonsalpeter	1,02
Knallquecksilber	3,18.

6. **Ladegewicht.** Die bei einem Sprengstoffe erreichbare höchste Ladedichte heißt das Ladegewicht (L) oder das volumetrische Gewicht (densité gravimétrique). Wenn z. B. $L = 0{,}88$ ist, so bedeutet dies, daß bei der üblichen Patronisierung 88 g Sprengstoff in 100 cbcm Bohrlochsraum unterzubringen sind. Das Ladegewicht ist also das Gewicht einer Raumeinheit des Sprengstoffes, ausgedrückt in Gewichtseinheiten. Es ist bei flüssigen Sprengmitteln, die in das Bohrloch gegossen werden können, gleich dem spezifischen Gewicht. Bei plastischen Sprengstoffen kommt das Ladegewicht dem spezifischen Gewicht nahe, wenn die Ladung fest in das Loch gestampft werden kann. Bei körnigen Sprengmitteln liegt das Ladegewicht weit unter dem spezifischen Gewichte. Kornpulver besitzt ein spezifisches Gewicht, das zwischen 1,45 und 1,6 liegt, während sein Ladegewicht nur 0,80—1,15 beträgt. Wenn man den Druck der Gase bei der Explosion des Sprengstoffes im eigenen Volumen berechnen will, so ist in der Formel 5

$$\Delta = L$$

zu setzen.

Um einen großen Druck der Gase im Bohrlochsraume zu erzielen, sucht man das Ladegewicht der Sprengstoffe möglichst zu erhöhen. Die Ladegewichte der am meisten gebrauchten Sprengstoffe liegen zwischen 0,8 und 1,6.

7. **Tatsächliche Messungen des Gasdruckes.** Man hat eine Reihe von Apparaten zur tatsächlichen Messung des von den Explosionsgasen erzeugten Druckes vorgeschlagen. Der gebräuchlichste dieser Druckmesser ist der c r u s h e r g a u g e, der von dem englischen Kapitän N o b l e um das Jahr 1868 konstruiert

wurde. Figur 1 zeigt einen crusher-Apparat, wie er von den französischen Forschern Sarrau und Vieille in etwas abgeänderter Form benutzt wurde. In der geschlossenen Kammer *A* wird die frei hängende Sprengladung auf elektrischem Wege mittelst der Zuleitungsdrähte *bb* zur Explosion gebracht. Die Explosionsgase wirken auf die Kolbenfläche des Stahlzylinders *a* von bekannter Gröfse, der verschiebbar mit geringer Reibung in einer entsprechenden Bohrung des unteren Kopfstückes *B* angeordnet ist. Zwischen Stahlzylinder *a* und Verschlufspfropfen *d* ist ein Zylinder *r* aus Kupfer von 8 mm Durchmesser und 13 mm Höhe gesetzt, der unter dem Drucke des Stahlzylinders *a* zusammengequetscht wird. Der Grad der Stauchung bildet den Mafsstab für die Spannung der Gase. Zur Beurteilung des Druckes werden entsprechende Kupferzylinder unmittelbaren Druckversuchen mit einer Quetschmaschine unterworfen.

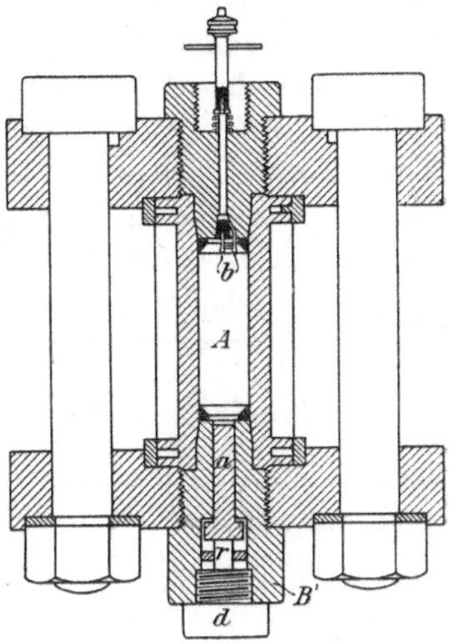

Fig. 1.

Mit diesem Apparate haben Sarrau und Vieille für Dynamit Gasdrücke ermittelt, die den rechnungsmäfsigen sehr nahe kommen. Für Pebble- und *RLG*-Pulver sind von Noble und Abel gleichfalls Gasdrücke festgestellt, die nur geringe Abweichungen von den rechnungsmäfsigen Drücken zeigen, wie folgende Aufstellung erkennen läfst:

Ladedichte	Druck in kg auf 1 qcm	
	rechnungsmäfsig	gemessen
0,1	235	231
0,2	508	513
0,3	828	839
0,4	1207	1220
0,5	1666	1684
0,6	2230	2266
0,7	2963	3006
0,8	3869	3912
0,9	5127	5112
1,0	6926	6569

Einen unmittelbaren Gasdruckmesser für geringe Ladedichten hat die Karbonitfabrik bei Schlebusch konstruiert. Die Explosion geht in einem geschlossenen, festen Behälter von etwa 15 l Inhalt vor sich, worin Mengen von 100—200 g brisanter Sprengstoffe und bis zu $1^1/_2$ kg Pulver gezündet werden können. Der Druck der Explosionsgase wirkt auf den Kolben eines Indikators, welcher auf einer mit genau bestimmbarer Geschwindigkeit gedrehten Schreibtrommel ein Diagramm aufzeichnet. Die Explosionskammer wird vor dem Versuche luftleer gemacht, so dafs der Sprengstoff ohne Mitwirkung atmosphärischer Luft wie im Bohrloche explodiert. Dadurch, dafs bei gleichem Inhalte der Explosionskammer unter Benutzung von Einsatzstücken mit verschiedenen Kammeroberflächen gearbeitet wird, kann die abkühlende Wirkung der Oberfläche bestimmt und in Rechnung gezogen werden. Die Ergebnisse erhellen aus folgenden Zahlen [1]):

Name des Sprengstoffes	Druck einer Patrone von 100 g in der 15 l-Kammer, nach Ausschaltung der Einwirkung der Oberfläche. $\Delta = 1:150$. kg auf 1 qcm
Schwarzpulver	18,7
Sprenggelatine	70,4
75 %iges Guhrdynamit	48,2
65 %iges Gelatinedynamit	55,4
Donarit	48,7
Ammonkarbonit I	46,8
Ammonkarbonit	42,25
Thunderite	38,0
Karbonit II	34,7
Karbonit I	32,4
Kohlenkarbonit	31,0
Carbonite	26,6

Aus diesen Zahlen Schlüsse auf den Gasdruck bei höheren Ladedichten zu ziehen, ist nach dem Vorhergehenden unzulässig.

H. Arbeitsfähigkeit (Sprengkraft) und Sprengwirkung.

1. **Berechnung der Arbeitsfähigkeit.** Die Arbeitsfähigkeit der Sprengstoffe — in der Regel mit Sprengkraft bezeichnet — ist die Folge der bei der Explosion entwickelten Wärme. Man kann deshalb diese Wärmemenge unmittelbar als Mafs für die

[1]) Preufs. Z. Bd. L. 1902. S. 669 ff.

zu erwartende Arbeitsleistung nehmen, indem man die Zahl der berechneten Kalorien (S. 17 ff.) mit 425, als dem mechanischen Wärmeäquivalent, multipliziert.

Beispiel: 1000 g Sprengöl entwickeln bei der Explosion 667,3 Kalorien. Dieser Kalorienzahl ist eine Arbeit von

$$425 \cdot 667{,}3 = 624\,673 \text{ mkg}$$

gleichzusetzen.

2. **Kalorimetrische Versuche.** Statt der Rechnung kann man die von explodierenden Sprengstoffen entwickelten Wärmemengen auch durch kalorimetrische Versuche unmittelbar feststellen. Man läfst die Explosion in einer geschlossenen Bombe oder in einem sonstigen geeigneten Behälter im Wasserbade vor sich gehen und mifst die frei werdende Wärmemenge an der Temperaturzunahme des Wassers.

Im folgenden sind die Ergebnisse einiger solcher Versuche, die von der Karbonitfabrik zu Schlebusch angestellt wurden, mitgeteilt:

1000 g Kohlenkarbonit	entwickelten	bei	der	Explosion	506	Kalorien
1000 g Karbonit I	„	„	„	„	536	„
1000 g Karbonit II	„	„	„	„	601	„
1000 g Ammonkarbonit	„	„	„	„	589	„
1000 g Ammonkarbonit I	„	„	„	„	925	„
1000 g Donarit	„	„	„	„	669	„
1000 g Carbonite	„	„	„	„	576	„
1000 g Guhrdynamit	„	„	„	„	1170	„
1000 g Gelatinedynamit	„	„	„	„	1321	„
1000 g Sprenggelatine	„	„	„	„	1422	„

3. **Bedeutung des festen Rückstandes.** Man hat versucht, als Mafsstab für die Arbeitsfähigkeit der Sprengstoffe nicht die Zahl der entwickelten Wärmeeinheiten, sondern lediglich das Volumen der erzeugten Gase bei der Explosionstemperatur bezw. deren Höchstdruck im eigenen Volumen des Sprengstoffs zu nehmen. Wenn es auch richtig ist, dafs für die Sprengarbeit die gasförmigen Explosionserzeugnisse in erster Linie in Betracht kommen, so dürfen doch die sich bildenden festen Rückstände (der Rauch) nicht unberücksichtigt bleiben. Abgesehen davon, dafs letztere im Bohrloche Raum beanspruchen und den Gasdruck vermehren, liefern sie bei ihrer Bildung Wärme, wirken als Wärmespeicher für die Sprenggase und erhöhen so deren Arbeitsfähigkeit. Nutzlos sind also die festen Explosionserzeugnisse keinesfalls, und es erscheint richtiger, bei der Bewertung der Arbeitsfähigkeit der Sprengstoffe deren gesamte Wärmeentwicklung zugrunde zu legen.

4. Sprengwirkung. a) Von der Arbeitsfähigkeit des Sprengstoffes mufs man die tatsächliche Sprengwirkung streng unterscheiden. Nur ein geringer Teil der im Sprengstoffe steckenden Arbeit kann in der Sprengwirkung nutzbar gemacht werden. Die bei der Explosion gelieferte Arbeit wird verbraucht:

α) in Wärmewirkungen,

β) zur Zertrümmerung und Zermalmung des der Sprengladung zunächst liegenden Gesteins,

γ) zum Absprengen und Abschleudern der Vorgabe.

Erwünscht ist in der Regel nur die Wirkung unter γ, die als nutzbare Sprengwirkung aufzufassen ist.

Die Erfahrung lehrt, dafs in Schiefswaffen $^1/_5$—$^1/_6$ der im Sprengstoffe enthaltenen Arbeit tatsächlich zum Fortschleudern der Kugel ausgenutzt wird. Bei der Sprengarbeit wird man die Nutzleistung durchschnittlich noch geringer veranschlagen können, weil selten Ladung und Vorgabe so genau im Einklange stehen, wie es bei Schufswaffen mit ihren gleichbleibenden Bedingungen für alle Schüsse möglich ist.

Für die nutzbare Sprengwirkung fällt sehr wesentlich die Explosionsschnelligkeit ins Gewicht. Es ist klar, dafs eine gewisse Geschwindigkeit in der Druckäufserung der Sprenggase die Vorbedingung für jede Sprengwirkung ist. Bei langsam ansteigendem Gasdrucke würde durch Herausschieben des Besatzes oder durch kleine, sich bildende Klüfte der Druckausgleich in der Hauptsache ohne den beabsichtigten Sprengerfolg stattfinden. Andererseits ist die höchste Explosionsgeschwindigkeit durchaus nicht immer die günstigste. Ein allzu brisanter Sprengstoff wird das Gestein um sich herum unnötig zermalmen und zerkleinern, ohne diesem die Zeit zu geben, auf den vorhandenen Lagen zu reifsen und in grofsen Stücken niederzubrechen. Aus dem gleichen Grunde kann man die brisanten Sprengmittel in Schiefswaffen nicht gebrauchen. Das Gewehr würde zertrümmert werden, ehe die Kugel den Lauf verlassen hat.

Im allgemeinen läfst sich sagen, dafs in zähem, festem Gesteine brisante Sprengstoffe, in lagenhaftem, geschichtetem Gesteine dagegen solche von geringerer Explosionsgeschwindigkeit die günstigsten Sprengwirkungen hervorbringen werden. Das Verhältnis der Sprengwirkungen verschiedener Sprengstoffe wird also mit der Art des Gesteins, in dem die Verwendung stattfindet, sich ändern. Ein Sprengstoff, der für alle Verhältnisse passend ist und in jedem Gestein die günstigsten Wirkungen aufweist, ist unmöglich.

Wenn man trotzdem durch praktische Proben einen Mafsstab für die Sprengwirkung verschiedener Sprengstoffe festzulegen versucht, so sind die Ergebnisse mit dem nötigen Vorbehalte zu betrachten. Solche Proben auf die Sprengwirkung sind in grofser Anzahl vorgeschlagen worden. Es folgen einige Untersuchungsverfahren dieser Art.

b) Die Trauzl'sche Probe wird am häufigsten angewandt. Dieselbe wird in Bleizylindern ausgeführt, die einen zylindrischen Hohlraum besitzen. In letzterem wird eine bestimmte Menge des zu untersuchenden Sprengstoffes zur Explosion gebracht. Die hierdurch bewirkte Erweiterung des Hohlraumes (die Ausbauchung) dient als Mafs für die Sprengwirkung des Sprengstoffes. Die Bleimörser können verschiedene Gröfse und Gestalt haben. Auch bestehen bei Ausführung der Probe wesentliche Verschiedenheiten bezüglich der Art des Verschlusses, des Besatzes und der Zündung der Sprengladung.

Auf dem V. Internationalen Kongresse für angewandte Chemie, der im Frühjahr 1903 zu Berlin tagte, wurde beschlossen, die Trauzl'sche Probe fortan möglichst nach einheitlichen Gesichtspunkten zu handhaben.

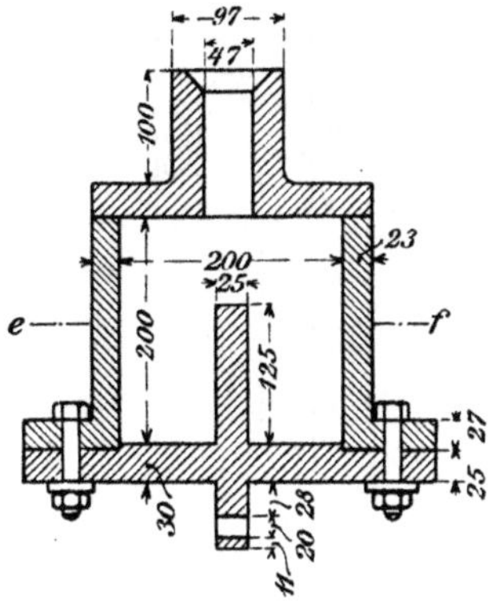

Fig. 2 (Schnitt c—d).

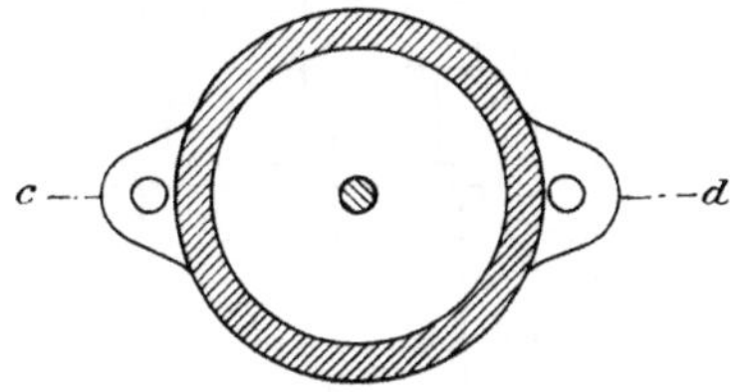

Fig. 3 (Schnitt e—f).

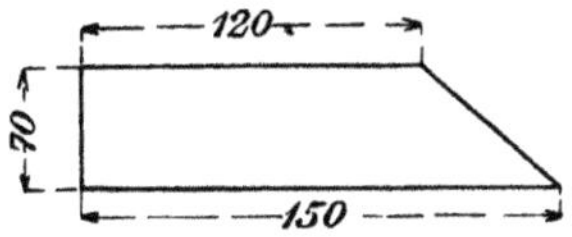

Fig. 4.

Nach den vom Kongresse angenommenen Normen erhalten die zylindrischen Bleimörser 200 mm Durchmesser und 200 mm Höhe. Die zur Aufnahme der Sprengladung dienende Ausbohrung in der Achse des Zylinders ist

125 mm tief und 25 mm weit. Eine zweckmäſsige Form zum Gieſsen der Bleizylinder ist in den Figuren 2 und 3 dargestellt. Die Sprengladung besteht aus 10 g des betreffenden Sprengstoffes und wird in Zinnfolie patronisiert. Der zur Patronisierung zu benutzende Streifen ist unten 150 mm, oben 120 mm lang und 70 mm breit und hat die Form nach Figur 4. Die Zündung erfolgt elektrisch mittelst einer Sprengkapsel, die 2 g Knallquecksilber enthält.

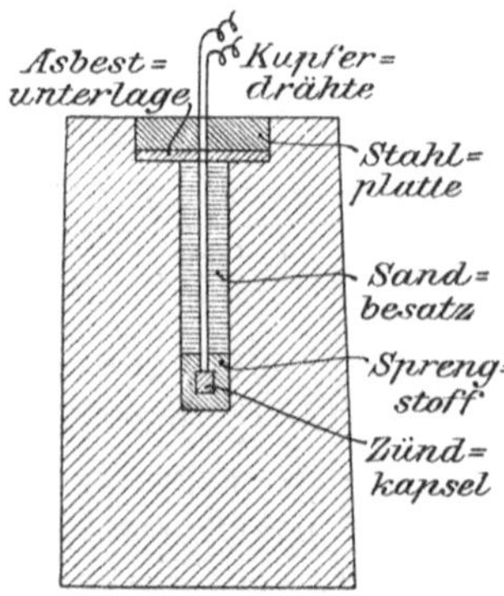

Fig. 5.

Als Besatz dient scharf getrockneter Quarzsand, welcher durch ein Sieb von 0,35 mm Drahtstärke mit 144 Maschen auf 1 qcm hindurchläuft. Diesen Sand gieſst man gleichmäſsig ein und streicht ihn an der Oberfläche des Bohrloches ab. Im übrigen ist ohne Verschluſs des Mörsers zu schieſsen.

Die Bleizylinder sollen vor dem Schusse eine Temperatur von nicht unter 15° und nicht über 20° C. haben.

Es ist zu hoffen, daſs diese Bestimmungen allgemeine Annahme finden werden.

Die auf der berggewerkschaftlichen Versuchsstrecke bei Gelsenkirchen früher benutzten Mörser waren 240 mm hoch und besaſsen einen

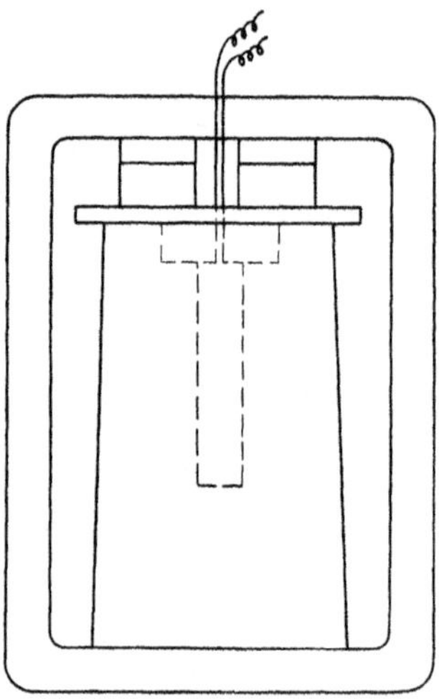

Fig. 6.

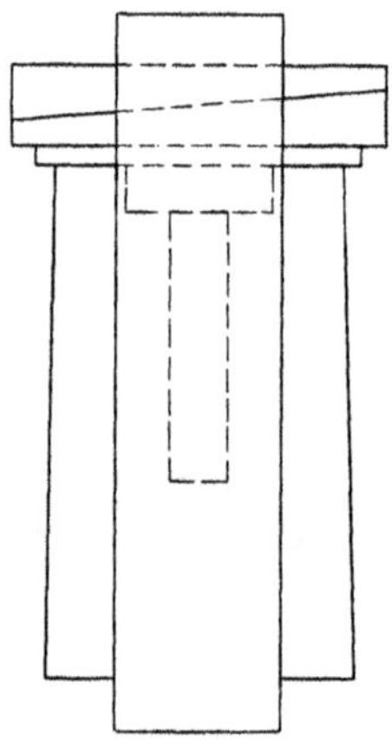

Fig. 7.

Durchmesser von 140 mm. Der zylindrische Hohlraum von 25 mm Durchmesser war 145 mm tief und war an der Mündung für die Anbringung eines Verschlusses erweitert. Der Bleizylinder wurde, nachdem der Schufs mit Sand besetzt und die obere Erweiterung des Hohlraumes durch eine Stahlplatte mit Asbestunterlage geschlossen war, in einen schmiedeeisernen Rahmen gesetzt. Auf den Zylinder wurde eine eiserne Platte gelegt und diese mit Hilfe zweier Doppelkeile fest angetrieben. Danach wurde die Sprengladung durch elektrische Zündung zur Explosion gebracht. Die Figuren 5—7 zeigen einen solchen Bleizylinder im Schnitt und in Ansicht im Eisenrahmen verkeilt. Für Versuche ohne Verschlufs wurde als Besatz die abgewogene Menge von 50 ccm trockenen, abgesiebten Sandes auf die Sprengladung gefüllt. Nach Abgabe des Schusses wurde das Loch von dem Rückstande des Besatzes gereinigt und der entstandene Hohlraum mittelst geaichter Mefsgefäfse durch Einfüllen von Wasser gemessen. Als Sprengladung kamen gewöhnlich 10 g Sprengstoff zur Anwendung.

Da das Blei beim mehrmaligen Umschmelzen härter wird, darf man immer nur die Versuchsergebnisse mit Mörsern aus einer einzigen Schmelze in Vergleich zueinander stellen. Um die unvermeidlichen Fehlerquellen auszugleichen, mufs man stets den Durchschnitt aus mehreren Versuchen ziehen.

Es folgen die Ergebnisse einer zu Gelsenkirchen erschossenen Versuchsreihe. Je 10 g des Sprengstoffes ergaben folgende Ausbauchungen des Bleizylinders im Mittel von je fünf Versuchen:

Kohlenkarbonit	206	cbcm
Kohlenkarbonit I	231	„
Kohlenkarbonit II	246	„
Köln-Rottweiler Sich.-Sprengpulver	342	„
Dahmenit A	444	„
Roburit I	321	„
Westfalit	389	„
Gelatinedynamit	556	„
Guhrdynamit	473	„
Sprenggelatine	770	„

Hierbei ist zu beachten, dafs die kräftigeren Sprengstoffe ein verhältnismäfsig zu günstiges Bild liefern. Denn mit der Zunahme der Ausbauchung nimmt die Wandstärke und Widerstandsfähigkeit der Bleimörser ab. Um richtige Vergleichswerte für die Sprengwirkung der Sprengstoffe im Bleimörser zu erhalten, müfste man diejenigen Ladungsmengen zu ermitteln suchen, die im Bleimörser gleich grofse Ausbauchungen ergeben, und sodann die Ladungen selber in Vergleich zueinander stellen. Für einige

3*

Sprengstoffe ist diese umständlichere Probe ebenfalls auf der berggewerkschaftlichen Versuchsstrecke durchgeführt. Man erzielte gleiche Ausbauchungen mit 10 g Gelatinedynamit, 13 g Dahmenit A und 21,5 g Kohlenkarbonit. Setzt man also die Sprengwirkung des Gelatinedynamits = 1, so würden sich dazu die Wirkungen des Dahmenits A und des Kohlenkarbonits wie 0,77 und 0,465 verhalten.

Die nebenstehende Abbildung (Fig. 8) zeigt eine Reihe von Bleizylindern, die nach geschehener Probe durchsägt worden sind. Die benutzten Sprengstoffe waren, wenn man das Bild von

Fig. 8.

links nach rechts verfolgt: Dynamit, Roburit, Dahmenit, Dahmenit A, Westfalit, Köln-Rottweiler Sicherheitssprengpulver, Progressit, Roburit I, Kohlenkarbonit und Schwarzpulver. Von den brisanten Sprengstoffen waren je 10 g und vom Schwarzpulver 25 g als Schufsladung benutzt worden. Es fällt hierbei die stark birnenförmige Gestalt der Ausbauchung bei den brisanten Sprengstoffen gegenüber der flaschenförmigen, durch Schwarzpulver erzielten Ausbauchung auf.

Das Bild lehrt auf den ersten Blick, dafs man mittelst dieser Probe nur Sprengstoffe miteinander vergleichen darf, die sich in ihrer Explosionsschnelligkeit nahestehen. Schwarzpulver mit seiner so geringen Brisanz kommt in der zähen Bleimasse kaum zur Geltung, da die langsam sich entwickelnden Gase ungenützt aus dem Bohrloche entweichen können. Dagegen werden die brisantesten Stoffe verhältnismäfsig die gröfsten Ausbauchungen ergeben.

c) Die Stauchprobe nimmt zur Beurteilung der Sprengwirkung die Grade der Stauchung, die unter die Sprengpatrone gesetzte Bleizylinder durch die Explosion erfahren. Die Ausführung dieser Probe ist nach der Figur 9 leicht verständlich. Auf der eisernen Unterlageplatte ruhen zwei übereinandergesetzte Bleizylinder von je 40 mm Durchmesser und 30 mm Höhe. Auf den oberen Bleizylinder werden zwei je 4 mm starke Stahlplättchen von ebenfalls 40 mm Durchmesser gelegt. Über die Stahlplättchen und den oberen Bleizylinder wird eine Weifsblechhülse von 41 mm lichtem Durchmesser gestülpt, die die Sprengstoffpatrone in sich aufnimmt. Befestigungsdrähte halten den Aufbau. Nach Abtun des Schusses wird aus der Stauchung der Bleizylinder auf die Kraft des Sprengstoffes geschlossen.

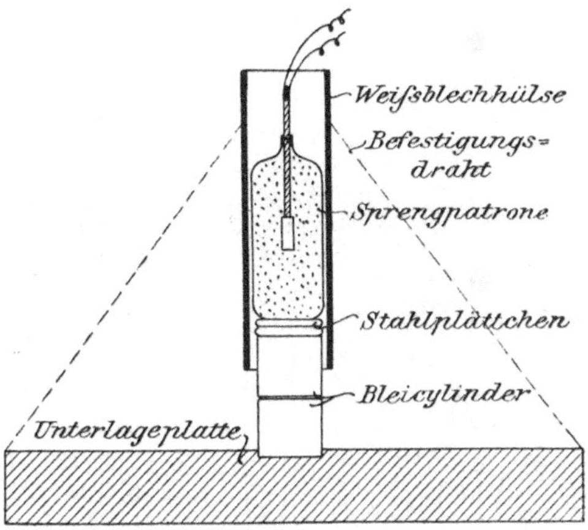

Fig. 9.

Die Stauchungen, die die Bleizylinder bei dieser Probe erhalten, sind aber nur bei solchen Sprengstoffen gleichmäfsig, die an freier Luft gut und vollständig explodieren. Die Probe mag zweckmäfsig sein, wenn man die Sprengwirkungen freiliegender Patronen miteinander vergleichen will. Für militärische Zwecke wird ja häufig der Sprengstoff in dieser Art benutzt. Bei dem bergmännischen Betriebe dagegen, wo die Sprengstoffe ausschliefslich im Bohrloche untergebracht verwandt werden, verhalten sich die Explosionsgeschwindigkeit und Sprengwirkung zufolge des festen Einschlusses ganz anders als in freier Luft. Demgemäfs wird man die genannte Probe nicht als ausschlaggebend für die Verhältnisse des Bergbaues ansehen können.

d) Für Schwarzpulver und schwarzpulverähnliche Sprengmittel hat sich der Kraftmesser von Oskar Guttmann in London[1]) gut bewährt. Der Apparat besteht aus dem Mittelstücke *a* (Fig. 10) und den aufgeschraubten Kopfstücken *bb*, sämtlich aus gehärtetem Bessemerstahl. Mittelstück und Kopfstücke sind auf 35 mm Weite ausgebohrt. Die Bohrung der letzteren setzt sich auf 35 mm Tiefe konisch fort und endigt in einem 10 mm weiten, zylindrischen Kanal. In der Mitte des Mittelstückes be-

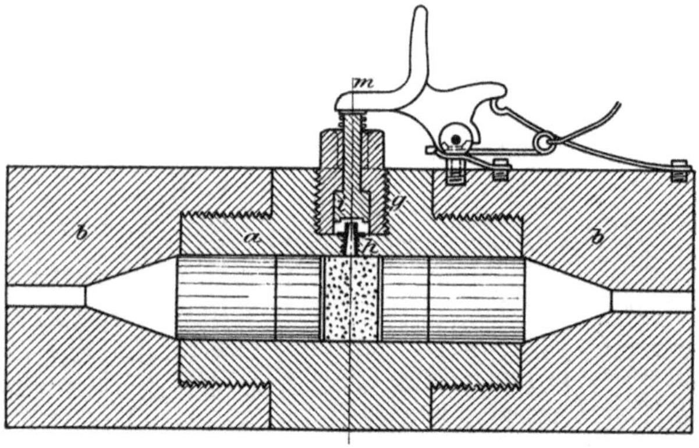

Fig. 10.

findet sich der Zündpfropfen *g*, in dessen Bohrung, wie die Zeichnung lehrt, ein Ventil *i* spielt, auf das durch den Hahn *m* ein Schlag geführt werden kann. Die Hubbegrenzung des Ventils *i* findet durch das gelochte Stück *h* statt, auf das zum Zwecke der Zündung ein Zündhütchen gesetzt wird.

Der Apparat wird geladen, indem man beim Zusammensetzen in die Bohrung des Mittelstückes zuerst einen Zylinder aus gezogenem Blei von 35 mm Durchmesser und 40 mm Höhe, sodann eine Stahlscheibe von ebensolchem Durchmesser und wechselnder Höhe, darauf eine dicht schliefsende Scheibe aus

---

[1]) Handbuch der Sprengarbeit, von O. Guttmann. Braunschweig, 1892.

Pappe, weiter 20 g des zu untersuchenden Pulvers und schliefslich wieder in umgekehrter Reihenfolge die Pappe, den Stahl- und Bleizylinder bringt. Nachdem der ganze Apparat fest zugeschraubt ist, zieht man den gespannten Hahn mit einer Schnur ab. Durch die Explosion wird das Ventil gehoben und schliefst selbsttätig den Ausweg für die Gase. Zu gleicher Zeit werden die Bleizylinder in die konischen Hohlräume eingedrückt. Die Höhe der erzeugten zwei Bleikonusse wird mit einer Schubleere gemessen und gibt unmittelbar ein Mafs für die Kraft des versuchten Sprengstoffes im Verhältnis zu derjenigen einer bereits erprobten Pulversorte. Der Apparat gibt genaue Resultate, da die Explosion in einem vollständig geschlossenen Raume erfolgt.

e) Das ballistische Pendel wird in mehreren Ausführungen zur Untersuchung der Kraft von Sprengstoffen benutzt. Ein derartiger auf der englischen Versuchsstrecke zu Woolwich gebrauchter Apparat besteht aus einem Mörser von 5 t Gewicht und 13 Zoll Kaliber, der in einem eisernen Rahmen an einem Balken aufgehängt ist und wie ein Pendel ausschlagen kann. Die Reibung wird durch Anwendung von stählernen Rollenlagern tunlichst vermindert. Um die Kraft eines Sprengstoffes zu bestimmen, wird eine besondere Kanone mit einer bestimmten Sprengstoffmenge geladen und einem genau abgewogenen Lettenbesatze verdämmt. Zwischen Ladung und Besatz wird ein schmaler Baumwolllappen gelegt, um ein Eindringen des Besatzes in die Ladung zu verhindern. Die Kanone wird sodann auf eine bestimmte Entfernung der Mündung des Mörsers gegenüber aufgestellt und abgefeuert. Der gröfste Ausschlag des Mörsers kann an einem sich zusammenschiebenden Mafsstabe abgelesen werden.

Beim Vergleiche von Dynamit mit Schwarzpulver fand man in Woolwich, dafs sich die Kraft des ersteren zu derjenigen des letzteren wie 2,3 : 1 verhält, ein Ergebnis, das auch der Praxis etwa entsprechen dürfte.

Bei dieser Versuchsmethode kann man verhältnismäfsig grofse Ladungen anwenden. In Woolwich werden z. B. Ladungen von 113 g Dynamit verfeuert. Man erhält regelmäfsige Ergebnisse und kann alle Arten von Sprengstoffen unmittelbar miteinander vergleichen.

f) Wurfprobe. Aus einem eigens zu diesem Zwecke konstruierten Geschütze wird unter Innehaltung eines bestimmten Erhöhungswinkels ein Stahlzylinder geschleudert, wobei als Ladungen gleiche Gewichtsmengen der verschiedenen Sprengstoffe benutzt werden. Aus der Wurfweite schliefst man entweder unmittelbar auf die verschiedene Kraft der Sprengstoffe oder berechnet sie nach der geleisteten mechanischen Arbeit.

Der Lauf des Geschützes ist etwa 85 mm lang und besitzt einen Durchmesser von 125 mm. Das zylindrische Geschofs kann unter gelinder Reibung in den Lauf eingeführt werden und füllt diesen vollständig aus. Es wiegt 15 kg. In dem Mörser ist im Anschlufs an den Lauf die zylindrische Explosionskammer von 50 mm Tiefe und 53 mm Durchmesser angeordnet.

Auf der Karbonitfabrik zu Schlebusch hat man mit einem 17 kg schweren Geschofs unter einem Wurfwinkel von 45° bei gleichen Ladungsgewichten die in Spalte 2 der folgenden Tabelle aufgeführten Zahlen erhalten.

Bezeichnung des Sprengstoffes	Wurfweite in m	Geleistete mechanische Arbeit in mkg
Schwarzpulver	60,7	516
Kohlenkarbonit	107,4	913
Kohlenkarbonit I	116,1	987
Guhrdynamit	163,8	1392
Gelatinedynamit	184,0	1564
Sprenggelatine	222,6	1892

III. Einzelbesprechung der Sprengstoffe.

A. Zeichenerklärung.

In der folgenden Einzelbesprechung sind in manchen Fällen, soweit es sich um wichtigere oder besonders typische Sprengstoffe handelt, nähere Angaben über Menge der Explosionsschwaden, Explosionstemperatur usw. gemacht worden. Diese Angaben sind jedesmal am Schlusse der betreffenden Besprechung kurz in Zahlen angefügt, wobei die schon oben gebrauchten Buchstabenbezeichnungen benutzt sind. Es bedeuten also:

v_0 das Volumen der von 1000 g Sprengstoff gelieferten Explosionsschwaden bei 0^0 C. und 760 mm Druck, ausgedrückt in Litern;

t die Explosionstemperatur, ausgedrückt in Graden C.;

Q die von 1000 g Sprengstoff bei der Explosion im eigenen Volumen entwickelte Kalorienmenge;

A die Arbeitsfähigkeit in Meterkilogrammen ($A = 425\ Q$);

f den durch die Explosion von 1000 g Sprengstoff erzeugten Gasdruck, wenn die Gase bei der Explosionstemperatur t in 1 l zusammengedrängt sind, ausgedrückt in Kilogrammen auf 1 qcm;

α das Covolumen der von 1000 g Sprengstoff gelieferten Nachschwaden;

L das Ladegewicht.

B. Einteilung der Sprengstoffe.

Das Wesen der Sprengmittel ist nicht an einen bestimmten Aggregatzustand gebunden. Es gibt gasförmige, flüssige und feste Sprengstoffe. Eine gröſsere praktische Bedeutung wohnt nur den letzteren bei. Diese werden entweder in starrer, lockerer oder in plastischer Form gebraucht.

Was die chemische Natur der Sprengstoffe betrifft, so handelt es sich entweder um einheitliche, chemische Verbindungen oder um mechanische Gemenge verschiedener Bestandteile, von denen jeder für sich die Eigenschaften eines Sprengstoffes besitzen kann oder nicht. Vielfach unterscheidet man nach der Herstellung nitrierte und nicht nitrierte Sprengstoffe.

Am erschöpfendsten teilt man die Sprengstoffe nach ihrer chemischen Zusammensetzung ein. Man mufs dies tun, wenn man einen allgemeinen Überblick über das ganze Gebiet der Sprengstoffe geben will. Für den Bergmann kommt aber eine ganze Anzahl von Klassen verschiedener Sprengstoffe gar nicht in Betracht. Die übrigbleibenden, die für den Bergbau von gröfserer Bedeutung sind, fafst man gewöhnlich nach ihren hauptsächlichen Kennzeichen in mehr oder minder losen Gruppen zusammen. Im folgenden sollen unterschieden werden:

1. Schwarzpulver und schwarzpulverähnliche Sprengstoffe;
2. Sprengöl, Schiefsbaumwolle und Dynamite;
3. Sicherheitssprengstoffe, mit Einschlufs aller Ammonsalpetersprengstoffe;
4. sonstige Sprengmittel.

Scharf ist eine solche Unterscheidung keineswegs. Es bleiben in vielen Fällen Zweifel bestehen, zu welcher Gruppe ein bestimmter Sprengstoff zu rechnen ist. Immerhin erleichtert diese Einteilung den Überblick.

C. Schwarzpulver und diesem ähnliche Sprengstoffe.

1. **Das Schwarzpulver** (poudre noire; black powder) hat seit seiner Erfindung unverändert die alten Bestandteile — Holzkohle, Schwefel, Kalisalpeter — beibehalten. Holzkohle und Salpeter unterhalten die Verbrennung. Der Zusatz von Schwefel erleichtert die Zündung und ist für die Gleichmäfsigkeit der Verbrennung und ihrer Geschwindigkeit notwendig.

Herstellung. In erster Linie kommt es auf gröfstmögliche Reinheit der verwendeten Materialien an. Aus diesem Grunde gebraucht man zweckmäfsig keine Meilerkohlen, sondern solche Holzkohlen, die bei trockener Destillation in Retorten oder Zylindern gewonnen werden.

Gewöhnlich verwendet man Hölzer von Faulbaum, Buchen, Birken, Weiden, Erlen oder Linden. Der Schwefel soll möglichst frei sein von schwefliger Säure und Arsen; der Salpeter soll insbesondere kein Chlor enthalten.

Holzkohle und Schwefel werden zusammen oder einzeln in Kugelmühlen mittelst Bronzekugeln zerkleinert. Nach Zusatz des ebenfalls fein gemahlenen Salpeters werden dic Bestandteile in Ledertrommeln mit Holzgerippe und Pockholzkugeln gemischt und aufs innigste gemengt. Sodann wird der gemengte Satz unter Zusatz von Wasser in Kollergängen und Pressen zu Kuchen verdichtet. Die Kuchen werden durch Körnmaschinen in Körner von eckigen Formen von der beabsichtigten Gröfse gebrochen. Zum Zwecke der Herstellung von runden Körnern wird die durch Siebe gebrochene Masse auf besonderen Maschinen zu Körnern von dem gewünschten Durchmesser verarbeitet.

Die Pulverkörner werden bei 50° C. getrocknet, durch Absieben vom Staube befreit und meistens noch mittelst innen glatter Holztonnen — mit oder ohne Graphitzusatz — poliert. Das fertige Pulver wird durch geeignete Siebe sortiert und dann verpackt.

Das Pulver wird in eckiger oder runder Kornform, unpoliert (rauh) oder hell oder mattglänzend poliert in den Handel gebracht. Die Gröfse der Körner schwankt in den Grenzen von 1—10 mm. Das Kornpulver wird lose in Fässern oder in fertigen Patronen in Kisten versandt. Die Patronen erhalten die verlangten Durchmesser und Längen.

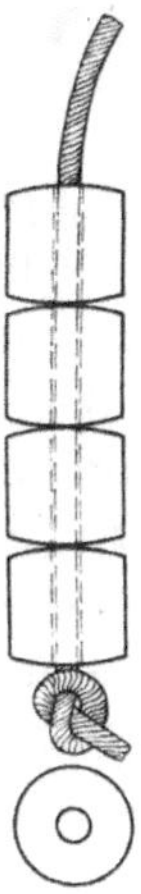

Fig. 11.

Fig. 12.

Die Herstellung des komprimierten Pulvers, das seit 1875 erzeugt wird, geschieht in besonderen Pressen mit entsprechenden Stempeln und Matrizen, in welchen das noch feuchte Korn unter starkem Druck zu Zylindern zusammengedrückt wird. Die Zylinder werden danach gleichfalls getrocknet. Die Patronen komprimierten Pulvers erhalten zum Zwecke der schnelleren Fortpflanzung der Zündung und zur Aufnahme der Zündschnur einen in der Mitte (Figur 11 u. 12) oder seitlich liegenden Zündkanal. Manchmal gibt man dem Kanale eine so stark konische Form, dafs das umgebogene Ende der Zündschnur darin festklemmt. Die übrigen Patronen werden nach oben auf die Zündschnur aufgereiht, um so zusammen in das Bohrloch geschoben zu werden. Bei zylindrischen Löchern knotet man die Zündschnur am Ende zusammen. Sprengladungen aus komprimiertem Pulver gestatten somit eine besonders bequeme Handhabung beim Laden und Besetzen.

Im allgemeinen ist für Güte und Preis des Pulvers der Salpetergehalt ausschlaggebend. Je gröfser der Gehalt an Salpeter, desto sprengkräftiger ist das Pulver. Man bezeichnet das Pulver als 65, 70 oder 75 %ig, wenn es 65, 70 oder 75 % Salpeter enthält. In der folgenden Tabelle sind einige der in den verschiedenen Ländern gebräuchlichsten Mischungsverhältnisse für Sprengpulver mitgeteilt:

Länder	Kalisalpeter %	Schwefel %	Kohle %
Deutschland	65	15,	20,
	70	14,	16,
	75	10,	15,
Österreich-Ungarn	62,5	19,4	18,1
Belgien	65	15	20
	70	14	16
Frankreich	62	18	20
	72	15	15
England	75	10	15

Je härter das zu sprengende Gestein ist, desto hochprozentiger mufs das Sprengpulver gewählt werden. Die Wahl der runden oder eckigen Kornform hängt davon ab, ob eine rasche oder weniger rasche Zersetzung des Pulvers gewünscht wird. Wegen der konzentrischen, schichtweisen Verbrennung der Pulverkörner wird bei gleicher Korngröfse das runde Pulver nicht so plötzlich wirken wie das eckige und daher da Anwendung finden, wo ein stückreiches Lösen des zu sprengenden Gesteins oder der Kohle gewünscht wird. Im übrigen verläuft die Explosion desto langsamer, je gröfser das Korn ist. Auch die Politur verlangsamt die Verbrennungsgeschwindigkeit.

In zähem, geschlossenem Gesteine oder in entsprechender Kohle, wo die Pulvergase im Bohrloche Zeit haben, sich anzuspannen, wird mit besonderem Vorteil das komprimierte Sprengpulver verwendet. Bei diesem Pulver ist eine vorzügliche Durcharbeitung der Bestandteile Bedingung einer guten, der Kornpulver-Wirkung überlegenen Sprengkraft. Zu komprimiertem Pulver benutzt man in der Regel nur bessere, hochprozentige Pulversorten.

Das Sprengpulver bedarf im Bohrloche eines festen, langen Besatzes, um eine kräftige Wirkung hervorzubringen. Die Bohrlöcher müssen daher entsprechend tief und weit hergestellt werden.

Das spezifische Gewicht des gekörnten Pulvers ist 1,45—1,60, das des geprefsten 1,55—1,85, während man das Ladegewicht durchschnittlich auf 0,95—1,0 bezw. 1,1—1,3 annehmen kann. Die höhere Sprengkraft des komprimierten Pulvers ist also eine Folge des gröfseren Ladegewichts.

Als einfachste, theoretische Zersetzungsgleichung des Schwarzpulvers findet man vielfach die folgende Formel angegeben:

$$2\,KNO_3 + 3\,C + S = K_2S + N_2 + 3\,CO_2.$$

Diese Formel entspricht etwa einer Zusammensetzung des Pulvers von 75 % Salpeter, 13 % Kohle und 12 % Schwefel.

Der praktische Versuch lehrt, dafs das Pulver wesentlich anders explodiert. Nach den Untersuchungen von Noble und Abel[1]) läfst sich für das eben bezeichnete Pulver etwa folgende Zersetzungsgleichung aufstellen:

$$20\,KNO_3 + 30\,C + 10\,S = 6\,K_2CO_3 + K_2SO_4 + 3\,K_2S_3 + 14\,CO_2 + 10\,CO + 10\,N_2.$$

Die Erzeugnisse der Explosion bestehen zu 56,4 % aus festen Rückständen (Rauch) und zu 43,6 % aus Gasen.

Über den Druck der Pulvergase bei verschiedenen Ladedichten ist die Tabelle auf Seite 27 zu vergleichen.

Schwarzpulver mit 70 oder 65 % Salpeter liefern auf gleiche Gewichtsmengen ein gröfseres Gasvolumen. Jedoch haben die Gase eine niedrigere Flammentemperatur, so dafs der Druck, den sie im Bohrloche ausüben können, geringer ist als beim 75 %igen Pulver. Auch die frei werdende Wärmemenge ist naturgemäfs weniger grofs. Ein weiterer für die Praxis wichtiger Unterschied liegt darin, dafs die erzeugten Kohlenoxydmengen mit abnehmendem Salpetergehalt wachsen. Beim 65 %igen Pulver entsteht neben Stickstoff fast nur noch Kohlenoxyd. Man spricht deshalb je nach dem Vorwiegen der Kohlensäure oder des Kohlenoxyds in den Nachschwaden von Kohlensäure- oder Kohlenoxydpulver. Bei Zugrundelegung der oben genannten Zersetzungsgleichung ergeben sich folgende Zahlen:

---

[1]) Gody, Traité théorique et pratique des matières explosives, 2. Aufl. Namur, 1896. S. 155.

$v_0 = 281$ l,
$t = 2440^0$ C.,
$Q = 577$ Kalorien,
$A = 245\,225$ mkg,
$f = 2884$ kg,
$\alpha = 0{,}281$ l.

Die auf die Grubentemperatur von 15 ⁰ C. abgekühlten Nachschwaden von 1000 g Pulver (= 296 l) bestehen aus 122 l Kohlensäure, 87 l Kohlenoxyd und 87 l Stickstoff.

2. **Sprengsalpeter, Natronsalpeterpulver, Petroklastit, Haloklastit.** Unter diesen verschiedenen Namen gehen Pulversorten, bei denen der Kalisalpeter durch Natronsalpeter ersetzt ist. Der besondere Vorteil solcher Pulversorten liegt in der Billigkeit.

Wegen der hygroskopischen Eigenschaften des Natronsalpeters ist die Lagerfähigkeit des Pulvers im allgemeinen beschränkt. Dieser Nachteil trifft für Kalisalzbergwerke nicht zu, da in ihnen die Luft zufolge der lebhaften Feuchtigkeitsaufnahme gewisser Salze einen hohen Grad von Trockenheit besitzt. Der Kalisalzbergbau ist deshalb der Hauptabnehmer für Sprengsalpeter geworden. Neuerdings gewinnt dieses Pulver aber auch im Steinkohlen- und Erzbergbau an Bedeutung, während frühere Versuche in den 70er Jahren des vorigen Jahrhunderts von ungünstigem Erfolge begleitet waren. Man hat seither den hygroskopischen Eigenschaften durch bessere Verpackung in Paraffinpapier und schnelleren Verbrauch zu begegnen gelernt.

Sprengsalpeter besitzt eine langsamere Wirkung als Schwarzpulver. Er wirkt deshalb mehr schiebend als zertrümmernd. An freier Luft angezündet, verbrennt er verhältnismäfsig langsam und verpufft nicht, so dafs er im Gebrauche ungefährlicher als Schwarzpulver ist. Die Zündung der Sprengschüsse erfolgt ohne Schwierigkeit durch Zündschnur oder Halmzündung, wie bei Schwarzpulver auch.

Die Zusammensetzung ist recht wechselnd und im allgemeinen derjenigen des Schwarzpulvers ähnlich. Eine in Deutschland viel gebrauchte Mischung besteht aus:

76 % Natronsalpeter,
10 % Schwefel,
14 % Kohle.

Statt der Holzkohle wird auch trockener Braunkohlenstaub oder Steinkohlenpech (wie beim Petroklastit) benutzt. Das hiermit hergestellte Pulver schwärzt das Salz weniger.

Von wesentlich anderer Zusammensetzung ist folgende Mischung, die statt der Kohle Lohmehl enthält:

52,5 % Natronsalpeter,
20,0 % Schwefel,
27,5 % Lohmehl.

Der Sprengsalpeter wird gekörnt (in der Regel unpoliert) oder komprimiert benutzt. Für härtere Salze benutzt man ihn gern in komprimierten Patronen. Die Farbe des Sprengsalpeters ist bräunlichgrau.

3. **Andere Pulversorten** haben eine gröfsere Bedeutung im Bergwerksbetriebe nicht erlangt.

Bezüglich der Schnelligkeit der Kraftäufserung nehmen eine Mittelstellung zwischen Schwarzpulver und Sprengsalpeter Pulvermischungen mit Kali- und Natronsalpeter ein. Beispiele:

Pulver von Schwarz:	46,6 %	Kalisalpeter,
	28,5 %	Natronsalpeter,
	9,2 %	Schwefel,
	14,7 %	Kohle,
	1,0 %	Feuchtigkeit;
Pulver von Küp:	66 %	Kalisalpeter,
	9 %	Natronsalpeter,
	9 %	Schwefel,
	16 %	Kohle.

Ferner sind Pulver mit Barytsalpeter, Ammonsalpeter oder Kaliumchlorat vorgeschlagen und in den Handel gebracht worden. Zum Beispiel:

Wynants Pulver (Saxifragin):	76 %	Barytsalpeter,
	22 %	Kohle,
	2 %	Kalisalpeter;
Lithofrakteur:	77 %	Barytsalpeter,
	2 %	Kalisalpeter,
	21 %	Holzkohle;

(diese Pulver werden zu teuer und sind nicht entzündlich genug);

Amidpulver:	40 %	Kalisalpeter,
	38 %	Ammonsalpeter,
	22 %	Kohle;

(ist stark hygroskopisch);

Himlypulver:	45 %	chlorsaures Kali,
	35 %	Kalisalpeter,
	20 %	Steinkohlenpech

(ist gegen Stofs und Schlag empfindlich und deshalb gefährlich).

Andere Kaliumchloratpulver sind dasjenige von Michalowsky und das Kometpulver (Amerika).

Es gibt auch Pulversorten mit dem üblichen Kalisalpetergehalte, jedoch ohne Schwefel, wie das in Österreich erzeugte Haloxylin (75% Salpeter, 15% Sägemehl, $8^1/_3$% Holzkohle, $1^2/_3$% rotes Blutlaugensalz). Schliefslich hat man versucht, die Kraft des gewöhnlichen Pulvers dadurch zu erhöhen, dafs man es mit Sprengöl tränkte (Janit). In Österreich benutzt man einen derartigen Sprengstoff, der Dynamit III genannt wird. Er besteht aus 85% Pulver mit 15% Sprengöl. Das benutzte Pulver hat eine Zusammensetzung von

70% Natronsalpeter,
15% Schwefel,
15% Holzkohle.

Die Liste der sonst noch versuchten Pulversorten ist hiermit nicht erschöpft, hat aber für den Bergbau eine zu geringe Bedeutung. Nur einige Namen solcher besonderen Pulver seien noch mitgeteilt[1]): Diorrexin, Pyrolit, Pudrolit, Pyronome, Sprengpulver von Schäffer & Buddenberg, von Kellow & Short, von Augendre, von Ehrhardt usw.

D. Sprengöl, Schiefsbaumwolle und Dynamite.

1. **Das Sprengöl** (nitroglycérine; nitro-glycerine) wird unmittelbar nicht mehr als Sprengmittel gebraucht. Es ist nämlich öfter vorgekommen, dafs das flüssige Öl im Bohrloche nicht voll explodierte oder dafs es sich in Gesteinsklüften verlor. Beim Weiterbohren bezw. beim Auskratzen des Bohrloches kam der Rest der Ladung zur Explosion, wodurch Unglücksfälle herbeigeführt wurden. Zudem ist die Handhabung eines flüssigen Sprengmittels wegen der Gefahr des Verschüttens in jedem Falle bedenklich. Aus diesen Gründen ist in den meisten Ländern der Gebrauch des flüssigen Sprengöls verboten. Wegen der Wichtigkeit des Nitroglyzerins als wesentlichen Bestandteils einer ganzen Reihe von Sprengstoffen ist aber eine besondere Besprechung geboten.

Das Sprengöl entsteht unter der Einwirkung von Salpetersäure auf Glyzerin durch Ersetzung von drei Atomen Wasserstoff durch drei Nitrogruppen.

$$2\,C_3H_8O_3 + 6\,HNO_3 = C_6H_{10}(NO_2)_6O_6 + 6\,H_2O.$$

Die chemische Formel ist somit $C_6H_{10}O_{18}N_6$.

[1]) Die Zusammensetzungen sind zu ersehen aus J. Daniel, Dictionnaire des Matières explosives, Paris, 1902.

Herstellung: Man läfst reines Glyzerin in einem Strahle in ein Gemenge von Salpetersäure und Schwefelsäure fliefsen, wobei das Gemisch gekühlt wird und unter kräftiger Luftrührung steht. Die Schwefelsäure dient zur Beschleunigung des chemischen Vorganges, indem sie das sich bildende Wasser aufnimmt. Die Temperatur in der Nitriersäure darf 30° C. nicht überschreiten. Nachdem alles Glyzerin in die Nitriersäure eingetragen ist, wird das Gemisch auf 20° C. heruntergekühlt und in einen Scheidetrichter abgelassen, in welchem sich die spezifisch schwere Säure von dem leichteren Nitroglyzerin abscheidet. Letzteres wird mit Wasser, Sodalauge und nochmals mit reinem Wasser gewaschen und ist dann rein und beständig.

Das Nitroglyzerin ist eine bei gewöhnlicher Temperatur geruchlose, ölige Flüssigkeit von gelblicher Färbung. Auf 40° erwärmt, gibt es einen charakteristischen Geruch. Der Geschmack ist süfslich, die Wirkung stark giftig. Wenn man einen Tropfen verschluckt, so sind heftige Kopfschmerzen und Schwindel die Folge. Kopfschmerzen treten bereits auf, wenn das Sprengöl mit der Haut in Berührung kommt, also beim Berühren mit den Händen. Die Schmerzen sind stärker und treten schneller ein, wenn die Berührung an den Schleimhäuten, z. B. des Mundes, stattfindet. Die Arbeiter, die täglich mit Sprengöl zu tun haben, gewöhnen sich zumeist bald an die Wirkungen des Nitroglyzerins und bleiben später davon unbehelligt. Das Sprengöl ist fast unlöslich in Wasser (0,003 %), aber löslich in Alkohol, Äther, Holzgeist, Methylalkohol und Benzin. Bei gewöhnlicher Temperatur ist es wenig flüchtig. Es kann ziemlich lange eine Temperatur von 70° vertragen, wobei es langsam verdampft. Bei 105° entwickeln sich rote Dämpfe, und es tritt eine langsame Zersetzung ein. Bei 217° explodiert es. Bei +8° gefriert es und taut erst bei 11° wieder auf. Das Nitroglyzerin ist empfindlich gegen Schlag und Stofs und kommt hierdurch leicht zur Explosion. Im gefrorenen Zustande ist es mit besonderer Vorsicht zu behandeln.

Das spezifische Gewicht ist 1,6.

Die Explosion erfolgt nach folgender Formel:

$$C_6H_{10}N_6O_{18} = 6\,CO_2 + 5\,H_2O + 3\,N_2 + {}^1/_2\,O_2.$$

Der Sprengstoff liefert also Sauerstoff im Überschufs.

$$v_0 = 712{,}86 \text{ l},$$
$$t = 3153^0 \text{ C.},$$
$$Q = 1469{,}8 \text{ Kalorien},$$
$$A = 624\,673 \text{ mkg},$$

$$f = 9281,7 \text{ kg},$$
$$\alpha = 0,7128 \text{ l},$$
$$L = 1,6.$$

2. **Die Schiefsbaumwolle** (coton poudre, cellulose nitrique, cellulose azotique, fulmi-coton; gun cotton, nitro cellulose) entsteht durch Einwirkung von Salpetersäure auf Baumwolle unter Bildung von Wasser nach folgender Formel:

$$C_{24}H_{40}O_{20} + nHNO_3 = C_{24}H_{40-n}O_{20}(NO_2)_n + nH_2O.$$

n kann die Werte von 1—11 besitzen.

Herstellung: Die Baumwolle wird gut gereinigt, zerfasert und getrocknet. Aus demselben Grunde wie bei der Herstellung des Sprengöls benutzt man nicht reine Salpetersäure, sondern Gemische von Salpeter- und Schwefelsäure. Die Nitrierung erfolgt in Gefäfsen aus Eisen, Steingut oder Blei unter Kühlung und Absaugen der sich entwickelnden Gase. Die überschüssige Säure wird in Zentrifugen ausgeschleudert und danach durch Waschen und Kochen entfernt. Hierauf wird die Schiefswolle zerkleinert und nochmals gewaschen. Von der sorgfältigen Entfernung auch der geringsten Säurereste hängt die Haltbarkeit der Schiefsbaumwolle ab. Die gewöhnliche Schiefsbaumwolle ist in Wasser, Äther und Alkohol unlöslich.

Die Kollodiumwolle (collodion; collodion cotton) ist eine Schiefsbaumwolle, bei der 8—9 Nitrogruppen in die Wolle eingetreten sind. Man erhält sie bei Verwendung bestimmter Säuren und Innehaltung gewisser Temperaturen bei der Fabrikation. Die Kollodiumwolle ist löslich in Ätheralkohol, Nitroglyzerin, Azeton usw. und hat aus diesem Grunde für die Bereitung von rauchlosem Pulver, Sprenggelatine, Gelatinedynamit usw. eine grofse Bedeutung.

Die Schiefsbaumwolle hat das Aussehen und die äufseren Eigenschaften der Baumwolle beibehalten, ist jedoch etwas rauher und spröder und hat an spezifischem Gewichte zugenommen. Geprefste Schiefsbaumwolle hat je nach dem angewandten Drucke gröfsere oder geringere Festigkeit und sieht geprefster Holzpappe ähnlich. Die Schiefsbaumwolle ist geruch- und geschmacklos. Das absolute spezifische Gewicht ist 1,5. Das Ladegewicht beträgt bei loser Schiefsbaumwolle aber nur 0,1—0,3 und bei geprefster 1,0—1,3. Die Schiefsbaumwolle ist sehr explosiv und ist gegen Stofs oder Schlag sehr empfindlich. Reine Schiefsbaumwolle wird für Sprengzwecke in Bergwerken kaum noch verwandt, da sie verhältnismäfsig teuer ist. Wohl aber spielt sie als mehr oder weniger wesentlicher Bestandteil bei vielen Sprengstoffen und Schiefsmitteln eine Rolle. Auch zu sonstigen Verwendungszwecken benutzt man sie, z. B. als Zündsatz bei elektrischen Sprengkapseln, als Füllmaterial bei detonierenden Zündschnüren und in der Form des Kollodiums für Herstellung von Zelluloid usw. Das Kollodium ist eine Lösung von 8 fach nitrierter Schiefsbaumwolle in Äther und Alkohol.

Als Zersetzungsgleichung kann man annehmen für 11 fach nitrierte Schiefsbaumwolle:

$$C_{24}H_{29}O_{20}(NO_2)_{11} = 15\,CO + 9\,CO_2 + 9\,H_2O + 5{,}5\,H_2 + 5{,}5\,N_2,$$

und für 8 fach nitrierte Schiefsbaumwolle

$$C_{24}H_{32}(NO_2)_8O_{20} = 6\,CO_2 + 18\,CO + 6\,H_2O + 10\,H_2 + 4\,N_2.$$

Nach diesen Gleichungen ergibt sich (nach Gody):

	für 11 fach nitrierte Schiefsbaumwolle:	für 8 fach nitrierte Schiefsbaumwolle:
v_0	= 859,2 l,	974,28 l,
t	= 2663° C.,	2221° C.,
Q	= 1039,3 Kalorien,	795,1 Kalorien,
A	= 441 723 mkg,	337 930 mkg,
f	= 9594,4 kg,	9249 kg,
α	= 0,859 l,	0,974 l.

3. **Dynamit** (dynamite; dynamite). a) Allgemeine Besprechung der Gruppe. Mit dem Namen Dynamit wird eine Gruppe von Sprengstoffen bezeichnet, deren wichtigster Bestandteil das Sprengöl ist. Dieselben enthalten sämtlich das Sprengöl in gebundenem Zustande, welches sich unter gewöhnlichen Verhältnissen nicht vom Sprengstoff abscheiden darf. Tritt das Öl auch nur in Spuren aus, so ist der Sprengstoff verdächtig und besser nicht zu verwenden.

Man unterscheidet Dynamite mit unwirksamer und solche mit wirksamer Beimischung.

Bei den Dynamiten mit unwirksamer Beimischung dient diese zum Aufsaugen des flüssigen Sprengöls, ist also allein dazu bestimmt, den Sprengstoff in eine handliche Form zu bringen. Die wirksamen Beimischungen saugen ebenfalls das Sprengöl auf, nehmen aber auch an der Explosion teil. Die Zusammensetzung des Zumischpulvers ist in der Regel so gewählt, dafs der bei der Explosion des Sprengöls sich ergebende überschüssige Sauerstoff Gelegenheit zur Verbindung mit oxydierbaren Stoffen findet. Die

Beimischung bindet also nicht nur das Sprengöl, sondern trägt auch zur Erhöhung der Explosionskraft bei. Unter Anlehnung an einen von Georgi aufgestellten Stammbaum erhalten wir folgenden schematischen Überblick über die Gruppe der Dynamite:

Sprengöl

Guhrdynamit:
75 % Sprengöl,
25 % Kieselguhr.

Dynamite mit wirksamer Beimengung ohne Kollodiumwolle:
25—50 % Sprengöl,
75—50 % Zumischpulver.

+ Kollodiumwolle

Sprenggelatine:
92,0 % Sprengöl,
8,0 % Kollodiumwolle.

Gelatineöl
(Gelatiniertes Sprengöl):
97,0 % Sprengöl,
3,0 % Kollodiumwolle,

Gelatinedynamit, Gelignit:
45—65 % Gelatineöl,
55—35 % Zumischpulver.

Die Dynamite besitzen den Übelstand des Gefrierens. Die Temperatur, bei der das Festwerden eintritt, ist nicht für alle Abarten des Dynamits die gleiche. Bei Temperaturen unter + 8 ° C. ist jedenfalls das Gefrieren nicht ausgeschlossen. Durch Zusatz von Nitrobenzol werden die Dynamite schwer frierbar. Weiter unten folgen einige derartige Zusammensetzungen.

Nach verschiedenen, mehrfach angestellten Versuchen scheint das vollständig gefrorene Dynamit unempfindlicher und ungefährlicher gegen Stofs, Fall und Beschufs als das ungefrorene sich zu verhalten. Jedoch kommt General Ph. Hefs auf Grund seiner Beobachtungen zu dem Urteil, dafs es halbgefroren, also im Übergangszustande, empfindlicher und gefährlicher als im ungefrorenen Zustande sein kann. Auch Professor Will zu Neubabelsberg hat bei der Beschufsprobe eine relativ grofse Empfindlichkeit des gefrorenen Gelatinedynamits festgestellt.

In jedem Falle lehrt die Erfahrung, dafs unheilvolle Dynamitexplosionen und Unfälle bei der Sprengarbeit mit Dynamit sich gerade zur Winterszeit ereignen. Es ist kaum angängig, diese Tatsache auf Zufall zurückzuführen. Im übrigen steckt in der Eigenschaft der Gefrierbarkeit zweifellos und unbestritten die Gefahr, dafs das Dynamit vor dem Gebrauche aufgetaut werden mufs. Würde man dies nicht tun, so wären schlechtere Sprengwirkung, schädlichere Nachschwaden und Neigung zum Auskochen die Folge.

Leider ist es kaum zu vermeiden, dafs der Arbeiter unter Umständen gefrorene Patronen in die Hand bekommt. In den einzelnen Patronenpaketen ist häufig die äufsere Patronenlage weich, während sich in der Mitte des Pakets noch ganz oder teilweise gefrorene Patronen befinden.

Das Verfahren des Auftauens ist zeitraubend, umständlich und setzt besondere Vorrichtungen voraus, die nicht überall vorhanden sein können. Es gibt alljährlich zu Verunglückungen Anlafs. In jedem Falle soll man beim Auftauen die gröfste Vorsicht walten lassen und gefrorene Patronen niemals an sehr warme Orte, in die unmittelbare Nähe von Öfen, Dampfleitungen oder Feuer bringen. Gefrorenes Dynamit sollte auch nicht geschnitten oder gebrochen werden, da es sich unberechenbar verhält. Das Auftauen geschieht am besten in wasserdichten Blechbüchsen, die in mäfsig warmes Wasser gesetzt werden. Lieferant für geeignete Auftauapparate ist z. B. W. Kemmer in Essen (Ruhr).

Thermophore (fabriziert von der Thermophor A.-G. zu Andernach a. Rh.) sind Auftauapparate, welche längere Zeit Wärme abzugeben imstande sind. Ihre Wirkung beruht darauf, dafs erwärmtes und geschmolzenes essigsaures Natron langsam unter Wärmeabgabe auskristallisiert. Der Apparat kann, nachdem die im Mantel untergebrachte Wärmemasse durch kochendes Wasser zum Schmelzen gebracht ist und so eine bedeutende Wärmemenge aufgenommen hat, längere Zeit für Auftauzwecke benutzt werden. Er ist für alle Orte geeignet, wo die regelmäfsige Zufuhr warmen Wassers Schwierigkeiten macht.

Taucht man gefrorene Patronen unmittelbar in warmes Wasser ein, so tritt das gefährliche Sprengöl teilweise aus, sammelt sich am Boden des Wasserbehälters an und kann zu Verunglückungen Anlafs geben.

Das Tragen der gefrorenen Dynamitpatronen am Leibe in Kleidertaschen führt für kleinere Mengen zwar auch ohne besondere Gefahr zum Ziel, ist aber nicht zu empfehlen, da alsdann die Sachen des Arbeiters etwas von dem Sprengöl annehmen. Auch bleibt das Bedenken, dafs der Arbeiter einzelne Patronen versehentlich in der Tasche behalten und mit nach Hause nehmen kann.

Unterirdisch angelegte Sprengstofflager haben in der Regel den Vorzug, genügend warm zu sein, so dafs das Dynamit von selbst auftaut. Oberirdische Sprengstofflager sollen im Winter durch Pferdemist erwärmt werden.

Am Feuer entzündet, brennt Dynamit mit sehr lebhafter, leuchtender Flamme ab. Bei gröfseren Mengen und in geschlossenem Behälter geht die Verbrennung in Explosion über.

b) Guhrdynamit.

Herstellung. 75 Teile sorgfältig gewaschenen Nitroglyzerins werden mit 25 Teilen geschlämmter, gebrannter und sehr fein gesiebter Kieselguhr von Hand gemengt und mehrfach durch Siebe durchgerieben. Zur Erzielung einer gleichmäfsigen Färbung wird nach Bedarf etwas Bolus, Ocker oder Umbra zugesetzt.

Das Guhrdynamit hatte nach seiner Entdeckung im Jahre 1866 schnelle Aufnahme gefunden und hatte sich bis zur Erfindung der Gelatine-Sprengstoffe einer immer wachsenden Beliebtheit zu erfreuen. Seither ist die Verwendung in starker Abnahme begriffen und zurzeit in Deutschland verschwindend gering.

Das Guhrdynamit ist gegen Nässe empfindlich, da Feuchtigkeit das Nitroglyzerin austreten läfst. In nassen Bohrlöchern kann unter Umständen das ausgetretene Sprengöl in Klüften und Spalten so weit fortsickern, dafs es später von der Explosion der Ladung nicht mehr gefafst wird. Wenn nun beim Weiterarbeiten der Bohrer auf derartiges Nitroglyzerin stöfst, sind unvermutete Explosionen nicht ausgeschlossen.

Das spezifische Gewicht des Sprengstoffes ist 1,67. Zur Zündung wird Sprengkapsel Nr. 3 benutzt. Die Explosionszersetzung entspricht derjenigen des Sprengöls. Nur erscheinen auf der rechten und linken Seite der Gleichung auf je 1 Molekül Sprengöl 2,5 Moleküle Kieselsäure.

c) Sprenggelatine.

Herstellung: Die Bestandteile sind 90—93% Nitroglyzerin und 10—7% Kollodiumwolle, beide auf das sorgfältigste gewaschen und getrocknet. Die Kollodiumwolle vereinigt sich, unterstützt durch Erwärmen und Umrühren, mit dem Sprengöl, und es bildet sich eine gelatinöse und plastische Masse, die Sprenggelatine.

In kaltem Zustande ist die Sprenggelatine von durchscheinend brauner Farbe und stellt eine sehr zähe, plastische und elastische Gelatine dar.

Feuchtigkeit hat auf Sprenggelatine nur geringen Einflufs, so dafs man dieselbe vorteilhaft in nassen Gruben und namentlich bei Sprengungen unter Wasser verwendet. Gegen Stofs, Schlag und Reibung ist sie verhältnismäfsig unempfindlich. Die Lagerfähigkeit ist aufserordentlich gut. Wegen der hohen Explosionsschnelligkeit und Kraftentwicklung ist sie für sehr festes und zähes Gestein besonders geeignet. Der Verbrauch ist in Deutschland nicht erheblich, dagegen sehr grofs in Transvaal.

Das spezifische Gewicht ist 1,56. Zur Zündung verwendet man Sprengkapseln von mindestens 0,8 g Ladung (Nr. 5), oder aber man setzt auf die Sprenggelatineladung eine Zünd- oder Schlagpatrone von Gelatinedynamit oder Guhrdynamit.

Für die Sprenggelatine ist die folgende Explosionszersetzung anzunehmen, wenn man von einer Zusammensetzung von 93 % Sprengöl und 7 % Kollodiumwolle ausgeht:

$$30{,}8\, C_6H_{10}N_6O_{18} + C_{24}H_{31}N_9O_{38} = 209\, CO_2 + 170\, H_2O + 2\, O_2 + 97\, N_2.$$

$$v_0 = 708 \text{ l},$$
$$t = 3203^\circ \text{ C.},$$
$$Q = 1535 \text{ Kalorien},$$
$$A = 652\,375 \text{ mkg},$$
$$f = 9332 \text{ kg},$$
$$\alpha = 0{,}708 \text{ l},$$
$$L = 1{,}4\text{—}1{,}5.$$

Um die Sprenggelatine unempfindlicher gegen Stofs zu machen, setzt man derselben einige Prozente Kampfer zu, zum Beispiel:

86,4 % Nitroglyzerin,
9,6 % Kollodiumwolle,
4,0 % Kampfer.

Allerdings wird hierdurch auch die Explosions- und Zündfähigkeit des Sprengstoffes stark beeinträchtigt.

d) Gelatinedynamit (in Österreich: Dynamit I). Das Gelatinedynamit besteht aus 65 % gelatiniertem Nitroglyzerin und 35 % Zumischpulver. Letzteres enthält auf 3—4 Teile Salpeter 1 Teil Mehl. Die normale Zusammensetzung ist etwa, wie folgt:

62,5 %	Sprengöl,
2,5 %	Kollodiumwolle,
25,5 %	Natronsalpeter,
8,75 %	Mehl,
0,75 %	kohlensaures Natron.
100,00 %.	

Herstellung: Das Gelatineöl wird mit der Hand oder in besonderen Knetmaschinen mit dem Zumischpulver auf das sorgfältigste durchgearbeitet und vermischt.

Die Masse ist weniger zäh und elastisch als die Sprenggelatine. Das Gelatinedynamit verliert unter längerer Einwirkung von Wasser an Kraft, da das Wasser den Salpeter auflöst. Es geschieht dies jedoch so langsam, dafs die Verwendbarkeit auch in nassen Bohrlöchern darunter nicht leidet. In seiner äufseren Erscheinung sieht das deutsche Gelatinedynamit dem gewöhnlichen Brotteig sehr ähnlich. Das spezifische Gewicht ist 1,7. Zur Zündung ist die Sprengkapsel Nr. 3 notwendig. Von sämtlichen Nitroglyzerin-Sprengstoffen sind das Gelatinedynamit und seine Abarten am beliebtesten. Die bequeme Handhabung, die gute Arbeitsleistung, die fast überall gleich vorteilhafte Verwendung und die Billigkeit haben dem Gelatinedynamit mit Recht diesen Vorzug verschafft.

Die Explosionszersetzung verläuft rechnungsmäfsig, wie folgt:

$$41{,}3\,C_6H_{10}N_6O_{18} + 0{,}7\,C_{24}H_{31}N_9O_{38} + 91{,}4\,NaNO_3 + 16{,}2\,C_6H_{10}O_5 + 1\,Na_2CO_3 = 316\,CO_2 + 298\,H_2O + 29\,O_2 + 172\,N_2 + 47\,Na_2CO_3.$$

Der feste Rückstand (Rauch) beträgt 166 g auf 1000 g Sprengstoff.

$v_0 = 606$ l,
$t = 2984^0$ C.,
$Q = 1267$ Kalorien,
$A = 538\,475$ mkg,
$f = 7476$ kg,
$L = 1{,}5$.

e) Gelignit, Gelatinedynamit für den Export, Dynamit II. Dieselben unterscheiden sich von dem vorgenannten Gelatinedynamit in zweierlei Hinsicht. Die Gelatine erhält einen höheren Gehalt an Kollodiumwolle, etwa 3—6 %, und im Zumischpulver ist der Natronsalpeter gewöhnlich durch Kalisalpeter ersetzt. Der Gehalt dieser Sprengstoffe an Gelatine schwankt zwischen 55 und 80 %. Den Namen Gelignit führen besonders

Mischungen mit 60—65 % Gelatineöl. Das spezifische Gewicht von Gelignit mit 60 % ist 1,63. Zur Zündung benutzt man Sprengkapseln Nr. 5. Im Äufseren ähneln diese Dynamitsorten dem deutschen Gelatinedynamit, sind aber erheblich fester und weniger plastisch.

Einige Beispiele verschiedener Zusammensetzungen mögen hierunter mitgeteilt sein:

Gelignit (England)	54—63 %	Sprengöl,
	3— 5 %	Kollodiumwolle,
	26—34 %	Kalisalpeter,
	6— 9 %	Holzmehl,
	½ %	kohlensaurer Kalk;
Dynamit II (Österreich)	45 %	Gelatineöl,
	55 %	Zumischpulver, bestehend aus 70 % Natronsalpeter, 28 % Mehl, 1 % Soda, 1 % Farbstoff.

f) Gummidynamit (der Sprengstoffwerke Dr. R. Nahnsen & Co., Hamburg, und der Nitroglyzerin Co. in Christiania). Dieser Sprengstoff gehört zu den schwer frierbaren Dynamiten und hat seinen Namen von der eigenartigen Konsistenz. Sein Verbrauch beschränkt sich im wesentlichen auf die skandinavischen Länder. Das Gummidynamit besteht aus gelatiniertem Nitroglyzerin, dem einige Prozente Nitrobenzol beigemischt sind, und aus Ammoniaksalpeter als Zusatz. Im Gebrauche ist das Gummidynamit dem deutschen Gelatinedynamit ähnlich, kommt ihm aber in der Wirkung nicht gleich. Das spezifische Gewicht ist 1,49. Es explodiert mit Sprengkapsel Nr. 3.

g) Einige andere schwer frierbare Dynamite werden in Österreich-Ungarn gebraucht. Hiervon seien erwähnt:

Dynamit I *N* (*N* bedeutet schwer frierbar):

65 % Gelatine, bestehend aus 55 % Sprengöl, 6 % Nitrobenzol und 4 % Kollodiumwolle,

25 % Salpeter,

10 % Zumischpulver.

Dynamit II *N*:

45 % Gelatine, bestehend aus 38 % Sprengöl, 4 % Nitrobenzol und 3 % Kollodiumwolle,

20 % Salpeter,

35 % Zumischpulver.

Die Zumischpulver sind in derselben Weise wie bei dem gewöhn- Dynamit II zusammengesetzt.

h) Bei den bisher besprochenen Dynamiten war das Sprengöl gelatiniert. Es folgen einige Dynamitsorten mit wirksamer Beimischung, jedoch ohne Kollodiumwolle.

Rhexit wird von der Aktiengesellschaft Dynamit Nobel in Wien in verschiedenen Mischungsverhältnissen hergestellt, z. B.:

Rhexit II: 50 % Sprengöl,
50 % Zumischpulver.
Rhexit III: 35 % Sprengöl,
65 % Zumischpulver.
Rhexit V: 15 % Sprengöl,
85 % Zumischpulver.

Die Zumischpulver bestehen in der Regel aus 74 % Natronsalpeter, 25 % Lohmehl und 1 % Soda.

Die Wirkung der sprengölreichen Rhexite ist derjenigen der Dynamite ähnlich.

Meganit, bestehend aus:

60 % Sprengöl,
10 % nitriertes Holz,
10 % nitriertes Steinnufsmehl,
20 % Natronsalpeter,

wird von der Sprengstofffabrik Schückler & Co. in Zurndorf (Ungarn) fabriziert.

Besonders kräftige Sprengwirkungen werden durch Mischungen von Sprengöl oder Gelatine mit Ammonsalpeter erzielt. Die hohe Sprengkraft dieser Mischungen scheint auf der besonders grofsen Explosionsschnelligkeit zu beruhen. Diese Sprengstoffe werden in Österreich-Ungarn viel gebraucht. Man schätzt ihre Sprengkraft ebenso hoch wie diejenige der Sprenggelatine ein. Die Rauchentwicklung ist im Vergleich zum Gelatinedynamit wie überhaupt zu den Dynamiten mit Kali- und Natronsalpeterzusatz sehr gering, weil die Explosion keinen festen Rückstand hinterläfst. Dagegen ist die Empfindlichkeit gegen die Einwirkung der Feuchtigkeit gröfser, da Ammonsalpeter hygroskopischer als Kali- und Natronsalpeter ist.

Hierher gehören zum Beispiel:

Die Ammonsprenggelatine (der Aktiengesellschaft Dynamit Nobel in Wien) mit folgender Zusammensetzung:

40—50 % gelatiniertes Sprengöl,
46—55 % Ammonsalpeter,
3,5—5 % gedörrtes Mehl,
½ % Soda;

ferner das plastische Dynammon (hergestellt von den staatlichen Fabriken in Österreich), bestehend aus:

45 % Sprengöl,
47,2 % Ammonsalpeter,
7,8 % Rotkohle.

E. Die Sicherheitssprengstoffe.

1. **Vorbemerkungen.** Durch Schwarzpulver und Dynamit werden Schlagwettergemische überaus leicht zur Entzündung gebracht. Es genügen hierfür Bruchteile eines Grammes Schwarzpulver und wenige Gramm Dynamit, wenn sie unbesetzt im Bohrloche oder gar freiliegend explodieren. Selbst Kohlenstaubaufwirbelungen ohne jede Schlagwetterbeimengung werden in den Versuchsstrecken bei unbesetzten Schüssen durch Ladungen von 70—80 g Schwarzpulver oder Dynamit mit Sicherheit gezündet.

Der übliche Besatz über der Schufsladung erhöht zwar die Sicherheit beträchtlich, namentlich bei dem Dynamit und ähnlich brisanten Sprengmitteln. Bei diesen verläuft unter der deckenden Hülle des Besatzes die Explosion so schnell, dafs eine Zündung der Schlagwetter nach aufsen hin erschwert wird. Immerhin hat die Praxis gelehrt, dafs trotz des Besatzes auch Dynamite nicht als schlagwettersicher anzusehen sind. Fälle, bei denen durch Gebrauch des Dynamits Schlagwetter oder Kohlenstaub in der Grube gezündet wurden, sind leider in reichlicher Anzahl bekannt geworden.

Mit dem Vorrücken des Steinkohlenbergbaues in die Tiefe und dem Wachsen der Schlagwettergefahr trat deshalb die Forderung an die Sprengtechnik heran, Sprengmittel mit gröfserer Schlagwettersicherheit zu schaffen. Diese Forderung führte zur Entwicklung der sogenannten Sicherheitssprengstoffe.

Voraus und nebenher gingen Versuche, die Sprengstoffe überhaupt durch mechanische Mittel oder durch chemisch wirkende Treibverfahren zu ersetzen, ferner die Gefährlichkeit von Pulver- und Dynamitschüssen durch besondere Vorsichtsmafsregeln in der Handhabung der Sprengarbeit zu beseitigen oder doch zu vermindern.

Die mechanischen Mittel zur Hereingewinnung von Kohle oder Gestein sollen hier nicht besprochen werden. Es sei nur bemerkt, dafs sie in einen ernsthaften Wettbewerb mit der Sprengarbeit nicht haben treten können.

2. **Chemisch wirkende Treibverfahren.** Die Versuche, Pulver und Dynamit durch chemisch wirkende Mittel, die ihrer Natur nach nicht zu den eigentlichen Sprengstoffen gerechnet werden können, zu ersetzen, sind ebenfalls von keinem dauernden Erfolge gekrönt gewesen.

a) Kalkpatronen. Das schon 1853 in England von G. Elliot vorgeschlagene Verfahren, Patronen von frisch gebranntem Kalk unter Zuführung von Wasser zum Sprengen zu verwenden, ist mehrfach ausgeführt und versucht worden. Frisch gebrannter Kalk vermehrt durch Aufnahme von Wasser sein ursprüngliches Volumen auf das $2^1/_2$ fache, bei besonders sorgfältiger Herstellung und Kalzination sogar auf das $5^1/_2$ fache. Während dieses Vorganges wird beträchtliche Wärme entwickelt, so dafs ein Teil des Wassers verdampft. Nach Versuchen vor einer englischen Kommission im Arsenal von Woolwich kann der durch die Volumenvermehrung des Kalkes und den überhitzten Wasserdampf im festen Einschlusse erzeugte Druck bis auf 512 kg auf den Quadratzentimeter steigen. Freilich geht der Druck beim Nachgeben der Wände sehr schnell zurück.

Um das Jahr 1880 hat man fast in allen Kohlenbezirken Patronen aus gebranntem Kalk in Verbindung mit einer Druckpumpe eingehend erprobt. Der gebrannte und feingeriebene Kalk war unter hohem Drucke zu Patronen von $2^1/_2$ Zoll Durchmesser mit einem Kanal an der Seite geprefst. Nach Einschieben der Kalkpatronen in das Bohrloch wurde ein halbzölliges Eisenrohr eingeführt, das an seinem im Bohrloche steckenden Ende eine Anzahl seitlicher Durchbohrungen trug. Nach Auffüllung des Besatzes in gewöhnlicher Weise wurde das aus dem Bohrloche ragende Ende des Rohres mit einer kleinen Pumpe verbunden und Wasser in den Kalk geprefst. Dann wurde die Pumpe abgehängt und das Rohr mit einem Zapfen verschlossen, um die sich ergebende Ausdehnung des Kalkhydrates und die Spannung des Wasserdampfes voll auszunutzen. Regelmäfsige Erfolge waren damit infolge zu langsamer und schwacher Wirkung aber nicht zu verzeichnen. Insbesondere hat sich beim Ortsbetriebe das Verfahren als völlig unbrauchbar erwiesen.

Um die lästige Pumpe zu vermeiden, hat der belgische Ingenieur van Hassel vorgeschlagen, über der Ätzkalkpatrone ein Wasserfläschchen unterzubringen, das eine elektrische Sprengkapsel enthält.

Nachdem ein genügend fester und sicherer Besatz auf die Ladung gebracht ist, bringt man die Sprengkapsel auf elektrischem Wege zur Explosion. Das Fläschchen wird zertrümmert, und das Wasser ergießst sich über die Kalkpatrone.

Der Ingenieur Sebastian Smith hat in ähnlicher Weise Wasserfläschchen angewandt, jedoch diese auf mechanischem Wege zum Zerspringen gebracht. Er liefs eine Räumnadel durch den Besatz gehen, die mittelst eines Fäustelschlages etwas tiefer in das Bohrloch getrieben werden konnte. Dabei war das Fläschchen so vor der Nadelspitze angeordnet, dafs es zerspringen mufste. Befriedigende Ergebnisse scheinen auch bei diesen Verfahren nicht erzielt zu sein.

b) Die Sicherheitspatrone von R. & C. Steinau in Braunschweig (D.R.P. 38 000) vereinigt in sich aufser Ätzkalk und Wasser zur Erhöhung der Wirkung noch Schwefelsäure. Die Patrone besteht aus drei ineinandersteckenden, zerbrechlichen Gefäfsen. Das mittlere Gefäfs aus Glas ist mit Wasser gefüllt und liegt in dem zweiten, mit Schwefelsäure gefüllten Glasgefäfse, das seinerseits wieder von einem gelochten Blechmantel mit Ätzkalkfüllung umgeben ist. Zur Benutzung wird die Patrone in Wasser getaucht, bis sich der Kalk vollgesaugt hat, alsdann in das Bohrloch gebracht und besetzt. Der sich löschende Kalk soll infolge der Erhitzung und Ausdehnung die inneren Glasgefäfse zersprengen. Durch die Mischung von Schwefelsäure, Wasser und Kalk wird unter heftiger Wärmeentwicklung schwefelsaurer Kalk und Dampf gebildet, wodurch die Sprengung des Gesteins erreicht werden soll. Die erhoffte Wirkung blieb aber gewöhnlich aus.

c) Eine Sprengpatrone, bei der Schwefelsäure und Zinkstaub zur Verwendung kommt, ist von Dr. Kosmann vorgeschlagen (D.R.P. 34 665). Die Patrone besteht aus einem zylindrischen Gefäfse, das mittelst einer Einschnürung in zwei Abteilungen von ungleichem Rauminhalt geteilt ist (Figur 13).

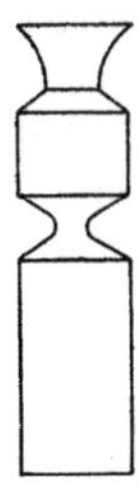

Fig. 13.

Die Einschnürung läfst eine Öffnung von 8—10 mm Durchmesser frei. Die untere, gröfsere Abteilung wird mit Schwefelsäure gefüllt und zugepfropft, die obere Abteilung wird vor dem Wegtun des Schusses mit Zinkstaub beschickt. Zum Besetzen wird die Schiefsnadel in die Patrone eingeführt, so dafs sie in dem Pfropfen der inneren Einschnürung haftet. Die obere Patrone wird dicht mit Letten verschmiert.

Nachdem der Besatz auf die Patrone gebracht ist, treibt der Häuer zwecks Wegtuns des Schusses die Schiefsnadel mit einigen Fäustelschlägen in das Gefäfs. Dasselbe zerbricht, und die Schwefelsäure ergiefst sich über den Zinkstaub. Es findet eine plötzliche Wasserstoffentwicklung statt. Bei einer Patrone von 25 mm Durchmesser und 180 mm Länge, die 50 cbcm Schwefelsäure und 12 g Zinkstaub fassen kann, beträgt der erzeugte Druck rechnungsmäfsig 37 Atmosphären [1]).

Die unter a bis c genannten Verfahren ermangeln der plötzlichen Wirkung, die bis zu einem gewissen Grade für das Gelingen der Sprengung notwendig ist. Der etwa im Bohrloche erzeugte Druck findet auf sich bildenden Spalten oder Rissen allzuleicht Gelegenheit, sich mit dem atmosphärischen Drucke auszugleichen.

d) Eine recht eigenartige und bezüglich der Sicherheit der Handhabung nicht unbedenkliche Sprengpatrone ist im Jahre 1894 von A. W. Schwartz in Plagwitz bei Leipzig vorgeschlagen worden [2]). Sie beruht auf der Explosionsfähigkeit der Stickstoffverbindungen mit Chlor, Brom oder Jod. Figur 14 zeigt eine solche Patrone. Der äufsere Zylinder *C* schliefst drei kleinere Behälter in sich ein. Der Behälter *C'* enthält Chlorgas und der Behälter *C''* Ammoniakgas, beide in komprimiertem Zustande. Der innere Druck hält die Verschlufsdeckel *V* und *V'* geschlossen, so dafs die Gase nicht entweichen können. Auf den Deckeln *V* und *V'* ruhen die Stifte *P* und *P'*, die zwischen sich die Pulverkammer *F* mit elektrischer Zündvorrichtung tragen. Bei Zündung der Pulverkammer drücken die Stifte *P* und *P'* die Verschlufsdeckel der beiden äufseren Behälter ein, so dafs das Chlor- und Ammoniakgas entweichen und sich unter Explosionserscheinungen vereinigen können. In der Figur stellt *PL* den Verschlufs des Bohrloches durch Besatz oder einen Pflock vor.

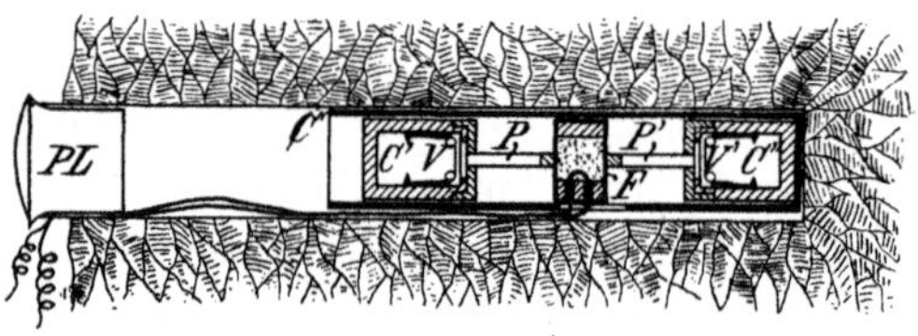

Fig. 14.

Praktische Bedeutung werden derartige Patronen schwerlich gewinnen, da die auf diese Weise frei werdende Energie immer nur gering sein kann und verhältnismäfsig teuer sein mufs. Bei Undichtigkeiten der Behälter oder zufälligen Verletzungen derselben bilden die Patronen für die Mannschaft eine grofse Gefahr.

[1]) B. u. Hm. Ztg. 1886. Nr. 19, S. 200.

[2]) Wm. Maurice. Electric Blasting; New-Castle-upon-Tyne, 1899, S. 48 und 49.

e) Knallgaspatronen. Wie Berthelot hervorhebt, ist das Knallgas in gewisser Beziehung das klassische Beispiel eines Sprengstoffes. Die in ihm aufgespeicherte Kraft ist bei Zugrundelegung gleicher Gewichtsmengen derjenigen jedes anderen Sprengstoffes überlegen. Leider ist aber einerseits das Volumen einer gewissen Gewichtsmenge des unter atmosphärischem Drucke stehenden Knallgases so gewaltig grofs, dafs innerhalb dieses Volumens der bei der Explosion entstehende Gasdruck für kräftigere Sprengwirkungen nicht hinreicht. Andererseits setzt der gasförmige Zustand des Knallgases luftdichte Behälter für die etwaige Verwendung des Gases voraus.

Vorschläge, das Knallgas für Sprengzwecke zu benutzen, sind schon im Jahre 1861 gemacht worden und haben sich seither öfters von verschiedenen Seiten wiederholt. Auch Edison hat derartige Sprengpatronen vorgeschlagen. In der praktischen Ausführung des Gedankens dürfte Dr. Ochsé zu Köln am weitesten gelangt sein.

Das Ochsésche Verfahren[1] besteht im wesentlichen darin, dafs man in einem geschlossenen Gefäfse Wasser durch den elektrischen Strom zersetzt, das erzeugte Gas aber nicht abströmen, sondern unter fortgesetzter Zerlegung des Wassers sich selber stark zusammenpressen läfst. Der für die Zerlegung des Wassers benutzte Behälter dient später als Sprengpatrone. Die von dem Erfinder gebrauchten Patronen bestanden aus zwei Teilen: dem gestanzten Stahlzylinder und dem Verschlufsstopfen. An letzterem befanden sich die Elektroden und Zünddrähte. Die Stahlhülsen besafsen bei einer Wandstärke von 2,5 mm einen Fassungsraum von 80 cbcm und waren auf einen Druck von 1200 Atmosphären berechnet. Die beiden Elektroden am Verschlufsstopfen waren mittelst Hartgummis isoliert und bestanden aus gewöhnlichen Eisennägeln. Die Füllung der Patrone bestand aus 22,5 g destillierten Wassers, dem der besseren Leitungsfähigkeit wegen 2,5 g chemisch reiner Natronlauge zugesetzt war. Von der Füllung wurden etwa 20 g durch den elektrischen Strom zerlegt. Das erzeugte Knallgas stand unter einem Drucke von 450 Atmosphären. Bei Ausführung der Sprengarbeit wurde die Patrone an zwei elektrische Zünddrähte angeschlossen, in üblicher Weise in das Bohrloch gebracht und besetzt. Die Explosion wurde dadurch bewirkt, dafs man von einer Elektrode zur anderen einen elektrischen Funken mittelst einer Nobel'schen oder Bornhardt'schen Zündmaschine überspringen liefs. Kamen mehrere Patronen zur Anwendung, so wurden sie

[1]) Über Versuche mit Knallgaspatronen, vom Verfasser. Glückauf 1897. Nr. 45, S. 869 ff.

sämtlich einzeln durch Hintereinanderschaltung in den Stromkreis eingeschlossen, da sich die Explosion der einen Patrone nicht mit Sicherheit auf die Nachbarpatrone übertrug.

Die auf Zeche Mont Cenis in Westfalen vorgenommenen Sprengversuche hatten gezeigt, dafs mit solchen Patronen sich tatsächlich einigermafsen ausreichende Sprengwirkungen erzielen lassen. Leider besafsen aber die Patronen die vom Erfinder erhoffte Schlagwettersicherheit nicht, wie durch Versuche auf der westfälischen berggewerkschaftlichen Versuchsstrecke festgestellt wurde. Es wurde deshalb die Fabrikation wieder aufgegeben. Selbst wenn die Patronen sich als schlagwettersicher erwiesen hätten, so würde das Verfahren wahrscheinlich durch die Kosten der Stahlhülsen in zu hohem Mafse verteuert worden sein. Ferner hätten die unter einem inneren Drucke von 450 Atmosphären stehenden Hülsen eine ständige Gefahr für die mit ihnen umgehenden Mannschaften gebildet.

3. **Mittel zur Erhöhung der Schlagwettersicherheit bei der Sprengarbeit mit Pulver und Dynamit.** a) Verwendung von Wasser. Der Engländer Dr. James Macnab schlug vor, zur Löschung der Explosionsflamme bei Schwarzpulverschüssen als Besatz eine Wasserpatrone auf die Ladung zu bringen (englisches Patent vom Jahre 1876). Verschiedene Versuche zeigten, dafs durch Wasserbesatz bei Schwarzpulver die sichtbare Funkenbildung und die Entzündung von Schlagwettern nicht verhindert wird. Günstigere Erfolge erzielte die englische Grubenunfallkommission unter der Leitung von Sir Fred Abel in den Jahren 1880—1886 mit dem Wasserbesatze bei brisanten Sprengmitteln.

Statt des Wasserbesatzes hat Galloway einen feuchten Moosbesatz und haben Chalon und Guérin einen gelatinösen, mit Wasser getränkten Besatz vorgeschlagen.

Settle vervollkommnete die Form der Wasserpatronen dadurch, dafs er die Sprengpatrone ganz und gar in einem weiteren Wassersacke unterbrachte und in diesem gegen seitliche und achsiale Verschiebungen sicherte. Die Patrone ist also ringsum von Wasser umgeben.

W. Jicinski hat vorgeschlagen[1]), die Dynamitpatrone möglichst zentrisch in eine weitere Papierhülse zu stecken und den Raum zwischen den beiden Wandungen mit wasserdurchtränktem Sand oder eben solcher Kieselguhr auszufüllen. Die

---

[1]) Öster. Z. f. B. u. Hw. 1888, Nr. 38, S. 506. Die Schlagwetter nicht zündenden Sandpatronen, von W. Jicinski.

Wandstärke der Sandschicht wird auf 7—10 mm angenommen. Eine solche Patrone besitzt vor der Settle'schen den Vorzug der gröfseren Handlichkeit und Zuverlässigkeit, da der nasse Sand nicht so leicht wie das Wasser bei Beschädigungen der Hülse ausfliefsen kann.

Der Gebrauch der Settle'schen und Jicinski'schen Patrone blieb wegen der Umständlichkeit der Herstellung ziemlich beschränkt. Dagegen haben Wasser- und nasser Moosbesatz in England, Deutschland und Österreich weitgehende Verwendung gefunden. Für Wasserbesatz verwendet man gewöhnlich auf dem einen Ende geschlossene, zylindrische Hülsen aus undurchlässigem Papier. Die Hülse wird auf dem anderen Ende zugebunden oder auch lediglich durch Umfalten des Papiers oberflächlich geschlossen. Norres in Schalke hat mit Wasser gefüllte Schläuche aus dünnem Gummi in den Handel gebracht, die den Vorteil besitzen, dafs man bei einiger Vorsicht noch Lettenbesatz auf die Wassersäule bringen und feststampfen kann.

Dynamitschüsse mit einem sachgemäfs und gut ausgeführten Wasserbesatz dürften in sicherheitlicher Beziehung zu Bedenken keinen Anlafs geben. Jedoch liegt eine Gefahr in dem Umstande, dafs die ordentliche Ausführung von der Zuverlässigkeit und der Sorgfalt des Bergmannes abhängt. Da der Wasserbesatz fast stets mehr Arbeit und gröfsere Mühe als der gewöhnliche Lettenbesatz verursacht, ist nicht in allen Fällen auf die nötige Sorgfalt zu rechnen. Somit verdienen die Sicherheitssprengstoffe, die ohne besondere Vorkehrungen eine erhöhte Schlagwettersicherheit bieten, vom sicherheitspolizeilichen Standpunkte aus den Vorzug.

b) Wasserschleier. Eine andere Anwendung des Wassers zur Erhöhung der Sicherheit bei der Schiefsarbeit wurde von der Zeche Shamrock I/II bei Herne mit gutem Erfolge durchgeführt. Bei Abgabe des Schusses war in einiger Entfernung vom Ortsstofse eine Wasserbrause gegen denselben gerichtet, so dafs die Strecke während des Schusses unter einem Wassersprühregen stand. Das Verfahren wurde durch den Bergwerksdirektor Meyer dahin ausgestaltet, dafs man das Wasser mittelst eigenartiger Brausen (Figur 15 und 16) in einem die Strecke völlig abschliefsenden Wasserschleier austreten läfst. Figur 15 zeigt

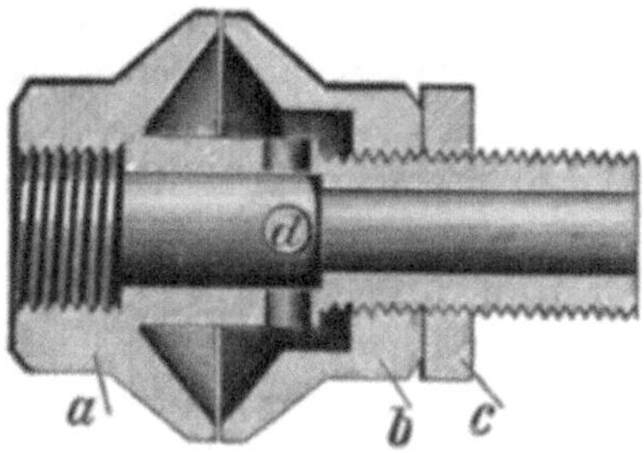

Fig. 15.

die leicht verständliche innere Einrichtung des Schleiererzeugers. Das Spritzwasser tritt z. T. durch die Löcher *d* in einen ringförmigen, doppeltkonischen Hohlraum, aus dem es durch einen kreisförmigen Schlitz gleichmäfsig nach allen Seiten herausspritzt. Der Schlitz kann dadurch, dafs man die Teile *b* und *c* näher an den Teil *a* heranschraubt, beliebig verengt werden. Figur 16 zeigt die Wirkung der an den Schlauch

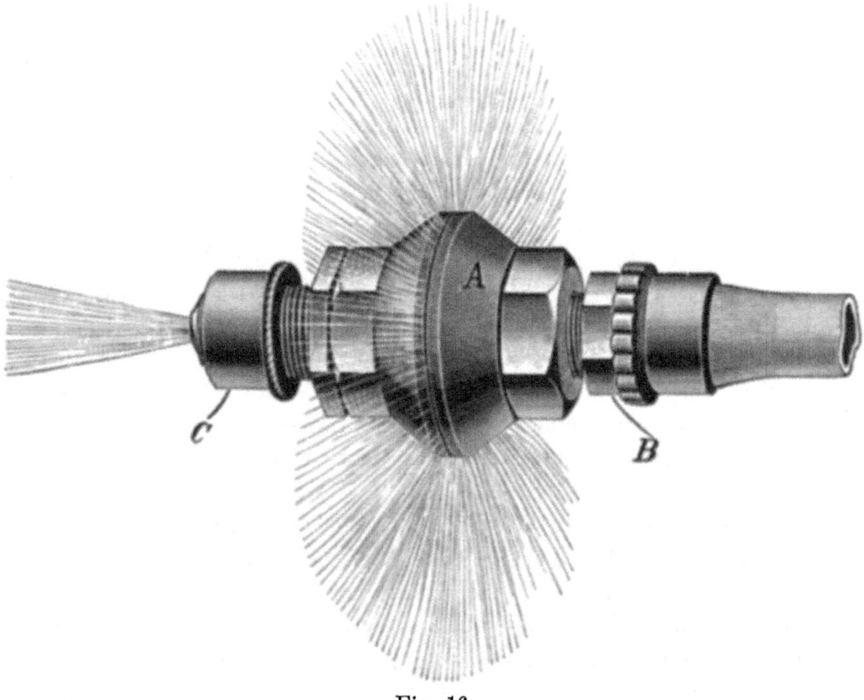

Fig. 16.

mittelst des Verbinders *B* angeschlossenen Vorrichtung, nachdem noch die Strahldüse *C* aufgesetzt ist. Bei Versuchen auf der berggewerkschaftlichen Versuchsstrecke zeigte sich, dafs Schlagwetterexplosionen in einem Sprühregen von Wasser nur durch verhältnismäfsig schwere Dynamitschüsse eingeleitet werden können, eingeleitet aber mit geringen Flammenerscheinungen verbunden sind und über die eigentliche mit Schlagwettern erfüllte Explosionskammer nur wenig hinausschlagen. Die Explosion verliert offenbar infolge starker Abkühlung die Fähigkeit der Ausbreitung, was ja auch damit im Einklange steht, dafs gröfsere Grubenexplosionen in nassen Feldesteilen gewöhnlich zum Stillstande kommen. Dem Verfahren haftet der Übelstand an, dafs es von dem Vorhandensein einer Druckwasserleitung abhängig ist und eine sachgemäfse und zuverlässige Ausführung voraussetzt.

c) Andere Mittel zur Abschwächung der Schufsflamme. Das Hohlschiefsen oder das Schiefsen mit Expansion (unter Verschlufs des Bohrlochs mit einem Lettenpfropfen und Belassung eines Hohlraumes vom dreifachen Inhalte der Pulverladung ober- oder unterhalb der Patrone) hat sich nicht bewährt[1]. Es ist seiner Natur nach durchaus nicht geeignet, die Schlagwettersicherheit des Schusses zu erhöhen.

Man hat vorgeschlagen, den Arbeitsort durch Ausströmenlassen von Kohlensäure mit einem schlagwettersicheren Gasgemische zu erfüllen. Auch soll komprimierte Kohlensäure in zerbrechlichen Zylindern unmittelbar im Bohrloche über der Ladung untergebracht werden, damit die Explosionsgase sich sofort mit diesem die Sicherheit erhöhenden Gase mischen. Für die Ausführung in der Praxis sind solche Vorschläge wenig geeignet.

Das Bedecken des Bohrlochs mit Fichtenreisig oder mit einem alten Drahtnetze soll angeblich die Schufsflamme gut zurückgehalten haben[2]. Es mufs aber bezweifelt werden, dafs dadurch tatsächlich die Entzündung von Schlagwettern in allen Fällen hintangehalten werden kann.

Eher scheint dies mittels des von Böhm[3] vorgeschlagenen Verfahrens möglich zu sein, wonach man die Ortsbrust mit feuchtem Sande dicht abschliefst, durch welchen nur die Drähte für die elektrische Zündung hindurchgehen. Allerdings ist dieses Verfahren recht umständlich und teuer.

---

[1] Hauptber. d. Pr. Schl. Komm. 1887. S. 151.

[2] Preufs. Z. Bd. 34. S. 245.

[3] Österr. Z. f. B. u. Hw. 1886, Nr. 17, S. 277—278, und 1887, Nr. 13, S. 160 ff.

Durch schnell bindenden Zementbesatz soll die Sprengladung durch ein widerstandsfähigeres Mittel, als es der gewöhnliche Lettenbesatz ist, von der Aufsenluft abgetrennt werden. Es ist anzunehmen, dafs ein gut und schnell erhärtender Zement tatsächlich die Sicherheit der Schiefsarbeit bis zu einem gewissen Grade günstig beeinflussen wird. Freilich wird man den Vorbehalt machen müssen, dafs der Besatz tatsächlich sachgemäfs und ordentlich eingebracht ist und die erforderliche Zeit bis zum Hartwerden gehabt hat.

Erwähnt mögen noch die Versuche sein, als einen die Flamme löschenden Besatz Salze mit chemisch gebundenem Wasser, z. B. Kristallsoda, zu benutzen. Man ging hierbei von der Ansicht aus, dafs die Salze durch die Hitze der Flamme sich zersetzen und die Flamme abkühlen sollten. Tatsächlich wird aber die Masse unzersetzt aus dem Bohrloche geschleudert und wirkt nur in derselben Weise sichernd gegen die Schlagwettergefahr wie jeder andere trockene Besatz auch.

Von der Überlegung, Salze mit Kristallwasser als Besatz anzuwenden, bis zu dem Gedanken, solche Salze dem Sprengstoffe selber zuzumischen, um die Temperatur der Flamme bei ihrer Entstehung zu dämpfen, ist ein einfacher Schritt. Bei gewissen Sicherheitssprengstoffen wendet man derartige Salze als Beimischung an.

4. Theorie der Sicherheitssprengstoffe. a) Vorbemerkung. Ehe man noch eine einigermafsen begründete Theorie der Sicherheitssprengstoffe kannte, waren schon auf dem Wege praktischer Versuche beachtenswerte Erfolge seitens der Technik erzielt worden. Beispielsweise stammen Roburit, Sekurit und Kohlenkarbonit bereits aus den Jahren 1886 und 1887. Hiervon hat Kohlenkarbonit, das noch immer einer der sichersten der in Gebrauch befindlichen Sprengstoffe ist, seine ursprüngliche Zusammensetzung bis jetzt beibehalten. Auch läfst sich nicht leugnen, dafs die späteren Fortschritte auf dem fraglichen Gebiete weniger der Theorie als den unermüdlich an den verschiedensten Stellen vorgenommenen, vergleichenden Schiefsversuchen zu danken sind.

Trotzdem besitzt die Theorie der Sicherheitssprengstoffe ein so hohes wissenschaftliches, bergpolizeiliches und in letzter Linie praktisches Interesse, dafs ein näheres Eingehen auf diese Frage unerläfslich ist.

Als Folge der Sprengarbeit können entstehen:

α) Schlagwetterexplosionen ohne Mitwirkung von Kohlenstaub,

β) Kohlenstaubexplosionen ohne Mitwirkung von Schlagwettern,

γ) gemischte Explosionen, bei denen sowohl Schlagwetter als auch Kohlenstaub eine Rolle spielen.

Alle drei Arten dieser Explosionen kommen in der Praxis vor.

b) Entzündlichkeit von Schlagwettern. Gemische von Grubengas und Luft explodieren am kräftigsten, wenn der Methangehalt etwa 9½ % beträgt, d. h. wenn der Sauerstoffgehalt der Luft gerade zur völligen Verbrennung des Methans ausreicht. Die selbsttätige Fortpflanzung der Explosion der Schlagwettergemische hört auf, wenn der Grubengasgehalt unter 5 % sinkt oder über 14 % steigt. Ungefährlich sind aber derartige Schlagwettergemische gegenüber der Schiefsarbeit nicht. Denn wenn solche Gemische unter der Einwirkung der Schufsflamme auf die Zündungstemperatur der Schlagwetter gebracht werden, so wird im unmittelbaren Bereiche dieser Temperatur das verfügbare Methan mit dem vorhandenen Sauerstoff sich verbinden. Die hierbei frei werdende Wärme äufsert sich genau in gleicher Weise in einer Vergröfserung der Schufsflamme, wie dies von der Verlängerung der Lampenflamme bekannt ist und jederzeit beobachtet werden kann. Die Schufsflamme wird also kräftiger und geeigneter, etwaige in gröfserer Entfernung befindliche, explosible Schlagwettergemische zu erreichen und zu entzünden oder vorhandenen Kohlenstaub zur Explosion zu bringen. Die Vergröfserung der Schufsflamme durch geringe Schlagwettermengen läfst sich in den Versuchsstrecken bei ausblasenden Sprengschüssen bis zur Erreichung der Grenze der Explosibilität der Gasgemische deutlich beobachten.

Gasgemische mit mehr als 14 % Methan sind ferner auch deshalb sehr gefährlich, weil sie an der Grenze mit schlagwetterfreier Grubenluft eine explosionsfähige Gasschicht besitzen müssen und durch Zuströmen frischer Luft durch ihre ganze Masse jederzeit explosionsfähig werden können.

c) Entzündlichkeit von Kohlenstaubaufwirbelungen. Für die Explosionsfähigkeit von Kohlenstaubaufwirbelungen in atmosphärischer Luft lassen sich ähnlich bestimmte Angaben wie für Schlagwetter nicht machen. Zur völligen Verbrennung des in 1 cbm atmosphärischer Luft bei 760 mm Druck enthaltenen Sauerstoffs sind etwa 112 g Kohlenstaub — als reiner Kohlenstoff berechnet — nötig. In den Versuchsstrecken kann man Kohlenstaubexplosions-Erscheinungen schon bei einem sehr geringen, nicht sonderlich auffälligen Kohlenstaubgehalte der Luft erzielen. Andererseits sind Kohlenstaubexplosionen in den dichtesten, durch Aufwirbelung sich ergebenden Staubwolken möglich, wobei dann natürlich bei weitem der gröfste Teil des Staubes unverbrannt bleibt.

Die Neigung verschiedener Kohlenstaubsorten, im Gemische mit atmosphärischer Luft zu explodieren, ist aufserordentlich verschieden.

Der warme, gedarrte Braunkohlenstaub, wie er in den Braunkohlenbrikettfabriken vorkommt, dürfte an Explosionsfähigkeit alle anderen Staubsorten weit übertreffen, kann aber im Hinblick auf die Sprengarbeit hier aufser Betracht bleiben.

Im übrigen ist jeder Steinkohlenstaub explosionsfähig, wobei aber zu beachten ist, dafs sehr viele Gruben und Grubenabteilungen tatsächlich keinen Staub führen oder infolge ihrer natürlichen Nässe zu keinerlei Bedenken Anlafs geben. Bei den vorkommenden Steinkohlensorten hängt die Gefährlichkeit in erster Linie von der Feinheit des vorhandenen Staubes ab. Je feiner der Staub ist und je leichter er von der Luft getragen wird, desto gefährlicher ist er. Ferner ist die chemische Zusammensetzung des Staubes von erheblichem Einflusse.

Bergassessor Winkhaus hat auf der berggewerkschaftlichen Versuchsstrecke bei Gelsenkirchen Versuche mit verschiedenen Staubsorten in der Art angestellt, dafs er aus dem Bohrloche des Schiefsmörsers unbesetzte Gelatinedynamitschüsse abfeuerte und die kleinsten Ladungsmengen ermittelte, die den in der Strecke gestreuten und aufgewirbelten Kohlenstaub noch zur Entzündung brachten. Die hierbei ermittelten Ladungsmengen konnten unmittelbar als Mafsstab für die Gefährlichkeit der verschiedenen Kohlenstaubsorten dienen in der Voraussetzung, dafs diese Ladungsmengen mit der Gefährlichkeit des Kohlenstaubes im umgekehrten Verhältnisse stehen.

Die in die Untersuchung einbegriffenen Kohlenstaubsorten entnahm man den verschiedenen in Westfalen vorkommenden Flözgruppen. Der Gasgehalt der untersuchten Staubsorten betrug von 6,6—45,7 %. Der Staub wurde künstlich durch Vermahlen hergestellt, da es nicht möglich war, denselben auf allen Flözen unter Tage in genügender Menge zu sammeln.

Die Gröfse der zur Einleitung einer Kohlenstaubentzündung notwendigen Ladung schwankte zwischen 50 und 150 g. Magerkohlenstaub bedurfte, um zur Explosion gebracht zu werden, Mindestladungen von etwa 150 g, Efskohlenstaub von 75—100 g, Fett- und Gaskohlenstaub von 50—75 g und der gasreichste Flamm- und Kannelkohlenstaub wiederum von 100 g.

Im allgemeinen sind die Staubsorten mit etwa 22—35 % Gasgehalt am leichtesten entzündlich, während die Staubsorten mit einem darunter- und darüberliegenden Gasgehalte weniger gefährlich sind. Ob nach der Explosion sichtbare Koksspuren hinterbleiben, hängt von der Backfähigkeit der Kohle ab. Unterschiede in dem Feuchtigkeitsgehalte des Kohlenstaubes sind von geringer Bedeutung, so lange der Staub nur staubförmig bleibt und von der Luft getragen wird. Die Berieselung der Strecken wirkt insofern, als sie den Staub niederschlägt. Aufserdem wird durch die Nässe der Streckenstöfse die Explosionsgefahr sehr herabgemindert, wie auf Seite 90 ausgeführt ist.

d) Entzündlichkeit von Schlagwettern mit Kohlenstaub. Durch Beimengung von Kohlenstaub wird die Explosionsfähigkeit von Schlagwettergemischen, die an sich entzündlich sind und somit einen Methangehalt von 5—14 % besitzen, nicht wesentlich beeinflufst. Die mechanischen Wirkungen der Explosion werden sogar, wie Mayer[1]) mit Recht hervorgehoben hat, abgeschwächt werden, wenn der Methangehalt allein schon für völlige Verbrennung des Sauerstoffes der Luft genügt und somit der Staub lediglich erwärmt werden mufs. Dagegen werden Kohlenstaub-Luftgemische durch das Hinzukommen geringer, an sich nicht entzündlicher Schlagwettermengen zufolge Vergröfserung der Schufsflamme leichter entzündlich. Bei Versuchen in den Versuchsstrecken äufsert sich die erhöhte Ge-

[1]) Österr. Z. f. B. u. Hw. 1889, Nr. 10, S. 111ff.

fährlichkeit eines solchen Explosionsgemisches dadurch, dafs es von kleineren Sprengstoffladungen als eine Kohlenstaubaufwirbelung ohne Schlagwetter gezündet werden kann. Die Gefährlichkeit von Kohlenstaubaufwirbelungen mit geringen Schlagwetterbeimengungen liegt also zwischen derjenigen von Kohlenstaub allein einerseits und explosiblen Schlagwettergemischen andererseits.

e) Entzündungstemperatur der Schlagwetter. Für die Theorie der Sicherheitssprengstoffe war die Kenntnis der Entzündungstemperatur der Schlagwettergemische wichtig, d. h. derjenigen Temperatur, deren Erreichung notwendig ist, damit die Verbrennung des Methans mit dem Sauerstoff der Luft vor sich geht. Die Feststellung dieser Temperatur ist schwierig, weil schon vor dem Eintritte der Zündung eine langsame Zersetzung der Schlagwetter stattfindet, die die Zusammensetzung des Versuchsgemisches ändert, aber nicht etwa selbständig zur Verbrennung führt. Um die hieraus sich ergebenden Fehlerquellen zu vermeiden, liefsen Mallard und Le Chatelier[1]) das Schlagwettergemisch dadurch sich plötzlich erhitzen, dafs sie es schnell in einen röhrenförmigen Behälter einströmen liefsen, der vorher auf eine bestimmte Temperatur gebracht war. Durch eine gröfsere Anzahl von Versuchen mit teils zündenden, teils nicht zündenden Temperaturen der Versuchsröhre gabelte man die gesuchte Temperatur ein. Nach den Ergebnissen nahmen die genannten Forscher eine Entzündungstemperatur der Schlagwettergemische von 650 ^{0} C. an.

f) Verzögerung der Entzündung. Bei diesen Versuchen wurde eine weitere Beobachtung gemacht. Während explosible Gasgemische mit Wasserstoff oder Kohlenoxyd als brennbarem Bestandteil sich stets anscheinend sofort entflammten, sobald sie auf eine genügend hohe Temperatur gekommen waren, tritt die Verbrennung von Schlagwettergemischen erst dann ein, wenn sie mehrere Sekunden lang auf gleicher oder höherer Temperatur als 650^0 gehalten sind. Die Verzögerung der Entzündung dauert in der Nachbarschaft von 650^0 bis zu 10 Sekunden. Sie verringert sich um so mehr, je höher die Temperatur

---

[1] Récherches expérimentales et théoriques sur la combustion des mélanges gazeux explosifs; Annales des mines ou etc. 1883, Serie VIII, Bd. IV, S. 274.

steigt und ist bei 1000° kaum mehr schätzbar. Als Grund dieser merkwürdigen Erscheinung läſst sich nur annehmen, daſs die Verbindung des Grubengases mit dem Sauerstoff der Luft nicht unmittelbar unter dem Einflusse der erhöhten Temperatur vor sich geht, sondern sich vermittelst mehrerer wechselseitiger Reaktionen vollzieht. Die Geschwindigkeit derselben ist im Anfange gering und wird erst dann plötzlich sehr beträchtlich, wenn die Erzeugnisse der Reaktionen sich in genügender Menge gebildet haben. Somit hängt die Zündung der Schlagwetter von mindestens 2 Faktoren, Temperatur und Zeit, ab.

Eine gewisse, wenn auch bedeutend geringere Verzögerung der Entzündung ist übrigens auch bei anderen Gasen vorhanden. Überhaupt muſs man annehmen, daſs für jede Einleitung einer chemischen Reaktion eine gewisse Zeit notwendig ist.

g) Einfluſs des Luftdruckes. Sehr wahrscheinlich — wenn auch bisher nicht unmittelbar festgestellt — ist, daſs die Verzögerung der Entzündung nicht nur mit der Höhe der Temperatur, sondern auch mit Erhöhung des jeweiligen Gasdruckes sich vermindert. Tatsächlich ist bei vermindertem Gasdrucke die Entzündlichkeit von Schlagwettern geringer und bei erhöhtem Gasdrucke stärker[1]). Bei einem Drucke von 520 mm Quecksilber konnten im Eudiometer 7 %ige Schlagwettergemische durch starke elektrische Funken nicht mehr gezündet werden, während ebensolche Gemische bei 760 mm Druck sehr kräftig explodieren. Dagegen zeigt sich die leichtere Entzündlichkeit von Schlagwettergemischen schon bei einer Steigerung des Druckes, die einer Schachtteufe von 700—800 m entspricht. Sehr kleine elektrische Funken, die bei atmosphärischem Drucke keine Entzündung verursachten, taten dies bei dem etwas erhöhten Drucke.

Diese Erscheinungen sind leicht zu erklären. Wenn die Gase zusammengepreſst sind, so wird eben eine gröſsere Anzahl Gasmoleküle durch den elektrischen Funken getroffen und auf dessen hohe Temperatur gebracht als beim geringeren Drucke.

h) Voraussetzungen für Einleitung von Kohlenstaubexplosionen. Während gedarrter Braunkohlenstaub, der

---

[1]) Schluſsbericht der Österr. Schl. Komm. Wien, 1891, S. 26 ff. Ferner: Glückauf 1898, Nr. 37, S. 725. Weiteres zur Frage der Sicherheitssprengstoffe, vom Verfasser.

von der Luft getragen wird, durch Funken oder Flammen leicht zur Explosion gebracht werden kann, scheint dies beim gewöhnlichen Steinkohlenstaub nicht der Fall zu sein. Auf der westfälischen berggewerkschaftlichen Versuchsstrecke konnten durch sehr kräftige, elektrische Lichtbogen und durch offen brennende Flammen Aufwirbelungen höchst feinen Fettkohlenstaubes nicht zur Explosion gebracht werden.

Damit ist aber ein anderes Verhalten besonders gefährlicher Staubsorten nicht ausgeschlossen. Auf einer englischen Grube soll beim Reinigen eines Kohlenvorratsturmes durch offenes Licht eine starke Kohlenstaubexplosion entstanden sein. Kohlenstaubexplosionen unter Tage, die durch offenes Geleuchte entstanden wären, sind bisher nicht bekannt.

Die nachweisbaren Ursachen für die Staubexplosionen unter Tage sind entweder Sprengschüsse oder Schlagwetterexplosionen. Beide Ursachen haben die Plötzlichkeit der Flammenwirkung und eine erhebliche Druckerhöhung am Ursprungsorte der Explosion gemeinsam. Es sind dies Wirkungen, die der gewöhnlichen Flamme fehlen. Ferner ist durch Versuche auf der berggewerkschaftlichen Versuchsstrecke festgestellt, dafs Kohlenstaub um so leichter zur Explosion kommt, je brisanter die zündende Sprengstoffladung explodiert und je mehr durch Verhinderung des Abflusses der Gase auf Druckerhöhung am Sprengorte hingearbeitet wird. Der Schlufs liegt nahe, dafs überhaupt eine gewisse Drucksteigerung für die Einleitung und Fortpflanzung der Kohlenstaubexplosion die regelmäfsige Vorbedingung ist.

i) Die Entwicklung der Theorie der Sicherheitssprengstoffe. Die preufsische Schlagwetterkommission stellte die Ansicht auf, dafs brisante Sprengstoffe, wie Nitroglyzerin, Schiefsbaumwolle und die aus beiden hergestellte Sprenggelatine bei einer mit genügend starkem Zündhütchen bewirkten Detonation weder Kohlenstaub noch Grubengas zu zünden vermöchten. Einzelne Mitglieder der Kommission gingen sogar noch weiter und schlossen, dafs die Sprengstoffe um so sicherer würden, je mehr ihre Brisanz stiege.

Lohmann in Neunkirchen zeigte zuerst, dafs die angenommene Sicherheit der brisanten Sprengstoffe tatsächlich nicht vorhanden war und dafs Guhrdynamit, Gelatinedynamit, Sprenggelatine und Schiefsbaumwolle sowohl gegen Schlagwetter als auch gegen Kohlenstaub sehr gefährlich sind. Alle weiteren Versuche auf den verschiedenen Versuchsstrecken bestätigten die Lohmann'schen Ergebnisse.

Die eigentliche Grundlage für die theoretische Betrachtung der Sicherheitssprengstoffe haben die Veröffentlichungen der französischen, zwecks Untersuchung der Frage der Sicherheitssprengstoffe am 12. Februar 1887 eingesetzten Kommission gegeben[1]).

Die Kommission ging von der Ansicht aus, dafs die Entzündung der Schlagwetter durch die Flammentemperatur des Schusses verursacht wird. Sie stellte deshalb auf rechnerischem Wege die Explosionstemperaturen der verschiedenen Sprengstoffe fest. Besonders eingehend erstreckten sich die Berechnungen auf drei verschiedene Sprengstoffreihen, nämlich auf Mischungen von:

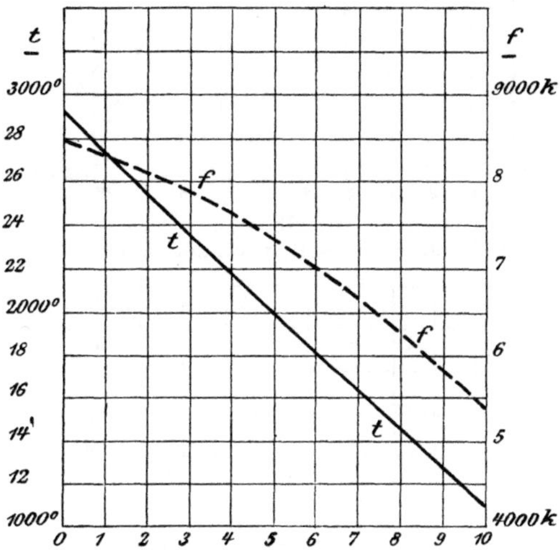

Fig. 17.
(Dynamit und Ammonsalpeter.)

α) Ammonsalpeter mit Dynamit,

β) Ammonsalpeter mit 11 fach nitrierter Schiefsbaumwolle,

γ) Ammonsalpeter mit 8 fach nitrierter Schiefsbaumwolle.

Für jeden dieser drei Sprengstoffreihen sind auf den nebenstehenden Figuren 17—19 zwei von der französischen Kommission ermittelte Kurven *t* und *f* dargestellt, deren Abszissen den Anteil des Ammonsalpeters in Zehnteln der Gesamtmischung an-

[1]) Rapport sur l'étude des questions rélatives à l'emploi des explosifs en présence du grisou; Annales des mines ou etc. 1888, VIII. série, Bd. XIV.

geben. Als Ordinate hat die Kurve *t* die Explosionstemperaturen und Kurve *f* den spezifischen Druck der Sprengstoffe, der in gewisser Weise als Ausdruck für die Kraft des Sprengstoffes angesehen werden kann. (Zu vergl. S. 24 und 25.)

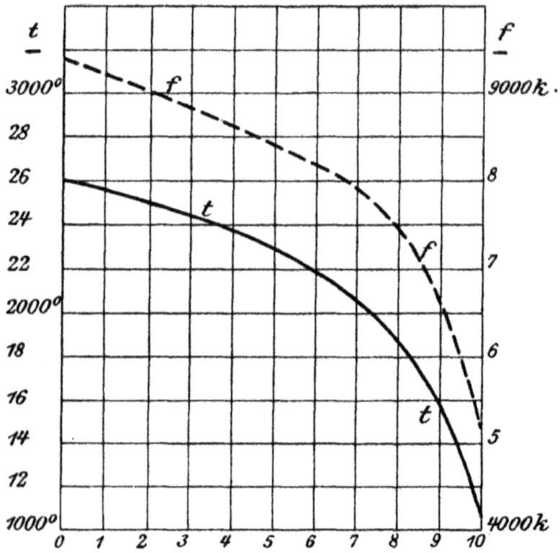

Fig. 18.
(11fach nitr. Schiefswolle und Ammonsalpeter.)

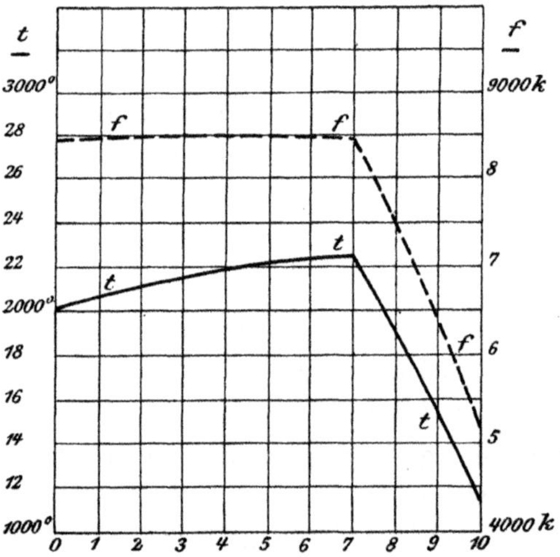

Fig. 19.
(8fach nitr. Schiefswolle und Ammonsalpeter.)

Die Kurven veranschaulichen sehr deutlich, in welcher Weise die Flammentemperatur eines Sprengstoffes und sein spezifischer Druck von der Zusammensetzung abhängig sind.

Mit diesen und anderen Sprengstoffen stellte die französische Kommission eine grofse Anzahl von Versuchen betreffend die Schlagwettersicherheit an, indem Patronen von je 50 g Gewicht freihängend in einem entzündlichen Schlagwettergemische zur Explosion gebracht wurden. Es zeigte sich, dafs Sprengstoffmischungen mit einer rechnungsmäfsigen Explosionstemperatur unter 2200° in der Regel nicht mehr die Entzündung der Schlagwetter veranlafsten.

Zu bemerken ist, dafs es lediglich brisante, mit Knallquecksilber-Hütchen von 1,5 g Füllung gezündete Sprengstoffe waren, die diese guten Ergebnisse zeitigten. 50 g Schwarzpulver dagegen zündeten die Schlagwetter noch in einer Settle-Patrone.

Als Schlufsfolgerung und Erklärung wurden seitens der französischen Kommission etwa folgende Sätze aufgestellt:

Die Explosionsgase entstehen plötzlich und unter hohem Drucke und kühlen sich durch die eigene Ausdehnung und durch Arbeitsleistung sofort in hohem Mafse ab. Ihre Temperatur darf deshalb weit über 650 ^{0} liegen, ohne dafs sie für die Schlagwetter zufolge der sogenannten Verzögerung der Entzündung gefährlich wird. Da die Explosionsgase mit einer anfänglichen Temperatur von 2200 ^{0} nicht mehr zündeten, nannte man diese Grenze die scheinbare Entzündungstemperatur der Schlagwettergemische unter der Einwirkung von Sprengstoffen (température apparente d'inflammation des mélanges de grisou et d'air sous l'influence des explosifs). Man zog den letzten Schlufs, indem man sagte, dafs die Sprengstoffe um so sicherer wären, je tiefer ihre Explosionstemperatur läge.

Die französische Bergverwaltung hat dieser Theorie bis zu dem Grade Rechnung getragen, dafs sie einfach die rechnungsmäfsige Explosionstemperatur als Mafsstab der Sicherheit der Sprengstoffe festsetzte.

In anderen Ländern war man vorsichtiger. Man gründete Versuchsanstalten, die sogenannten Versuchstrecken, zur Erprobung der Sicherheit der Sprengstoffe im Verhältnis zu einander und liefs den praktischen Schiefsversuch über die tatsächliche Schlagwettersicherheit der verschiedenen angebotenen Sprengstoffmischungen entscheiden. Hierbei traten neue, wichtige Ergebnisse zutage. Zwar blieb die Grundlage der französischen Theorie bestehen, da an dem Einflusse der Explosionstemperatur überhaupt keinesfalls zu zweifeln ist. Im übrigen aber erwiesen sich die Folgerungen der französischen Kommission als zu weitgehend.

Zunächst wurde festgestellt, dafs von einer wirklichen Sicherheit der Sprengstoffe überhaupt nicht die Rede sein kann. Sämtliche Sicherheitssprengstoffe zünden die Schlagwetter, wenn genügend grofse Ladungen zur Explosion gebracht werden. Von einer „scheinbaren Entzündungstemperatur" der Schlagwetter unter der Einwirkung der Explosionsgase darf man also nicht sprechen, da die Zündung bei den verschiedensten, unter 2200 ^{0}

liegenden Explosionstemperaturen bei allen Sprengstoffen nach Erreichung der nötigen Ladungsmenge eintritt.

Noch schwerwiegender ist die weitere Tatsache, dafs verschiedenartige Sprengstoffe mit verschieden hohen, rechnungsmäfsigen Explosionstemperaturen nicht entsprechend der Höhe der letzteren schlagwettersicher sind. Gleiche Explosionstemperaturen vorausgesetzt, sind Mischungen von Ammonsalpeter mit Nitroglyzerin verhältnismäfsig sehr unsicher. Sicherer sind Mischungen von Ammonsalpeter mit nicht explodierbaren Kohlenstoffträgern (Öl, Harz, Naphthalin). Bei weitem am sichersten sind die sogenannten Karbonitmischungen aus Kali- oder Natronsalpeter, Mehl und Sprengöl. Dafs Explosionstemperaturen und Sicherheit der Sprengstoffe durchaus nicht im umgekehrten Verhältnisse stehen[1]), zeigt folgende Tabelle[2]):

Namen	Rechnungsmäfsige Explosionstemperatur °C.	Ein 8%iges Schlagwettergemisch wurde gezündet bei Ladungen von g	Ein 8%iges Schlagwettergemisch wurde nicht mehr gezünd. bei Ladungen von g
Roburit	1616	350	300
Altes Köln-Rottweiler Sicherheitssprengpulver	1774	250	200
Westfalit	1806	400	350
Kohlenkarbonit II	1821	1100	1000
Kohlenkarbonit	1845	1100	1000
Kohlenkarbonit I	1868	1100	1000
Dahmenit A	2064	500	450
Phönix I	2073	800	700

Es ist zweifellos, dafs neben der Flammentemperatur die sonstigen Explosionsbedingungen der Schufsladung mitsprechen. Zunächst kommt die Explosionsschnelligkeit in Betracht. Die Explosion einer Sprengstoffpatrone geschieht so plötzlich, dafs um die Sprengmasse herum eine starke Verdichtung und Zusammenpressung der Atmosphäre eintreten mufs. Die plötzliche

[1]) Zur Theorie der Sicherheitssprengstoffe, vom Verfasser: Glückauf, 1899, Nr. 36, S. 738, und Weiteres zur Frage der Sicherheitssprengstoffe, vom Verfasser: Glückauf, 1898, Nr. 37, S. 722.

[2]) Die angegebenen Sicherheitsgrenzen haben sich später bei manchen Sprengstoffen geändert.

Verdichtung ist von einer starken Erwärmung begleitet. Wird atmosphärische Luft adiabatisch auf 60 Atmosphären zusammengepreſst, so beträgt ihre Temperatur 670°. Beträgt die Pressung 100 Atmosphären, so ist die Temperatur 820°, beträgt jene 200 Atmosphären, so steigt diese gar auf 1060°. Da die Sicherheitssprengstoffe im Bohrloche eingeschlossen einen Druck von 6000—8000 Atmosphären ausüben, werden sie die Schlagwetteratmosphäre unter Umständen in unmittelbarer Nähe des Bohrloches leicht auf einige 100 Atmosphären zusammenpressen können. Die dabei entstehende Wärme reicht für sich allein völlig aus, die Schlagwetter zur Entzündung zu bringen. Auſserdem bleibt zu berücksichtigen, daſs ein Gasgemisch bei hohem Drucke leichter als bei niedrigem sich entzünden läſst.

Von der Explosionsschnelligkeit und der Kraft der Sprengstoffe hängt die in der Zeiteinheit frei werdende Energie (Brisanz) ab. Mit der Brisanz wird die von den Explosionsgasen geleistete Stoſsarbeit oder die Stauchwirkung auf etwaige benachbarte Schlagwettergemische wachsen. Tatsächlich steigt bei den in Deutschland üblichen Sicherheitssprengstoffen die Sicherheit mit Erniedrigung der Brisanz [1]).

Der österreichische General Heſs hat in sinnreicher Weise die Wirkung, die durch die mechanische Stoſsarbeit der Explosionsgase hervorgebracht wird, dem Auge durch photographische Aufnahme wahrnehmbar gemacht [2]). Er lieſs mittelst elektrischer Zündung gleichzeitig zwei frei in der Luft, in 40 cm Entfernung von einander aufgehängte Sprengstoffpatronen bei Nacht explodieren. Auf den hiervon photographisch aufgenommenen Flammenbildern ist deutlich, wie die Figuren 20—22 zeigen, die Glühwirkung durch Druck zu erkennen. Zwischen den beiden Explosionsherden findet sich teilweise an solchen Stellen, wo die bereits unter die Glühtemperatur abgekühlten (dunkelen) Gase sich begegnen, eine hell leuchtende Zone komprimierten Gases. Auffällig ist an den Bildern ferner, daſs die stärkste Lichterscheinung

[1]) Weiteres zur Frage der Sicherheitssprengstoffe, vom Verfasser: Glückauf, 1898, Nr. 34—38.

[2]) Mitteilungen über Gegenstände des Artillerie- und Geniewesens. Wien, Bd. XXXI, Jahrg. 1900, S. 26ff. Zur Theorie der Sicherheitssprengstoffe, von Joh. Heſs.

Fig. 20—22.

nicht etwa aus der Mitte der Patrone, wohin sie theoretisch verlegt werden müfste, ausstrahlt, sondern dafs sie in der Längsrichtung der Patrone aufserhalb der Sprengladung auftritt. Kompressionserscheinungen sind übrigens auch bei den Figuren 24 u. 25 zu bemerken.

Watteyne und Denoël[1]) haben darauf hingewiesen, dafs der von den Explosionsgasen auf die benachbarte Atmosphäre erzeugte Druck nicht nur von der Brisanz, sondern auch von der Dichte des Sprengstoffes insofern abhängt, als diese im Verein mit der Brisanz den Anfangsdruck der Gase bedingt. Je höher dieser anfängliche Druck ist, um so stärker mufs die Stauchwirkung der Gase auf die Nachbarschaft zur Geltung kommen. Nach den genannten Autoren ist es unmöglich, von vornherein anzugeben, wie die gegenseitige Beeinflussung der Explosionstemperatur, des Anfangsdruckes der Gase und der Explosionsschnelligkeit bezw. der Brisanz hinsichtlich der Schlagwettersicherheit der Sprengstoffe zum Ausdruck kommt. Denn die Verzögerung der Entzündung der Schlagwetter dauert länger, je niedriger die Explosionstemperatur und der Anfangsdruck der Gase und je geringer die Brisanz ist. Über die vereinte Wirkung aller drei Faktoren kann nur der Versuch entscheiden.

Die vorstehenden Erwägungen wurden im wesentlichen durch sehr dankenswerte Untersuchungen auf der Karbonitfabrik zu Schlebusch bestätigt, über die Bichel in der Zeitschr. f. B. H. u. S. W. im Preufs. Staate, Jahrg. 1902, berichtet hat. Mittelst besonderer, zum Teil neugeschaffener Untersuchungsarten verglich man die Schlebuscher Sprengstoffe auf ihre Schlagwettersicherheit einerseits und andererseits auf den von ihnen bei bestimmter Ladedichte erzeugten Gasdruck, auf die Bleiblockausbauchung, auf die Explosionsgeschwindigkeit, auf die bei der Explosion entwickelte Kalorienmenge und schliefslich auf Länge und Dauer der Stichflamme. Es zeigte sich im allgemeinen, dafs die Sprengstoffe um so schlagwettersicherer sind, je kleiner ihre Detonationsgeschwindigkeit, der erzeugte Gasdruck, die erzielte Bleiblockausbauchung, die entwickelte Kalorienmenge und Flammenlänge und -Dauer sind, und dafs keine dieser Erscheinungen eine ge-

---

[1]) Les explosifs dans les mines de houille de Belgique, Bulletin de la Société de l'Industrie Minérale, 1900, Bd. XIV.

wisse Grenze nach oben hin überschreiten darf, weil alsdann ein Ausgleich durch überwiegend günstigen Einflufs der übrigen Erscheinungen nicht mehr stattfindet. Bei Schwarzpulver, das sonst alle Eigenschaften eines Sicherheitssprengstoffes hat, ist es allein die lange Flammendauer, die jede Schlagwettersicherheit zunichte macht. Die Versuchsergebnisse erhellen aus Figur 23.

Bei Betrachtungen über die Theorie der Sicherheitssprengstoffe darf man schliefslich auch die Art und Zusammensetzung der Nachschwaden nicht unberücksichtigt lassen. Es wird nicht gleichgültig sein, ob in den Nachschwaden brennbare Gase oder etwa überschüssiger Sauerstoff enthalten sind. Die französische Schlagwetterkommission nahm an, dafs das Vorhandensein brennbarer Gase in den Nachschwaden die Gefahr erhöhen mufs, weil bei Kohlenoxyd und Wasserstoff eine Verzögerung der Entzündung nicht wie bei Methan festzustellen ist. Deshalb sind auch nach der französischen Bergpolizeiverordnung alle solche Sprengstoffe als Sicherheitssprengstoffe verboten, die theoretisch brennbare Gase in den Nachschwaden liefern. Demgegenüber hat Professor Dr. Broockmann zu Bochum darauf hingewiesen, dafs beim Kohlenkarbonit die hohe Sicherheit wahrscheinlich in dem Vorhandensein grofser Mengen brennbarer Gase (CO und H_2) begründet ist, da diese aus Mangel an Sauerstoff auf die Flamme erstickend wirken. Tatsächlich ergeben die sichersten Sicherheitssprengstoffe brennbare Nachschwaden, während diejenigen Sprengmittel, die freien Sauerstoff bei der Explosionszersetzung liefern, zu den unsicheren gehören.

Es läfst sich dies leicht erklären. Der glühende, in das Schlagwettergemisch strömende Sauerstoff wird lebhaft die Verbrennung einzuleiten trachten. Nachschwaden ohne Sauerstoff werden dagegen in der Nähe der Explosionsstelle mit den benachbarten Schlagwettern, mit denen sie im ersten Augenblicke in Berührung kommen, ein so sauerstoffarmes Gasgemisch ergeben, dafs die Einleitung der Verbrennung unmöglich ist. Es erscheint somit von sicherheitlichem Standpunkte aus richtiger, die Zusammensetzung der Sicherheitssprengstoffe so zu wählen, dafs die Nachschwaden keinen freien Sauerstoff enthalten.

Insgesamt wirken also die verschiedensten Explosionsbedingungen auf die Schlagwettersicherheit der Sprengstoffe ein, die in eine gemeinsame Formel zusammenzufassen unmöglich scheint.

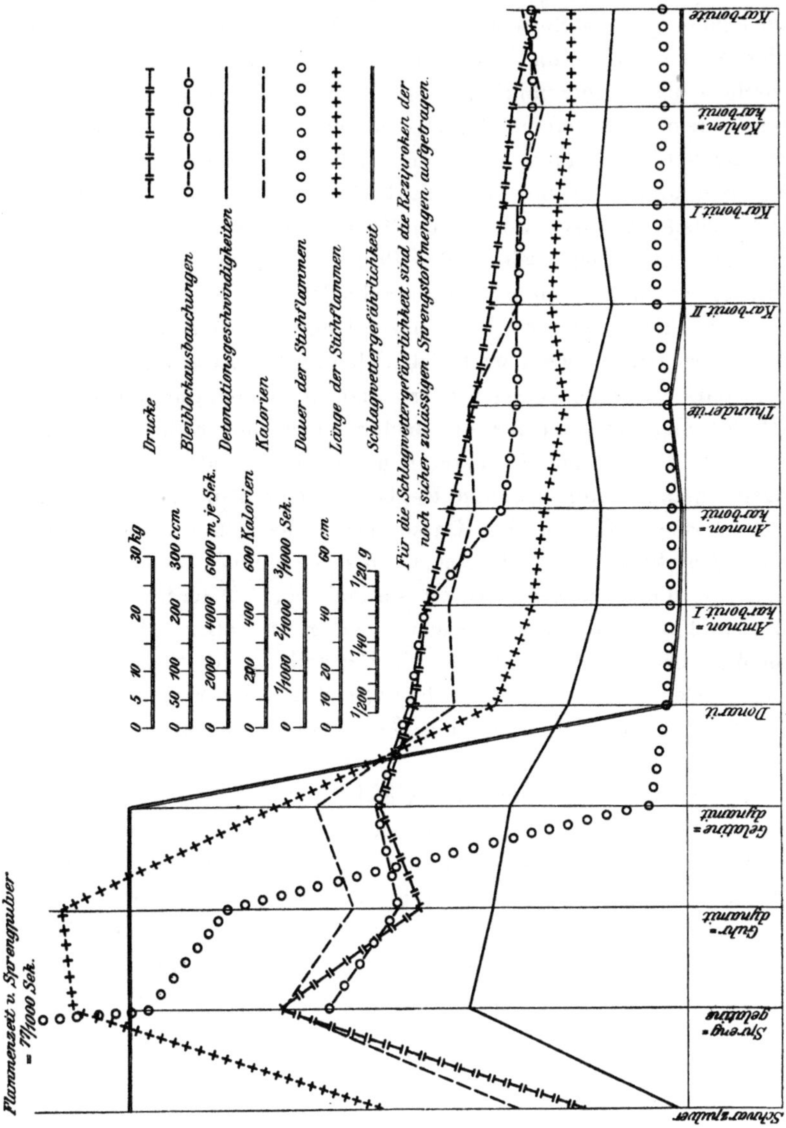

Drucke
Bleiblockausbauchungen
Detonationsgeschwindigkeiten
Kalorien
Dauer der Stichflammen
Länge der Stichflammen
Schlagwettergefährlichkeit
0 5 10 20 30 kg
0 50 100 200 300 ccm
0 2000 4000 6000 m je Sek.
0 200 400 600 Kalorien
0 1/4000 2/4000 3/4000 Sek.
0 10 20 40 60 cm
1/200 1/40 1/20 g
Für die Schlagwettergefährlichkeit sind die Reziproken der noch sicher zulässigen Sprengstoffmengen aufgetragen.
Flammenzeit u. Sprengpulver = 77/4000 Sek.
Schwarzpulver
Spreng-gelatine
Guhr-dynamit
Gelatine-dynamit
Donarit
Ammon-karbonit I
Ammon-karbonit
Thunderite
Karbonit II
Karbonit I
Kohlen-karbonit
Karbonite

Fig. 23.

5. **Schiefsversuche mit Sicherheitssprengstoffen zur Feststellung der Schlagwettersicherheit.** a) Nach dem Vorhergehenden gibt es Sicherheitssprengstoffe im buchstäblichen Sinne des Wortes nicht, sondern es sind mehr oder weniger alle Sprengstoffe schlagwettergefährlich. Als Sicherheitssprengstoffe werden nach dem allgemeinen Sprachgebrauche diejenigen Sprengstoffe bezeichnet, die eine wesentlich höhere Schlagwettersicherheit als Schwarzpulver und Dynamit besitzen. Wo man die Grenze zu ziehen hat, ist zweifelhaft. Tatsächlich ist sie in den verschiedenen Ländern seitens der Bergpolizei je nach der Art, die Sicherheit zu beurteilen, sehr verschieden gezogen worden.

In Frankreich und Rufsland verlangt man von einem Sicherheitssprengstoffe, wenn er für den Gebrauch im Gestein bestimmt ist, dafs seine rechnungsmäfsige Flammentemperatur nicht über 1900^0 und, wenn er für den Gebrauch in der Kohle bestimmt ist, dafs die Flammentemperatur nicht über 1500^0 beträgt. In Deutschland, Österreich und England nimmt man die Einreihung von Sprengstoffen in die Klasse der Sicherheitssprengstoffe auf Grund praktischer Schiefsversuche in sogenannten Versuchsstrecken (galerie d'expériences; testing station) vor. Allerdings ist die Handhabung der Schiefsversuche nicht gleichmäfsig. In Belgien benutzt man als Mafsstab für die Beurteilung der Sicherheit des Sprengstoffes entweder die rechnungsmäfsige Explosionstemperatur oder die praktische Erprobung des Sprengstoffes auf einer Versuchsstrecke.

Bei der tatsächlichen Unmöglichkeit, nur annähernd zutreffend die Sicherheit von Sprengstoffen nach der Höhe der rechnungsmäfsigen Flammentemperaturen zu bestimmen, bleibt der praktische Schiefsversuch für die Beurteilung das alleinige Hilfsmittel.

b) Die zu diesem Zwecke benutzten Versuchsstrecken sind abgeschlossene Kammern, die in der Regel unterirdischen Strecken nachgebildet sind. Die Kammern können mit entzündlichen Gasgemischen (unter Verwendung von natürlichen Schlagwettern, Leuchtgas, Benzin- oder Gasolingas) gefüllt werden und sind meistens auch mit Vorrichtungen zwecks Aufwirbelung von Kohlenstaub versehen. Nachdem auf die eine oder andere Weise ein entzündliches Luftgemisch in der Kammer hergestellt ist, wird eine Sprengladung des zu untersuchenden Sprengstoffes abgefeuert.

Die Sicherheit des Sprengstoffes wird alsdann nach dem Gewichte der Ladung beurteilt, die noch ohne Gefahr der Zündung des Gasgemisches abgetan werden kann.

Am zweckmäfsigsten ist es, für die Schiefsversuche natürliche Schlagwetter zu benutzen, falls solche zu beschaffen sind. Leuchtgasgemische sind in ihrer Zusammensetzung sehr veränderlich, haben aber den Vorzug, dafs sie leicht erhältlich sind. Auch Benzin- und Gasolingas sind bequem anwendbar. Nach den Angaben der Fabriken, die die genannten Gase für Schiefsversuche verwenden, sollen die Ergebnisse etwa denjenigen bei Anwendung von Schlagwettern entsprechen; nur tritt die Zündung des Versuchsgemisches bereits bei kleineren Ladungen ein, als sie für Schlagwetter erforderlich sind.

c) Ausführung der Schiefsversuche. Bei den Versuchen werden die Schüsse entweder mit oder ohne Besatz aus dem Bohrloche eines Schiefsmörsers abgefeuert, oder es werden freiliegende Patronen zur Explosion gebracht.

Von vornherein würde es am richtigsten erscheinen, Besatz anzuwenden, da ja der Bergmann in der Grube ebenfalls Besatz auf die Ladung zu bringen verpflichtet ist. Auch läfst sich annehmen, dafs die Explosionszersetzung des Sprengstoffes unter Besatz ähnlich derjenigen bei wirklichen Sprengungen und im grofsen und ganzen bei allen Schüssen gleichmäfsig verlaufen wird. Die Sicherheit der besseren Sicherheitssprengstoffe unter Besatz ist aber so hoch, dafs man bei den anwendbaren Ladungsmengen überhaupt keine Zündungen des Schlagwettergemisches mehr erhält, so dafs der Zweck der Versuche, die verschieden hohe Sicherheit der Sprengstoffe zu ermitteln, vereitelt wird.

Auf den deutschen Versuchsstrecken schiefst man gewöhnlich ohne Besatz aus dem Schiefsmörser, und man erhält hierbei mit sämtlichen Sicherheitssprengstoffen Zündungen des Schlagwettergemisches.

Das Schiefsen mit freiliegenden Patronen ergibt, wie sich denken läfst, am leichtesten Zündungen. Dieser letzteren Versuchsmethode ist deshalb in Österreich-Ungarn besonderer Wert zugesprochen worden. Man nahm an, dafs jeder Sprengstoff bis zu derjenigen Ladungsmenge für den praktischen Gebrauch völlig sicher ist, die, freiliegend oder freihängend in einem entzündlichen

Schlagwettergemische zur Explosion gebracht, keine Zündung ergibt. Das Verfahren hat aber den Nachteil, dafs nicht alle Sprengstoffe an freier Luft glatt und vollständig explodieren. Im Falle unvollständiger Explosionen können dann Sprengstoffe verhältnismäfsig sicher erscheinen, welche, aus dem Mörser verschossen, im Vergleich zu anderen Sprengstoffen ungünstigere Ergebnisse liefern. Das Schiefsen mit freiliegenden Patronen ist deshalb weniger empfehlenswert.

Die Zweckmäfsigkeit des Verfahrens scheint auch dann nicht gröfser zu sein, wenn man den Sprengstoff, wie auf Seite 37 gelegentlich der Stauchprobe beschrieben ist, in Weifsblechhülsen unterbringt und in diesen explodieren läfst. Die Widerstandsfähigkeit der Blechhülsen ist nicht grofs genug, um eine ebenso gleichmäfsige und vollkommene Zersetzung des Sprengstoffes wie im Bohrloche zu gewährleisten.

d) Versuchsergebnisse. Die folgende Tabelle zeigt einige Versuchsergebnisse, die auf der westfälischen berggewerkschaftlichen Versuchsstrecke einerseits mit unbesetzt aus dem Mörser abgegebenen Schüssen und andererseits mit freiliegend zur Explosion gebrachten Ladungen erzielt wurden:

1	2	3	4	5
Name der Sprengstoffe	Unbesetzt aus dem Mörser verschossen		Freiliegend verschossen	
	Sicher	Unsicher	Sicher	Unsicher
	bei Ladungen von		bei Ladungen von	
	g	g	g	g
Kohlenkarbonit	1000	1100	460	480
Kohlenkarbonit I	1000	1100	400	500
Kohlenkarbonit II	1000	1100	300	350
Altes Köln-Rottweiler Sicherheitssprengpulver	200	250	50	100
Dahmenit A	450	500	50	100
Roburit I	300	350	50	120
Westfalit	350	400	—	50

Zu der Tabelle ist zu bemerken, dafs die Versuche mit freiliegenden Patronen nicht in gleicher Zahl angestellt sind, wie Schüsse aus dem Mörser abgegeben wurden. Deshalb werden die Zahlen in Spalte 4 und 5 noch etwas zu hoch erscheinen.

e) Schwankungen der Versuchsergebnisse und deren Ursachen. Bei allen in gröfserer Anzahl durchgeführten

Schiefsversuchen zeigt es sich, dafs dem einzelnen Schusse nur ein beschränkter Wert zuzusprechen ist. Es kommt häufig vor, und besonders ist dies in der Nähe der Sicherheitsgrenze eines Sprengstoffes der Fall, dafs eine bestimmte Ladung bei einem Schusse oder bei mehreren keine Zündung des Explosionsgemisches verursacht, während sofort darauf ein Schufs mit gleich grofser oder vielleicht sogar geringerer Ladung Zündung ergibt. Noch gröfsere Unterschiede machen sich bemerkbar, wenn die Versuche in verschiedenen Versuchsstrecken oder unter sonst veränderten Bedingungen vorgenommen werden. Alle Schiefsversuche müssen deshalb, wenn sie einigermafsen brauchbare Vergleichswerte ergeben sollen, unter genauer Innehaltung der Versuchsbedingungen eine gröfsere Anzahl von Schüssen umfassen. Auf der westfälischen Versuchsstrecke wird zumeist als Richtschnur genommen, dafs die Sicherheit einer Sprengstoffladung erst dann als nachgewiesen gilt, wenn mindestens fünf Schüsse von der betreffenden Ladungsmenge eine Zündung des Explosionsgemisches nicht mehr zur Folge gehabt haben. Auch bei diesem Verfahren werden nicht alle Versuchsfehler ausgeglichen.

Die Ursachen, dafs die Sprengstoffe bei den Schiefsversuchen so ungleiche Ergebnisse betreffend ihre Schlagwettersicherheit liefern, sind verschiedener Art. Die wichtigsten davon liegen im Sprengstoffe selbst. Aufserdem sind die Patronisierung, die Art der Einleitung der Explosion, die Verhältnisse der Versuchsstrecke und die Ungleichartigkeit des Explosionsgemisches von Wichtigkeit.

Bei einer bestimmten Sprengstoffmischung mit gleichbleibender chemischer Zusammensetzung ist die Art der Verarbeitung von ausschlaggebendem Einflufs auf die Sicherheit. Die Sicherheitssprengstoffe bestehen aus mechanischen Gemengen mehrerer Bestandteile. Es hat sich nun die bisher ausnahmslose Regel herausgestellt, dafs die Sicherheit um so höher ist, je inniger und feiner sowohl die einzelnen Bestandteile wie die ganze Mischung verarbeitet und durcheinandergemengt sind. Bei ungenügender Verarbeitung verlieren auch an und für sich bewährte Sprengstoffmischungen ihre Schlagwettersicherheit. Oft können kaum beachtete Änderungen in der Fabrikation (neue Siebe, Ausfallen einer Vermahlung, Verwendung von nicht gleichmäfsig fabrizierten

Rohmaterialien usw.) bemerkbare Verschiebungen der Sicherheitsgrenzen zur Folge haben. Die Beibehaltung einer einmal erzielten Schlagwettersicherheit ist für viele Fabriken mit grofsen Schwierigkeiten verknüpft.

Bei manchen Ammonsalpetersprengstoffen nimmt die Sicherheit noch bedeutend zu, wenn man den auf das sorgfältigste verarbeiteten Sprengstoff nachträglich unter hohem Drucke prefst und die entstandenen Kuchen zu Körnern bricht. Nach dem D. R. P. 119466 kommen für dieses Verfahren nur solche Sprengstoffe in Betracht, deren Kohlenstoffträger einen höheren Schmelzpunkt als 45^0 zeigen, da anderenfalls infolge der bei der Pressung stattfindenden Wärmeentwicklung eine Entmischung und somit eine Ungleichmäfsigkeit des Sprengstoffes herbeigeführt wird.

Längere Lagerung scheint bei vielen Sprengstoffen günstig auf die Schlagwettersicherheit, aber ungünstig auf die Explosionsfähigkeit einzuwirken.

Fast in allen Fällen trifft ferner die Erfahrung zu, dafs, wenn die Sprengladung in einer einzigen Patrone untergebracht ist, man leichter Zündungen des Schlagwettergemisches erhält, als wenn die Ladung auf eine gröfsere Anzahl von Patronen verteilt ist. Das zwischen den Teilen der Ladung befindliche Patronenpapier scheint die Kraft der Explosion zu schwächen und die Sicherheit zu erhöhen.

Bemerkenswert ist weiter der Einflufs des paraffinierten Patronenpapiers. Die Ammonsalpetersprengstoffe müssen wegen ihres hygroskopischen Verhaltens durch besondere Patronisierung gegen die schädigende Wirkung der feuchten Luft geschützt werden. Man benutzt zu diesem Zwecke in der Regel Patronenhüllen aus paraffiniertem (d. h. nachträglich mit einem Paraffinüberzuge versehenem) Papier. Dieses paraffinierte Patronenpapier übt bei einigen Sprengstoffen einen schädigenden Einflufs auf die Sicherheit aus, der nicht unbedeutend ist. Beispielsweise wurden von den älteren Zusammensetzungen der Sprengstoffe Westfalit, Dahmenit und Progressit auf der westfälischen Versuchsstrecke Kohlenstaubaufwirbelungen durch Ladungen von 200 bezw. 250 und 350 g gezündet, wenn paraffinierte Patronenhülsen zur Anwendung kamen, während ebendieselben Sprengstoffe bei nichtparaffinierten Patronenhülsen noch in Ladungen von je 500 g sicher waren. Andererseits lassen manche Sprengstoffe (wie z. B. Dahmenit A) den schädigenden Einflufs des paraffinierten Papiers nicht erkennen. Nach Winkhaus steht diese merkwürdige Beobachtung mit der Entzündungsgefährlichkeit des Paraffins im Zusammenhange in der Art, dafs das Paraffin bei der Explosion gewisser Sprengstoffe zur Entflammung kommt und dann seinerseits die Zündung der Kohlenstaubaufwirbelung oder Schlagwetter einleiten kann. Möglicherweise spricht hier die Zusammensetzung der Nachschwaden und insbesondere deren Sauerstoffgehalt mit.

Bei den österreichischen Schiefsversuchen in Mährisch-Ostrau ist beobachtet worden, dafs gewisse Sicherheitssprengstoffe je nach der Stärke der für die Zündung verwandten Kapsel verschiedene Sprengwirkungen im Trauzl'schen Bleimörser und verschiedene Schlagwettersicherheiten aufwiesen.

Brzezowski[1]) führt an, dafs 15 g der hierunter bezeichneten Sprengstoffe im Trauzl'schen Bleimörser die folgenden Ausbauchungen ergeben haben:

	Mit einer Kapsel von		
	1 g Füllung	2 g Füllung	3 g Füllung
Wetterdynamit	350 ccm	356 ccm	—
Westfalit	350 „	546 „	618 ccm
Progressit.	474 „	566 „	590 „

Danach explodierte also Wetterdynamit schon mit der 1 g-Kapsel mit der vollen Kraft, während bei Westfalit und Progressit erheblich gröfsere Leistungen bei Verwendung der stärkeren Kapseln erzielt wurden. Die Schlagwettersicherheit wurde dagegen mit stärkerer Kapsel geringer. Z. B. ergaben 500 g Westfalit, mit einer 1 g-Kapsel zur Explosion gebracht, keine Zündung der Schlagwetter, während bei 300 g, die mit einer 3 g-Kapsel zur Explosion gebracht wurden, bereits eine Explosion des Schlagwettergemisches eintrat.

Bei diesen Erscheinungen wird die jeweilige Explosibilität des Sprengstoffes von Wichtigkeit sein. Ein leicht explosibler Sprengstoff wird schon bei geringer Kapselstärke die höchstmögliche Sprengwirkung und die geringste Schlagwettersicherheit aufweisen.

---

[1]) Die Bestrebungen zur Verminderung der Gefahren der Sprengarbeit in Gruben mit schlagenden Wettern, Österr. Z. f. B. u. Hw., 1896, Nr. 1 S. 1 ff.

Im übrigen darf man nicht etwa annehmen, dafs bei den Sprengstoffen überhaupt Sprengwirkung und Schlagwettersicherheit im umgekehrten Verhältnisse stehen. Z. B. hat Dahmenit A auf der Gelsenkirchener Versuchsstrecke bei 444 ccm Ausbauchung des Bleimörsers erst in Ladungen von 500 g das Schlagwettergemisch entzündet, während Roburit I mit nur 321 ccm Ausbauchung schon bei Ladungen von 350 g unsicher war. Derartige Beispiele lassen sich leicht häufen, wobei natürlich zu beachten bleibt, dafs Sprengwirkung im Bleimörser und Arbeitsfähigkeit des Sprengstoffes sich nicht decken.

Von grofser Bedeutung für den Ausfall von vergleichenden Schiefsversuchen sind schliefslich die Verhältnisse des Versuchsortes selbst. Es ist schon auf Seite 74 darauf hingewiesen worden, dafs Kohlenstaub um so leichter explodiert, je gröfser der Gasdruck im Explosionsraume ist. Wahrscheinlich wird dies auch bei Schlagwettern, wenn auch nicht in derselben ausgeprägten Weise, der Fall sein. Noch wichtiger ist die jeweilige Feuchtigkeit der Versuchsstrecke. In nasser Strecke treten die Zündungen der Explosionsgemische viel schwieriger ein als in trockener. In einer gründlich benetzten Versuchsstrecke verlieren Aufwirbelungen von trockenem Kohlenstaub fast ganz ihre Explosionsfähigkeit. Bei allen Schiefsversuchen mufs man deshalb für eine möglichst gleichmäfsige Trockenheit der Streckenwandungen Sorge tragen.

Es ist anzunehmen, dafs bei der Zündung der Explosionsgemische auch der Luftdruck, der Feuchtigkeitsgehalt der Luft und die Temperatur eine Rolle spielen. Doch scheint der hierdurch ausgeübte Einflufs nicht so grofs zu sein, dafs er mit Sicherheit nachzuweisen wäre.

Schliefslich müssen die allgemeinen Versuchsbedingungen, wie die Gleichartigkeit der Explosionsgemische, die Tiefe und Weite des Bohrlochs, aus dem die Schüsse abgegeben werden, der Besatz, die Art der Zündung usw., peinlich genau innegehalten werden, wenn man die Ergebnisse ohne gröfsere Irrtümer miteinander in Vergleich stellen will.

6. Vergleich der Ergebnisse in den Versuchsstrecken mit der Praxis. Die Frage, ob bei den Schiefsversuchen in der Versuchsstrecke Zündungen des Schlagwettergemisches leichter oder schwerer als bei der Sprengarbeit unter Tage erhalten werden, ist viel erörtert worden. Wenn diese Frage klar entschieden werden könnte, so würde man aus dem Schiefsversuch unmittelbar einen Mafsstab für die Festsetzung der höchsten, unter Tage zulässigen Ladungsmengen gewinnen.

Als sehr wahrscheinlich darf man annehmen, dafs ein frei explodierender Sprengstoff gefährlicher gegenüber Schlagwettern und Kohlenstaub sich verhält als die in einem Bohrloche zur Explosion gelangende Ladung. Daraus läfst sich folgern, dafs diejenigen Ladungsmengen, die in der Versuchsstrecke freiliegend ohne Gefahr der Schlagwetterzündung explodieren, bei der regelrechten Sprengarbeit in der Grube — also im Bohrloche eingeschlossen — ohne jedes Bedenken gebraucht werden dürfen. Leider sind aber diese Ladungsmengen zumeist für den praktischen Gebrauch zu klein.

Die Entscheidung spitzt sich also dahin zu, ob die ohne Besatz aus dem Bohrloche eines Schiefsmörsers in der Versuchsstrecke abgetanen Schüsse für gefährlicher oder sicherer als die Sprengschüsse in der Grube zu erachten sind. Der unbesetzt aus dem Schiefsmörser abgegebene Schufs verrichtet nur eine geringe Arbeit, und die Explosionsgase brechen ohne die schützende Hülle des Besatzes fast mit ihrer Anfangstemperatur in das Schlagwettergemisch herein. Man sollte deshalb annehmen, dafs die Sprengarbeit in der Grube weit weniger gefährlich als ein derartiger Schiefsversuch in der Versuchsstrecke ist. Es dürfte kein Bedenken vorliegen, die Richtigkeit dieser Schlufsfolgerung für die weitaus gröfste Mehrzahl aller Sprengschüsse in der Grube zuzugeben. Man kann sogar noch weiter gehen und sagen, dafs ein ordnungsmäfsig angesetzter und gehörig mit Besatz versehener Sprengschufs unbedenklich in einem Schlagwettergemisch abgefeuert werden darf, wenn es sich um einen schnell explodierenden (brisanten) Sprengstoff handelt. Es kommt aber darauf an, dafs die Sicherheit der Sprengarbeit nicht allein für die gewöhnlichen, regelmäfsigen Fälle, sondern auch für ausnahmsweise gefährliche Verhältnisse genügt. Die letzteren abzuschätzen und mit den Bedingungen der Versuchsstrecke in einen Vergleich zu stellen, dürfte unmöglich sein. Der Sprengschufs in der Grube kann derart überladen und in solcher Richtung angesetzt sein, dafs er als

Ausbläser wirken mufs. Wenn dann der Besatz unzureichend ist oder aus trockenem Kohlenstaub besteht oder die Sprengladung gar das Bohrloch nahezu bis zur Mündung erfüllt, so ist es leicht möglich, dafs ein solcher Schufs in nichts an Gefährlichkeit einem ausblasenden Schusse in der Versuchsstrecke nachsteht. In Rücksicht zu ziehen sind ferner aufsergewöhnlich ungünstige örtliche Verhältnisse, z. B., dafs unbeachtete Schlechten durch das Gestein laufen können, dafs dieses fast ohne Kraftabgabe der Explosionsgase nachgibt und den explodierenden Sprengstoff sozusagen blofslegt. Alsdann kann der Schufs ähnlich gefährlich wie eine freiliegende Sprengladung wirken.

Tatsächlich ist dem Verfasser ein zweifelfreier Fall bekannt geworden, wo ein Sicherheitssprengstoff in der Grube eine leichte Kohlenstaubexplosion mit einer Ladung verursacht hat, die in der Versuchsstrecke bei ausblasenden, unbesetzten Schüssen noch keine Zündungen von Kohlenstaubaufwirbelungen veranlafste.

Man darf also nach keiner Richtung hin annehmen, dafs die auf einer Versuchsstrecke bei gewissen Bedingungen ermittelten Sicherheitsgrenzen eines Sprengstoffes nun etwa auch für den praktischen Grubenbetrieb unmittelbare Bedeutung haben. Es erscheint vielmehr ganz unmöglich, die in der Praxis vorkommenden Verhältnisse, die nach Art des Gesteins, der Kohle, des Auftretens der Schlagwetter und des Kohlenstaubes, des Besatzes, der Vorgabe, der räumlichen Ausdehnung des Arbeitspunktes usw. so überaus verschieden sind, mit irgendwelchen Versuchsbedingungen zu vergleichen. Die Arbeit in der Versuchsstrecke kann lediglich Vergleichswerte zur Beurteilung der verschiedenen Sicherheit der Sprengstoffe schaffen.

Nur so viel läfst sich sagen, dafs Sicherheitssprengstoffe, die in den Versuchsstrecken bei unbesetzten Schüssen mit 600—800 g Ladung sich als schlagwettersicher gezeigt haben, auch in der Praxis eine hochgradige Sicherheit besitzen. Dem Verfasser ist kein Fall bekannt geworden, dafs solche Sprengstoffe die Ursache einer Schlagwetter- oder Kohlenstaubexplosion unter Tage geworden wären. Dagegen sind Schlagwetterexplosionen durch Sprengstoffe, die in den Versuchsstrecken mit einigen 100 g die Schlagwetter zu zünden vermögen, in einzelnen seltenen Fällen festgestellt worden.

Zur Beschränkung der Schlagwettergefahr bei der Sprengarbeit ist es richtig und zweckmäfsig, eine Begrenzung des Höchstgewichtes der zulässigen Ladungsmengen und eine Mindestlänge des Besatzes vorzuschreiben, was durch behördliche Anordnungen oder durch Mafsnahmen der Grubenverwaltung selbst geschehen kann.

7. **Photographische Flammenbilder.** Der Direktor der Aktiengesellschaft Dynamit Nobel in Wien, Siersch, hat ver-

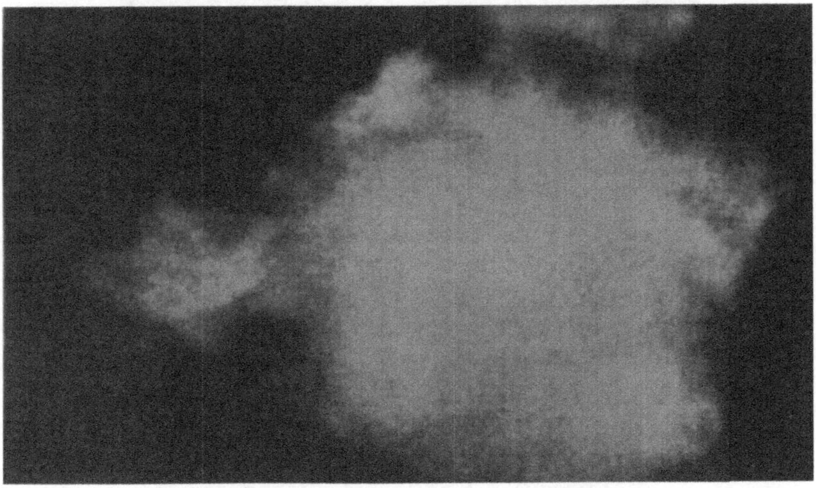

Fig. 24.
(100 g Sprenggelatine.)

sucht, durch photographische Flammenbilder Aufschlufs über den Grad der Schlagwettersicherheit verschiedener Sprengstoffe zu erhalten[1]). Er ging von der Ansicht aus, dafs die Gröfse der Explosionsflamme einen unmittelbaren Mafsstab für die Schlagwettersicherheit gewährt. Die Versuche wurden in dunkler Nacht ausgeführt, indem man in angemessener Entfernung vor dem geöffneten Objektiv die Explosion der Sprengpatrone vor sich gehen liefs. Von den von Siersch veröffentlichten Flammenbildern sind

[1]) Österr. Z. f. B. u. Hw., 1896, Nr. 1 S. 4 ff.

Fig. 25. (100 g Gelatinedynamit.)

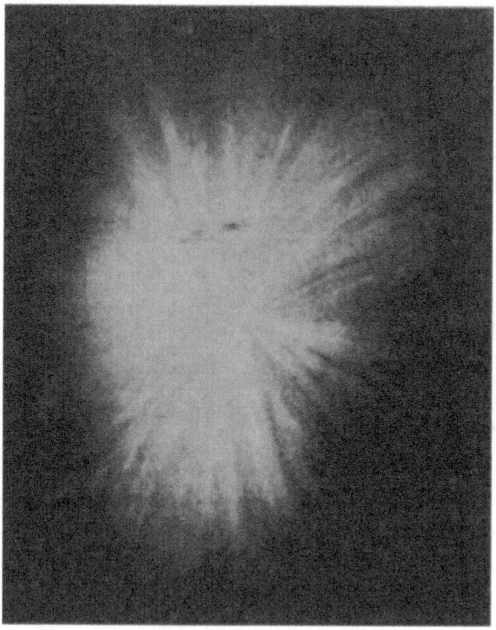

Fig. 26. (100 g Guhrdynamit.)

in den Figuren 24—29 einige besonders interessante Aufnahmen mitgeteilt. In den Figuren sind die Explosionen frei in der Luft aufgehängter Patronen von je 100 g Sprenggelatine, Gelatine-

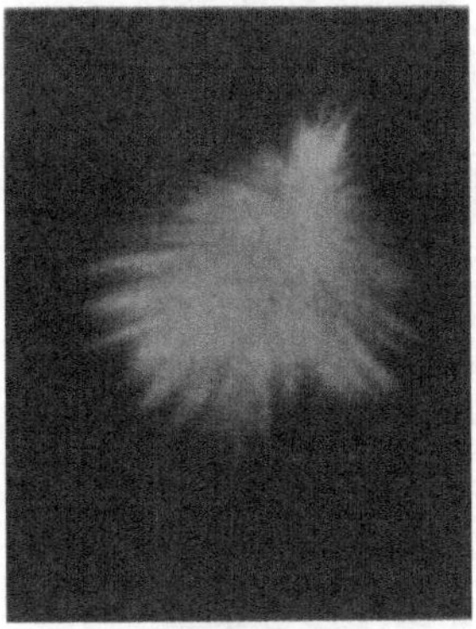

Fig. 27.
(100 g Roburit.)

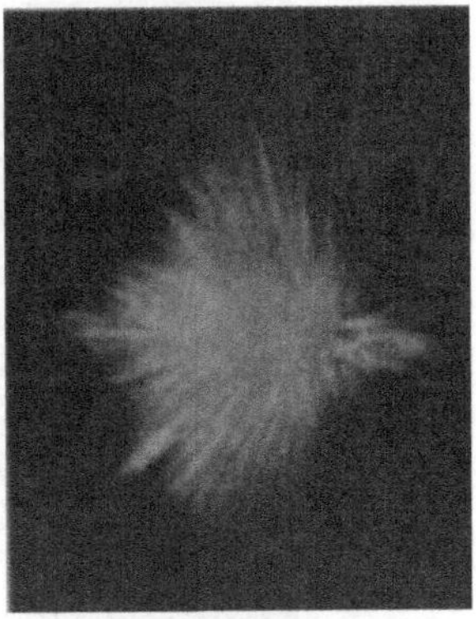

Fig. 28.
(100 g Karbonit.)

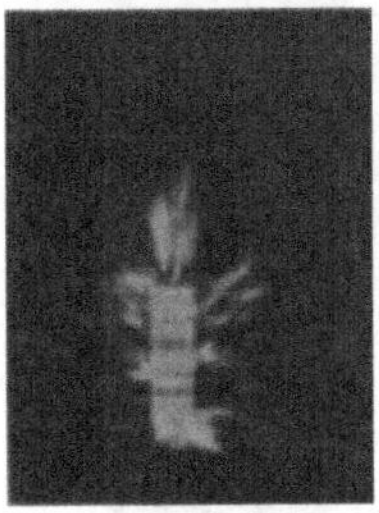

Fig. 29.
(100 g Grisoutit.)

Fig. 30.
(100 g Gelatinedynamit, besetzt mit feuchtem Papier, Ausbläser.)

dynamit, Guhrdynamit, Roburit, Karbonit und Grisoutit dargestellt.

Die Figuren 30—34 zeigen ferner die Lichtbilder von ausblasenden Schüssen von je 100 g Gelatinedynamit, Guhrdynamit,

Roburit, Antigrisou und Wetterdynamit. Die Figur 35 zeigt schliefslich noch 100 g Guhrdynamit, unter Wasser in einem Becherglase zur Explosion gebracht.

Fig. 31.
(100 g Guhrdynamit, ohne Besatz, Ausbläser.)

Wenn die Stärke der Roburitflamme bei dem ausblasenden Schusse im Verhältnis zu derjenigen des Guhrdynamits grofs erscheint, während sie bei der freiliegend explodierenden Patrone nur klein ist, so liegt dieser Unterschied wahrscheinlich darin begründet, daſs das Roburit an freier Luft sich weniger gut als im Bohrloche zersetzt. Man wird deshalb bei den Lichtbildern, die freihängend explodierende Patronen darstellen, immer den Vorbehalt machen müssen, daſs möglicherweise die Explosionszersetzung nicht so vollkommen ist, wie sie im Bohrloche verläuft.

Fig. 32.
(100 g Roburit, ohne Besatz, Ausbläser.)

Auch muſs man sich vergegenwärtigen, daſs die photographierten Lichterscheinungen nicht ohne weiteres einen Maſsstab für die Flammentemperatur abgeben können, da nur die chemische Wirksamkeit der Strahlen auf der photographischen Platte zum Ausdruck kommt. Die chemisch stark wirksamen Strahlen sind aber nicht diejenigen, die die gröſste Wärme- und Zündwirkung besitzen.

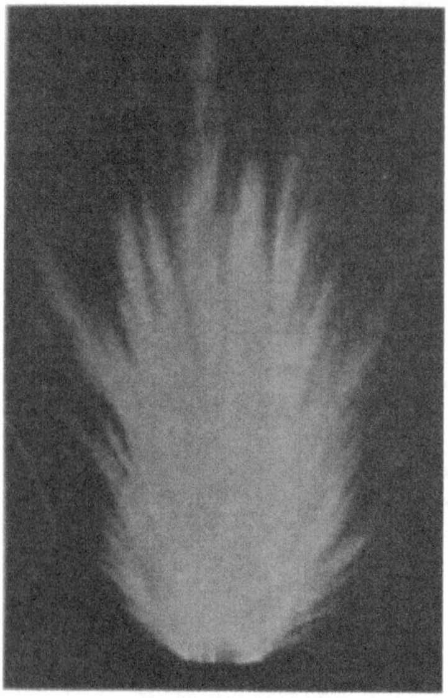

Fig. 33.
(100 g Antigrisou, ohne Besatz, Ausbläser.)

Andererseits zeigen die Bilder mit augenscheinlicher Deutlichkeit das Vorhandensein glühender Gase, mögen diese nun unmittelbar aus Explosionsgasen oder aus komprimierter, durch die mechanische Stofsarbeit der Explosion glühend gewordener, atmosphärischer Luft bestehen. Es ist sehr wohl möglich, dafs bei näherer Durcharbeitung dieser Untersuchungsmethode noch wichtige und brauchbare Ergebnisse erzielt werden können, namentlich auch nach der Richtung hin, inwieweit die verschiedene Explosionsschnelligkeit der Sprengstoffe ein Erglühen der umgebenden Luft durch Druck bewirkt.

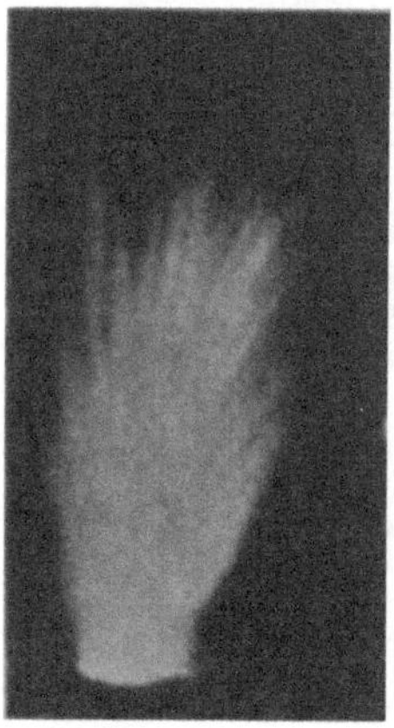

Fig. 34.
(100 g Wetterdynamit, ohne Besatz, Ausbläser.)

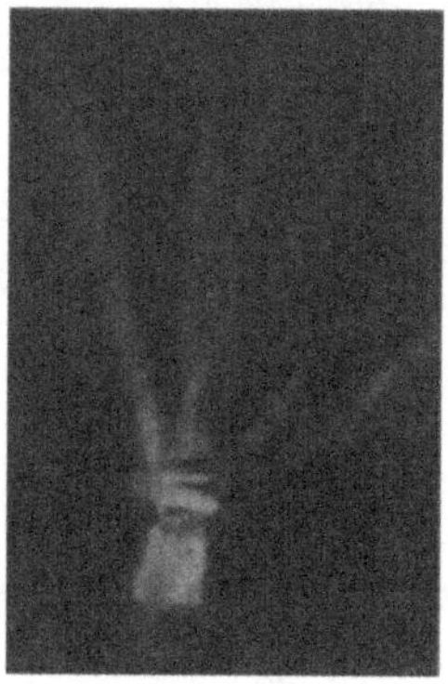

Fig. 35.
(Explosion von 100 g Guhrdynamit unter Wasser.)

8. **Einzelbesprechung.** Die Betrachtung der Sicherheitssprengstoffe erfolgt am zweckmäfsigsten in drei zusammenfassenden Gruppen, nämlich in derjenigen:

a) der Ammonsalpetersprengstoffe,

b) der Karbonite und wettersicheren Gelatinedynamite,

c) der sogenannten Wetterdynamite.

Vollkommen scharf ist diese Trennung zwar nicht. Sie erleichtert aber den Überblick wesentlich.

a) Ammonsalpetersprengstoffe (Explosifs à base d'azotate d'ammoniaque; nitrate of ammonium explosifs). Die Ammonsalpetersprengstoffe werden nicht etwa ausschliefslich für Schlagwettergruben verwandt. Sie werden vielmehr auch in Erz- und Salzgruben, in Steinbrüchen und Tongruben benutzt und brauchen in diesem Falle keine Schlagwettersicherheit zu besitzen. Wegen der grofsen Ähnlichkeit aller dieser Sprengstoffe untereinander, und da die Grenzen nicht feststehen, innerhalb deren ein Sprengmittel als Sicherheitssprengstoff zu bezeichnen ist, sollen in diesem Abschnitte alle Ammonsalpetersprengstoffe zusammengefafst werden.

α) Die Gruppe besitzt eine Reihe charakteristischer Eigenschaften, die vorweggenommen werden können, um sie nicht bei jedem einzelnen Sprengstoffe wiederholen zu müssen.

Die Ammonsalpetersprengstoffe bestehen in der Hauptsache (70—95 %) aus Ammonsalpeter, dem brennbare oder explosive Bestandteile zugemischt sind. Häufig finden sich aufserdem noch geringere Beimischungen anderer Salpeterarten oder gewisser Salze, die auf Erhöhung der Schlagwettersicherheit hinwirken sollen.

Der Ammonsalpeter selbst ist ein explosiver Körper und zerfällt in der Explosion nach folgender Formel:

$$N_2H_4O_3 = N_2 + 2\,H_2O + {}^1/_2\,O_2.$$

Danach berechnet sich:

$$\begin{aligned} v_0 &= 976 \text{ l},\\ t &= 1134^0 \text{ C.},\\ Q &= 381 \text{ Kalorien},\\ A &= 161\,925 \text{ mkg},\\ f &= 5196 \text{ kg}. \end{aligned}$$

Wie man sieht, liefert Ammonsalpeter in den Nachschwaden aufser Stickstoff und Wasserdampf freien Sauerstoff, so dafs er ein

Sprengstoff mit den denkbar günstigsten Nachschwaden wäre. Die Explosionsfähigkeit des reinen Ammonsalpeters ist aber nicht grofs genug, um ihn für sich allein als Sprengstoff benutzen zu können. Auch würde die geringe, bei der Explosion entwickelte Kraft nicht befriedigen.

Die zur Erhöhung der Explosionsfähigkeit und Arbeitsleistung dem Ammonsalpeter zugesetzten Bestandteile sind entweder einfach brennbar (Naphthalin, Harz, Öl, verseifte Fette, Mehl usw.) oder sind selbst Sprengstoffe (Nitroglyzerin, Schiefsbaumwolle, Trinitrotoluol, Binitrobenzol, Nitronaphthalin u. a. m.).

Für gewisse Mischungsreihen haben sich besondere Namen herausgebildet.

Mischungen von Ammonsalpeter mit gelatiniertem Sprengöl nennt man in Belgien und Frankreich Grisoutine. Mischungen mit Binitrobenzol nennt man in Deutschland Roburite, in Belgien und England Bellite.

Wenn es sich um brennbare Zumischungen handelt, so hält sich der Prozentsatz dieser Bestandteile in verhältnismäfsig engen Grenzen, da schon wenige Prozente zur Bindung des Sauerstoffes und Erreichung der höchstmöglichen Kraftleistung und Explosionstemperatur genügen. Bei Naphthalin als Zusatz reichen etwa $6^1/_2$ % für diesen Zweck aus. Bei nitrierten Stoffen als Zumischung kann der Prozentsatz höher sein, weil infolge der Nitrierung der Sauerstoffvorrat erhöht wird. Bei Mischungen von Ammonsalpeter mit Nitroglyzerin (oder auch Guhrdynamit), das selbst Sauerstoff im Überschufs besitzt, steigen Kraftleistung und Explosionstemperatur ununterbrochen mit dem höheren Gehalte an Nitroglyzerin, wie Figur 17 auf Seite 75 erkennen läfst. Bei Sicherheitssprengstoffen dieser Art findet man bis zu 30 % Sprengöl als Zumischung. Bei höherem Sprengölgehalt zählt man die Sprengstoffe besser zu den Dynamiten.

In den Nachschwaden der Ammonsalpetersprengstoffe mufs, wie aus der Zersetzungsgleichung des Ammonsalpeters hervorgeht, stets der Wasserdampf vorwiegen. Es ist dies eine für die Praxis günstige Eigenschaft, da scheinbar die Menge der Nachschwaden gering ist und man bald wieder den Arbeitsort betreten kann. Auch sonst besitzen die Ammonsalpetersprengstoffe mancherlei angenehme Eigenschaften. Sie sind gegen Stofs und Schlag unempfindlich, so dafs sie im Gebrauch und Verkehr ungefährlich sind und auf der Eisenbahn als Stückgut zugelassen werden. Dieser Umstand hat besonders zu ihrer schnellen Verbreitung in Steinbruchsbetrieben und sonstigen Verbrauchsstellen mit geringem Bedarf beigetragen. Funken und Flammen verursachen, solange nicht Sprengkapseln oder andere Sprengstoffe in der Nähe sind, keine Gefahr. Die Ammonsalpetersprengstoffe brennen anscheinend nur widerwillig und in der Regel nur so lange, als sie unmittelbar mit einer äufseren Flamme in Berührung bleiben. Selbst wenn grofse Mengen in starkem Feuer verbrannt werden, besteht keine Explosionsgefahr, wie sich mehrfach bei Bränden von Sprengstofffabriken gezeigt hat. Gelegentlich eines Brandes der Dahmenitfabrik bei Castrop sind 2500 kg Dahmenit A verbrannt, ohne zu explodieren. Etwa im Haufwerk unexplodiert gebliebene Patronen werden also weder durch den Stofs eines Gezähes noch später im Feuer, wohin sie mit der Kohle geraten könnten, Unheil anzurichten vermögen. Die Ammonsalpetersprengstoffe gefrieren schliefslich nicht, soweit sie ohne Nitroglyzerin hergestellt sind, und sind auch bei gröfster Kälte unmittelbar brauchbar. Diese Vorzüge haben den Ammonsalpetersprengstoffen in den letzten Jahren eine grofse Verbreitung verschafft. Sie tragen wegen der Ungefährlichkeit in der Handhabung den Namen „Sicherheitssprengstoffe" auch in dem Falle mit Recht, dafs sie auf anderen als auf Schlagwettergruben benutzt werden.

Als Nachteile sind die hygroskopischen Eigenschaften aller Ammonsalpetersprengstoffe hervorzuheben. Die Sprengstoffe müssen besonders gut verpackt sein und dürfen nicht allzulange in der Grube lagern. Anderenfalls nehmen sie Feuchtigkeit an und verlieren ihre Explosionsfähigkeit. In Kalisalzgruben ist wegen der dort herrschenden Trockenheit der Luft die Lagerung unbedenklich. Ebenfalls als Nachteil ist es anzusehen, dafs sehr starke Sprengkapseln zur Zündung benutzt werden müssen, da diese Kapseln teuer sind und selber eine Gefahrenquelle bilden. Die Kraft der Ammonsalpetersprengstoffe ist je nach der Zusammensetzung verschieden, erreicht aber diejenige des Gelatinedynamits nicht. Die Ladungsdichte ist 0,80—0,90. Die Schlagwettersicherheit ist geringer als bei den Karboniten.

β) D a h m e n i t A (von der Castroper Sicherheitssprengstoff-

Aktiengesellschaft zu Dortmund) ist ein safrangelbes Pulver, das in den Patronen leicht zusammenbackt. Letztere müssen deshalb vor dem Besetzen des Schusses gewalkt und gedrückt werden. Der Sprengstoff ist an dem starken Naphthalingeruch kenntlich. Die Zusammensetzung des Dahmenits A ist:

91,300 % Ammonsalpeter,
6,475 % Naphthalin.
2,225 % doppelchromsaures Kali.

Die Zersetzungsgleichung ist:

$$151\, N_2H_4O_3 + 7\, C_{10}H_8 + 1\, K_2Cr_2O_7 = 70\, CO_2 + 313\, H_2O + 17\, H_2 + 151\, N_2 + 1\, K_2Cr_2O_7.$$

Die Patronisierung erfolgt in paraffinierten Patronenhülsen. Zur Einleitung der Explosion werden Kapseln Nr. 8 gebraucht. Im Jahre 1898 war Dahmenit A der verbreitetste Ammonsalpetersprengstoff im rheinisch-westfälischen Kohlenbezirke.

Dahmenit A wird durch folgende Zahlen gekennzeichnet:

$v_0 = 926$ l,
$t = 2064^0$ C.,
$Q = 914$ Kalorien,
$A = 388\,450$ mkg,
$f = 8190$ kg,
$\alpha = 0{,}926$ l,
$L = 0{,}88$.

Die Schlagwettersicherheit[1]) ergibt sich aus der Tabelle S. 78.

Eine Abart des Dahmenits A ist das Viktoriapulver. Die Zusammensetzung, Zersetzung und die daraus sich ergebenden, rechnungsmäfsigen Gröfsen sind denen des Dahmenits A vollkommen gleich. Nur die Bearbeitung und Herstellung des Viktoriapulvers sind anders. Nach Fertigstellung des gewöhnlichen Dahmenits A wird nämlich die pulverförmige Masse unter starkem Drucke zu Kuchen geprefst. Diese Kuchen werden alsdann zu Körnern von Jagdpulvergröfse gebrochen. Die Körner

[1]) Es wird hier nochmals ausdrücklich darauf hingewiesen, dafs die angezogenen und die sonst noch folgenden Angaben über den Grad der Schlagwettersicherheit der einzelnen Sprengstoffe nur einen ungefähren Mafsstab geben können, weil die Schlagwettersicherheit bei vielen Sprengmitteln je nach der Fabrikation wesentlichen Schwankungen unterliegt. Zu vergl. Glückauf, 1903, Nr. 19, Versuche mit Sicherheitssprengstoffen, von Beyling.

bilden das Viktoriapulver. Letzteres zeigt in geringerem Grade die hygroskopischen Eigenschaften des Dahmenits A und ist diesem an Schlagwettersicherheit überlegen. Die Schlagwettersicherheit schwankt je nach der Verarbeitung beträchtlich.

Unter dem Namen Gesteinsdahmenit wird von der genannten Fabrik ein aus

84,5 % Ammonsalpeter,
12,0 % Wurzelmehl (Kurkuma),
1,0 % Binitrobenzol,
2,5 % doppelchromsaurem Kali

bestehender Sprengstoff fabriziert, der ebenfalls an Schlagwettersicherheit gewöhnliches Dahmenit A übertreffen soll.

γ) Roburit I (hergestellt von der Roburitfabrik zu Witten a. d. Ruhr) zeigt ein schmutzigweißes, an Sägemehl erinnerndes Aussehen. Es backt beim Lagern etwas, jedoch nur in geringem Maße zusammen. Die Patronisierung ist ganz ähnlich derjenigen des Dahmenits A. Roburit I hat den Vorzug, daß es längere Lagerung verhältnismäßig gut verträgt, ohne die Explosionsfähigkeit zu verlieren. Es werden Kapseln Nr. 8 für den Sprengstoff gebraucht.

Die Zusammensetzung ist:

87,5 % Ammonsalpeter,
7,0 % Binitrobenzol,
0,5 % übermangansaures Kali,
5,0 % schwefelsaures Ammon.

Demnach läßt sich folgende Zersetzungsgleichung aufstellen:

$$431\, N_2H_4O_3 + 16{,}4\, C_6H_4N_2O_4 + 1\, KMnO_4 + 15\, N_2H_8SO_4 =$$
$$98\, CO_2 + 895\, H_2O + 134\, O_2 + 447\, N_2 + 1\, KMnO_4 + 15\, N_2H_8SO_4.$$

Der Sprengstoff liefert also freien Sauerstoff.

$v_0 = 891$ l,
$t = 1616^0$ C.,
$Q = 612$ Kalorien,
$A = 260\,100$ mkg,
$f = 6370$ kg,
$\alpha = 0{,}891$ l,
$L = 0{,}86$.

Die Schlagwettersicherheit ist auf S. 78 angegeben.

Einige andere von derselben Fabrik gelieferte Roburitmischungen sind ähnlich zusammengesetzt, enthalten aber insbesondere zum Zwecke der Erhöhung der Schlagwettersicherheit noch Kalisalpeter als Zusatz. Es sind dies:

	Roburit I A %	Roburit I C %
Ammonsalpeter	82,5	72,5
Kalisalpeter	5,0	10,0
Binitrobenzol	7,0	12,0
schwefelsaures Ammon	5,0	5,0
übermangansaures Kali	0,5	0,5

Ferner wird in Steinbrüchen, Erzgruben und Salzbergwerken viel Gesteinsroburit gebraucht, das aus 82,5% Ammonsalpeter und 17,5% Binitrobenzol besteht. Dasselbe besitzt eine ausgezeichnete Sprengwirkung, die derjenigen des Dynamits nahe kommt. Die Schlagwettersicherheit des Gesteinsroburits ist dagegen sehr gering.

δ) Köln-Rottweiler Sicherheitssprengpulver (von den Köln-Rottweiler Pulverfabriken zu Köln). Der Sprengstoff ist in seiner älteren Zusammensetzung ein mechanisches Gemenge von 93 % Ammonsalpeter, 4,9 % Leinöl, 1,2 % Schwefel und 0,9 % Barytsalpeter. Die vorher sehr fein zerkleinerten Materialien werden zunächst mit der Hand vorgemischt, dann in Holztrommeln längere Zeit innig miteinander gemengt und in Kollergängen oder hydraulischen Pressen verdichtet. Diese Masse wird getrocknet, und die entstehenden Kuchen werden durch Körnmaschinen zerkleinert. Das durch feinmaschige Siebe fallende Korn wird in Patronenpapier, das zum Schutze gegen die Feuchtigkeit mit Staniol beklebt ist, verpackt. Der Sprengstoff wird besonders im Saarrevier gebraucht. Die für ihn benutzte Kapselstärke ist Nr. 8.

Die Explosion verläuft nach folgender Gleichung:

$$337\, N_2H_4O_3 + 3{,}35\, C_{28}H_{36}O_7 + 11\, S + 1\, BaN_2O_6 = 76\, CO_2$$
$$+ 734\, H_2O + 338\, N_2 + 65\, O_2 + 11\, SO_2 + 1\, BaCO_3.$$

Die Nachschwaden liefern also freien Sauerstoff.

$v_0 = 941$ l,

$t = 1774^0$ C.,

$Q = 725$ Kalorien,

$A = 308\,125$ mkg,
$f = 7289$ kg,
$\alpha = 0{,}941$ l.

Über die Schlagwettersicherheit siehe S. 78.

Die erwähnten Köln-Rottweiler Pulverfabriken liefern seit 1902 zwei andere Ammonsalpetersprengstoffe, denen der Name Kohlen-Anagonsprengpulver und Gesteins-Anagonsprengpulver gegeben ist. Beide Mischungen enthalten Aluminium in gepulverter Form.

Das Kohlen-Anagonsprengpulver hat die Zusammensetzung:

78,5 % Ammonsalpeter,
17,5 % Kalisalpeter,
2,5 % verharztes, vegetabilisches Öl,
1,0 % Aluminium,
0,5 % Barytsalpeter.

Es hat sich in den Versuchsstrecken mit 400—500 g gegenüber 8 %igen Schlagwettergemischen bei unbesetzten Schüssen als sicher erwiesen.

Das Gesteins-Anagonsprengpulver hat die Zusammensetzung:

84,5 % Ammonsalpeter,
1,5 % Kalisalpeter,
8,0 % Holzkohle,
5,5 % Aluminium,
0,5 % Barytsalpeter.

Die Wirkung dieses Sprengstoffes ist derjenigen des Dynamits ähnlich, ohne dafs er auf Schlagwettersicherheit Anspruch macht. Die Verbrennung des Aluminiums liefert eine hohe Explosionstemperatur, die der Spannkraft der Gase zugute kommt.

Beide Anagonsprengstoffe sind feinkörnige Pulver von grauer Farbe. Die Patronisierung ist ähnlich wie beim Köln-Rottweiler Sicherheitssprengpulver.

ε) Westfalit (der Westfälisch-Anhaltischen Sprengstoff-Aktiengesellschaft zu Berlin) ist ein aus

91 % Ammonsalpeter,
4 % Kalisalpeter,
5 % Harz

bestehender Ammonsalpetersprengstoff. Es sieht weifs mit einem leichten Stich ins Gelbgraue aus. Es ist ein aufserordentlich feines Pulver, das in frischem, trockenem Zustande stäubt und in den Patronen in der Regel locker bleibt. Da es eine höhere Schlagwettersicherheit besitzt, wenn es in nicht paraffinierten (statt in paraffinierten) Patronenhülsen verschossen wird, kommt es in sogenannten Beutelpatronen in den Handel. Die äufsere Papierhülse (der Beutel) ist paraffiniert und schützt die Sprengmasse bei der Lagerung vor der Einwirkung der Luftfeuchtigkeit. Die innere Patronenhülse ist nicht paraffiniert. Vor dem Besetzen des Schusses zerreifst man den Beutel und zieht ihn von der darinsteckenden Patrone ab. In nassen Bohrlöchern ist es zweckmäfsig, auch den Beutel auf der Patrone zu lassen, damit der Sprengstoff vor dem Angriffe des Wassers geschützt bleibt. In solchen Bohrlöchern ist das Vorhandensein des paraffinierten Beutels weniger bedenklich, da die Sicherheit des Sprengstoffes durch die Nässe erhöht wird. Der Sprengstoff wird besonders in Kohlen- und Salzgruben gebraucht. In den letzteren soll er den Vorzug besitzen, dafs er das Salz nicht schwärzt.

Die Zersetzungsgleichung ergibt sich, wie folgt:

$$687\,N_2H_4O_3 + 24\,KNO_3 + 10\,C_{20}H_{30}O_2 = 188\,CO_2 + 1524\,H_2O + 108\,O_2 + 699\,N_2 + 12\,K_2CO_3.$$

Der Sprengstoff enthält freien Sauerstoff in den Nachschwaden.

$$\begin{aligned} v_0 &= 930 \text{ l}, \\ t &= 1806^{0} \text{ C.}, \\ Q &= 749 \text{ Kalorien}, \\ A &= 318\,325 \text{ mkg}, \\ f &= 7316 \text{ kg}, \\ \alpha &= 0{,}930 \text{ l}, \\ L &= 0{,}85. \end{aligned}$$

Der Grad der Schlagwettersicherheit ist auf S. 78 angegeben.

ζ) Die von der Karbonitfabrik zu Schlebusch gelieferten Ammonsalpetersprengstoffe A m m o n k a r b o n i t, A m m o n k a r b o n i t I, D o n a r i t und T h u n d e r i t e (für England) werden nach einem besonderen Verfahren[1]) hergestellt, welches im wesentlichen darin besteht, dafs der Ammonsalpeter mit Mehl oder

[1]) D.R.P. 129 481.

Stärke unter Anfeuchtung verkleistert, gemahlen und getrocknet wird. Abgesehen von einer innigen Mischung soll hierdurch eine Veränderung der Hygroskopizität des Ammonsalpeters infolge der umhüllenden Verkleisterung stattfinden. Die Zusammensetzungen stellen sich, wie folgt:

	Ammon-karbonit %	Ammon-karbonit I %	Donarit %	Thunderite %
Ammonsalpeter . .	82	80,5	80,0	92,0
Kalisalpeter . . .	10	5,0	—	—
Sprengöl	3,8	3,8	3,8	—
Kollodiumwolle . .	0,2	0,2	0,2	—
Mehl bezw. Stärke	4,0	4,5	4,0	4,0
Trinitrotoluol . .	—	—	12,0	4,0
Kohlenstaub . . .	—	6,0	—	—

Ammonkarbonit und Ammonkarbonit I gelten in Preufsen als Sicherheitssprengstoffe. Thunderite steht auf der englischen Liste der erlaubten Sprengstoffe. Donarit besitzt eine geringe Schlagwettersicherheit, wird aber wegen seiner Sprengkraft und der allgemeinen Vorzüge der Ammonsalpetersprengstoffe in Steinbrüchen und Salzbergwerken an Stelle des Dynamits gern verwandt.

Nach den von der Karbonitfabrik im Kalorimeter ausgeführten Messungen liefern je 1000 g:

Ammonkarbonit . . . . 589 Kalorien,
Ammonkarbonit I . . . 925 „
Donarit . . . . 669 „
Thunderite . . . . . . 695 „ .

η) Von den staatlichen Fabriken in Österreich werden die Ammonsalpetersprengstoffe Dynammon I und Wetterdynammon erzeugt.

Dynammon I gilt nicht als schlagwettersicherer Sprengstoff, sondern als Ersatz für Dynamit. Es besteht aus 88 % Ammonsalpeter und 12 % Rotkohle.

Das Wetterdynammon besteht aus

94 % Ammonsalpeter,
2 % Kalisalpeter,
4 % Rotkohle.

Beide Sprengstoffe werden in paraffinierten Patronen, die aufserdem noch zum Schutze gegen Feuchtigkeit mit Staniol umwickelt sind, in den Handel gebracht. Die Sprengstoffe sind staubförmig fein; das Dynammon I ist von dunkelbrauner, das Wetterdynammon von hellerer Färbung. Die Ladedichte darf nicht mehr als 0,9 betragen, wenn nicht die Explosionsfähigkeit leiden soll. Die Kapselstärke ist für Dynammon I Nr. 6 und für Wetterdynammon Nr. 8.

ϑ) Bekannt sind die zu Vilvorde in Belgien gefertigten Favier-Sprengstoffe, die in der Hauptsache aus Mischungen von Ammonsalpeter und Binitronaphthalin bestehen. Die nähere Zusammensetzung einiger derartiger Sprengstoffe ist in der folgenden Tabelle mitgeteilt. Die Favier-Sprengstoffe haben die Eigentümlichkeit, dafs die Patronen zu Hohlzylindern geprefst sind und nur das Innere der Zylinder mit fein gepulverter Sprengstoffmasse gefüllt ist. Aus der Pressung der Hohlzylinder ergibt sich der Vorteil, dafs die Sprengladung ein gröfseres Ladegewicht erhält, dafs sie schlagwettersicherer wird und weniger leicht durch Feuchtigkeit leidet. Die Belassung eines Hohlraumes im Zylinder und dessen Auffüllung mit feinem Sprengstoffpulver ist notwendig, damit die Patronen ihre Explosionsfähigkeit behalten.

ι) Aus der grofsen Anzahl sonstiger Ammonsalpetersprengstoffe seien hierunter einige Namen, Ursprungsländer und Zusammensetzungen mitgeteilt, ohne dafs aber die Aufzählung als erschöpfend angesehen werden darf:

Bezeichnung	Ursprungsland	Zusammensetzung	Bemerkungen
Progressit . . .	Österreich	94,0 % Ammonsalpeter, 6,0 % salzsaures Anilin.	
Wetterdynamit .	„	72,0 % Ammonsalpeter, 27,3 % Sprengöl, 0,7 % Kollodiumwolle.	
Grisoutine B . .	Frankreich	88,0 % Ammonsalpeter, 11,75 % Sprengöl, 0,25 % Kollodiumwolle.	

Bezeichnung	Ursprungsland	Zusammensetzung	Bemerkungen
Grisoutine F . .	"	80,0 % Ammonsalpeter, 19,6 % Sprengöl, 0,4 % Kollodiumwolle.	
Grisoutine G . . (Gelignite à l'ammoniaque in Belgien)	"	70,0 % Ammonsalpeter, 29,4 % Sprengöl, 0,6 % Kollodiumwolle.	Explosionstemperatur 1850°. (Nach Henrotte.)
Favier Nr. Ia .	"	95,5 % Ammonsalpeter, 4,5 % Trinitronaphthalin.	
Favier Nr. Ib .	"	91,5 % Ammonsalpeter, 8,5 % Binitronaphthalin.	
Favier Nr. Ic . (Antigrisou Favier Nr. I in Belgien)	"	87,4 % Ammonsalpeter, 12,6 % Binitronaphthalin.	Explosionstemperatur 2139°. (Nach Henrotte.)
Tritorite . . .	Belgien	70,0 % Ammonsalpeter, 18,0 % Binitrobenzol, 11,0 % Kalisalpeter, 1,0 % Kohle.	Explosionstemperatur 2276°. Gehört in Belgien nicht zu den Explosifs de sûreté.
Densite	"	49,8 % Ammonsalpeter, 33,7 % Strontiumsalpeter, 16,5 % Trinitrotoluol.	Explosionstemperatur 2117°. Gehört in Belgien nicht zu den Explosifs de sûreté. Die Zurechnung zu den Ammonsalpetersprengstoffen ist nicht einwandfrei.
Veltérine Nr. I .	"	78,0 % Ammonsalpeter, 22,0 % trinitrokresylsaures Ammoniak.	Explosionstemperatur 2190°. Gehört in Belgien nicht zu den Explosifs de sûreté.
Antigrisou Favier Nr. II. . . .	"	80,9 % Ammonsalpeter, 11,7 % Binitronaphthalin, 7,4 % Chlorammon.	Explosionstemperatur 2040°.
Dynamite de sûreté	"	75,0 % Ammonsalpeter, 24,0 % Sprengöl, 1,0 % Kollodiumwolle.	Explosionstemperatur 1745°.
Flammivore . . .	"	85,0 % Ammonsalpeter, 10,0 % Kollodiumwolle, 5,0 % schwefelsaures Ammon.	Explosionstemperatur 1525°.
Nitroferrite Nr. I.	"	93,5 % Ammonsalpeter, 2,0 % Kaliumferricyanür, 2,5 % Zucker, 2,0 % Trinitronaphthalin.	Explosionstemperatur 1558°.
Explosif Lebeau ou Casteau Nr. I	"	90,0 % Ammonsalpeter, 10,0 % Nitrodextrin.	Explosionstemperatur 1626°.

Bezeichnung	Ursprungsland	Zusammensetzungen	Bemerkungen
Minolite	Belgien	87,0 % Ammonsalpeter, 3,0 % Natronsalpeter, 2,0 % pulverisiertes Quebracho, 3,0 % Binitronaphthalin, 5,0 % Trinitronaphthalin.	Explosionstemperatur 1916°.
Baelénite. . . .	„	85,0 % Ammonsalpeter, 15,0 % Trinitrotoluol.	Explosionstemperatur 1992°.
Ammonite . . .	England	87,0—89,0 % Ammonsalpet., 11,0—13,0 % Binitronaphthalin.	Gehört zu den permitted explosives.
Amvis	„	88,0—91,0 % Ammonsalpet., 4,0— 6,0 % Holzmehl, 4,0— 6,0 % Binitrobenzol, u. gechlortes Naphthalin.	desgl.
Elektronite . . .	„	71,0—75,0 % Ammonsalpet., 18,0 - 20,0 % Barytsalpeter, 7,0—10,0 % Holzmehl.	desgl.
Aphosite	„	58,0—62,0 % Ammonsalpet., 28,0—31,0 % Kalisalpeter, 3,5— 4,5 % Holzkohle, 3,5— 4,5 % Holzmehl, 3,0 % Schwefel,	desgl.
Bellite Nr. I . .	„	82,0—85,0 % Ammonsalpet., 15,0—18,0 % Binitrobenzol.	desgl.
Bellite Nr. III . .	„	92,0—95,0 % Ammonsalpet., 5,0— 8,0 % Binitrobenzol.	desgl.
Faversham Powder	„	84,0—86,0 % Ammonsalpet., 10,0—12,0 % Trinitrotoluol, 1,0— 2,0 % Chlorammonium, 2,0— 3,0 % Chlornatrium.	desgl.
Benedite	„	92,0—95,0 % Ammonsalpet., 5,0— 7,0 % Harz, dessen Schmelzpunkt nicht unter 74,7° C. liegt.	desgl.

b) Karbonite und wettersichere Gelatinedynamite. *α*) Die Karbonite sind Gemenge von etwa 25—30 % Sprengöl und je 25—40 % Mehl und Kali- oder Natronsalpeter. Bei einzelnen Zusammensetzungen finden sich noch einige Prozente an Salzen (Kaliumbichromat usw.), die aber für die Schlagwettersicherheit der Sprengstoffe nicht notwendig zu sein scheinen. Die wettersicheren Gelatinedynamite weisen ähnliche Zusammensetzungen auf. Jedoch ist der Kali- oder Natronsalpeter zum Teil durch Ammonsalpeter ersetzt.

Alle diese Sprengstoffe sind den Gelatinedynamiten ähnlich; nur ist der Gehalt an Zumischpulver auf Kosten des Nitroglyzerins stark vermehrt. Das Mehl bezw. der sonst benutzte Kohlenstoffträger ist in den Sprengstoffen in so starkem Überschusse vorhanden, dafs nach Mafsgabe des verfügbaren Sauerstoffes der Kohlenstoff gröfstenteils nicht zu Kohlensäure verbrennen kann. Die Nachschwaden enthalten deshalb nicht unerhebliche Kohlenoxydmengen und sind in der Regel brennbar.

Die Karbonite gefrieren infolge ihres Sprengölgehaltes bei einer unter 8 ^{0} C. liegenden Temperatur. Für zähes, festes Gestein sind die Karbonite weniger geeignet und sind in dieser Beziehung den Ammonsalpetersprengstoffen unterlegen. Dagegen besitzen sie eine sehr hohe Schlagwettersicherheit. Bei den wettersicheren Gelatinedynamiten ist die Sprengkraft gröfser, aber die Schlagwettersicherheit geringer. Die Lagerfähigkeit der Sprengstoffe ist gut. Zur sicheren Zündung mufs man Sprengkapseln Nr. 5 oder Nr. 6 benutzen.

β) Das Kohlenkarbonit (der Karbonitfabrik zu Schlebusch) sieht schmutzig-weifsgrau aus und bildet eine zusammenhaftende, unter Druck leicht zerbröckelnde Masse, die zufolge des Mehlgehaltes nach Brotteig riecht. Die Zusammensetzung ist:

25,0 % Sprengöl,
34,0 % Kalisalpeter,
39,5 % Mehl (einschl. 2,5 % Wasser),
1,0 % Barytsalpeter,
0,5 % kohlensaures Natron.

Herstellung: Salpeter und Mehl werden nach sorgfältiger Trocknung und feinster Vermahlung gemischt. Die Verarbeitung dieses Pulvers mit Nitroglyzerin erfolgt in besonderen Mischmaschinen in der Weise, dafs in das durch Flügel umgerührte Pulver Nitroglyzerin in feinen Strahlen einfliefst. Hierdurch wird eine sehr innige Mischung und aufserordentliche Gleichmäfsigkeit in der Zusammensetzung erzielt und erreicht.

Zersetzungsgleichung: $144\, C_6H_{10}N_6O_{18} + 880\, KNO_3 + 596\, C_6H_{10}O_5 + 363\, H_2O + 10\, BaN_2O_6 + 12\, Na_2CO_3 = 1648\, CO_2 + 2342\, CO + 1647\, H_2O + 2416\, H_2 + 877\, N_2 + 440\, K_2CO_3 + 10\, BaCO_3 + 12\, Na_2CO_3$.

$v_0 = 763$ l,
$t = 1845^0$ C.,
$Q = 628$ Kalorien,
$A = 266\,900$ mkg,
$f = 6115$ kg,
$\alpha = 0{,}763$ l,
$L = 1{,}15$.

Ein Sprengstoff mit gleicher Zusammensetzung wird unter der Bezeichnung Wittenberger Wetterdynamit von der Westfälisch-Anhaltischen Sprengstoff-Aktiengesellschaft zu Berlin hergestellt.

Die Karbonitfabrik liefert aufserdem die Sprengstoffe Kohlenkarbonit I und Kohlenkarbonit II, die sich durch kräftigere Sprengwirkungen gegenüber dem Kohlenkarbonit auszeichnen, ferner für England einen Sprengstoff Carbonite, für den nicht Getreidemehl, sondern Lohmehl verwandt wird. Kohlenkarbonit I und II besitzen ein höheres, Carbonite ein niedrigeres Ladegewicht als Kohlenkarbonit.

Die Zusammensetzung der drei Sprengstoffe ergibt sich aus folgender Zusammenstellung:

	Kohlen-karbonit I %	Kohlen-karbonit II %	Carbonite %
Sprengöl	25,0	30,0	25,0
Kalisalpeter	—	—	30,5
Natronsalpeter	30,5	24,5	—
Weizenmehl	39,5	40,5	—
Lohmehl	—	—	40,0
Kaliumbichromat	5,0	5,0	—
Barytsalpeter	—	—	4,0
Soda	—	—	0,5

Die Wettersicherheit[1]) der vier Karbonite ist ungefähr gleich grofs und liegt nach neuen Versuchen auf der Versuchsstrecke

[1]) Zu vergl. Anm. 1) S. 102.

bei Bismarck i. W. in 8 %igen Schlagwettergemischen bei etwa 1000—1100 g Ladung. (Siehe Seite 78.) Dagegen ist die Schlagwettersicherheit des Wittenberger Wetterdynamits auf 1200—1300 g festgestellt, liegt also merkwürdigerweise höher. Es dürfte dies auf andere Fabrikationsweise zurückzuführen sein.

Die rechnungsmäfsigen Explosionstemperaturen stellen sich für:

Kohlenkarbonit I auf 1868° C.,
Kohlenkarbonit II „ 1821° C.

Die von je 1000 g Sprengstoff entwickelten Wärmemengen sind 652 bezw. 633 Kalorien.

γ) Phönix I (hergestellt von den Sprengstoffwerken Dr. R. Nahnsen & Co., Hamburg). Die Zusammensetzung ist:

30 % Sprengöl,
32 % Natronsalpeter,
38 % Roggenmehl.

Herstellung: Salpeter und Mehl werden sorgfältig getrocknet, durch Siebe gerieben und auf das Innigste mit Sprengöl verarbeitet.

Die Farbe des Sprengstoffes ist gelb bis hellbraun. Die Masse ist wenig plastisch. Das spezifische Gewicht ist 1,44—1,5.

Die Explosionszersetzung lautet:

$$30\,C_6H_{10}N_6O_{18} + 171\,NaNO_3 + 100\,C_6H_{10}O_5 + 60\,H_2O = 331\,CO_2 + 364\,CO + 331\,H_2O + 379\,H_2 + 175\,N_2 + 85{,}5\,Na_2CO_3.$$

$v_0 = 781$ l,
$t = 2073°$ C.,
$Q = 765$ Kalorien,
$A = 325\,125$ mkg,
$f = 6933$ kg,
$\alpha = 0{,}781$ l.

Über Schlagwettersicherheit siehe S. 78. Der Sprengstoff steht in England auf der „special list".

δ) Die wettersicheren Gelatinedynamite besitzen etwa gleichen Sprengölgehalt wie die Karbonite. Das Nitroglyzerin pflegt jedoch gelatiniert zu sein. Als Salpeter wird Ammoniumnitrat benutzt, was die Brisanz der Sprengstoffe erhöht. Der Gehalt an Kohlenwasserstoffen wechselt nach Beschaffenheit und Menge stark.

Zwei derartige Zusammensetzungen der Westfälisch-Anhaltischen Sprengstoff-A.-G. zu Berlin sind:

	Wettersicheres Gelatinedynamit I %	Wettersicheres Gelatinedynamit II %
Sprengöl	40,0	29,6
Kollodiumwolle	1,0	0,4
Ammonsalpeter	27,0	32,0
Kalisalpeter	4,0	6,0
Seife	12,5	10,0
Roggenmehl	10,0	17,0
flüssiger Kohlenwasserstoff	3,5	3,0
Holzmehl	2,0	2,0

Von diesen beiden Sprengstoffen besitzt das wettersichere Gelatinedynamit II die gröſsere Schlagwettersicherheit. Es hat sich auf den Versuchstrecken mit 500 g als sicher erwiesen.

ε) Gelatinekarbonit ist ein von der Karbonitfabrik zu Schlebusch seit 1903 auf den Markt gebrachter Sprengstoff, der durch seine Zusammensetzung bemerkenswert ist. Er besteht aus:

25,3 % Sprengöl,
0,7 % Kollodiumwolle,
6,9 % Gelatine (bestehend aus 1 Teil Glyzerin und 3,5 Teilen Leim),
25,6 % Chlornatrium,
41,5 % Ammonsalpeter.

Der Sprengstoff schlieſst sich also zum Teil an die Karbonite und zum Teil an die Ammonsalpetersprengstoffe an und fällt insbesondere durch den hohen Chlornatriumgehalt auf. Die Schlagwettersicherheit ist hoch, wenn auch nicht so hoch wie die der Karbonite. Der Sprengstoff hat sich auf der Gelsenkirchener Versuchsstrecke mit 500 g als sicher erwiesen, wobei die Bleimörserausbauchung 317 ccm betrug. Die sichernde Wirkung des Kochsalzes ist nicht zu verkennen.

Der Sprengstoff hat das hohe spezifische Gewicht von 1,6, so daſs eine Ladegewicht von 1,3—1,4 mindestens erreichbar sein wird. Er ist weich und plastisch und läſst sich gut in das Bohrloch einpressen. Der Kenntlichkeit wegen wird der Sprengstoff blau gefärbt geliefert.

ζ) Nobelit (hergestellt von der Dynamit Aktiengesellschaft vorm. Alfred Nobel & Co. zu Hamburg) besteht aus:

28,0 % Sprengöl,
0,7 % Kollodiumwolle,
11,0 % Dextrin,
0,5 % Holzöl,
39,7 % Ammonsalpeter,
2,5 % Holzmehl,
17,6 % Chlornatrium.

Die Zusammensetzung ähnelt also sehr derjenigen des Gelatinekarbonits. Auch bezüglich der Wirkung und Schlagwettersicherheit dürfte der Unterschied nicht erheblich sein. Nach Versuchen auf der Saarbrücker Versuchsstrecke bei Neunkirchen sind Ladungen von 600 g, unbesetzt aus dem Mörser verschossen, sicher gegenüber entzündlichen Schlagwettergemischen.

η) Andere zur Gruppe der Karbonite und wettersicheren Gelatinedynamite gehörigen Sprengstoffe, die in England gebraucht werden und zu den „permitted explosives" gehören, sind in der folgenden Tabelle zusammengestellt:

Britonit .	25,0—27,0 %	Sprengöl,
	31,0—34,0 %	Kalisalpeter,
	39,0—43,0 %	Holzmehl,
	0,5 %	kohlensaures Natron.
Cambrit .	25,0—27,0 %	Sprengöl,
	3,5— 4,5 %	Barytsalpeter,
	28,0—32,0 %	Kalisalpeter,
	39,0—42,0 %	Holzmehl,
	0,5 %	geschwefeltes Benzol,
	0,5 %	kohlensaures Natron.
Clydit . .	25,0—27,0 %	Sprengöl,
	32,0—36,0 %	Barytsalpeter,
	38,5—41,5 %	Holzmehl,
	0,6 %	geschwefeltes Benzol,
	0,5 %	kohlensaures Natron.
Dragonit .	34,0—37,0 %	Sprengöl,
	2,0— 3,0 %	Schiefsbaumwolle,
	43,0—46,0 %	Kalisalpeter,
	5,0— 6,0 %	Vaselin,
	11,0—13,5 %	Holzmehl und Holzkohle.

Kynit . .	25,0—27,0 %	Sprengöl,
	30,0—36,0 %	Barytsalpeter,
	39,0—42,0 %	Holzmehl,
	0,5 %	Kreide.
Normannit	32,5—34,5 %	Sprengöl,
	1,0— 2,0 %	Schiefsbaumwolle,
	42,5—46,5 %	Kalisalpeter,
	7,0— 9,0 %	Holzmehl,
	1,0— 2,0 %	Holzkohle,
	10,0—12,0 %	oxalsaures Ammon.
Pitit . .	25,0—27,0 %	Sprengöl,
	31,0—35,0 %	Barytsalpeter,
	40,0—43,0 %	Holzmehl.
	0,5 %	kohlensaures Natron.
Victorit .	25,0—27,0 %	Sprengöl,
	32,0—36,0 %	Barytsalpeter,
	38,5—41,5 %	Holzmehl,
	0,5 %	geschwefeltes Benzol,
	0,5 %	kohlensaures Natron.

c) Wetterdynamite. *α*) Ursprünglich hat man mit diesem Namen nitroglyzerinhaltige Sprengstoffe bezeichnet, denen in gröfserer Menge verdampfbare Salze beigemischt sind. Durch die Verdampfung der Salze selbst bezw. ihres Kristallwassers soll die Explosionstemperatur erniedrigt werden. Solche Salze sind Magnesiumsulfat; kohlensaures, schwefelsaures, phosphorsaures Natron; oxalsaures Ammoniak u. a. mehr.

In späteren Jahren ist freilich der Name Wetterdynamit auch für andere Sprengstoffe angewandt worden, wie die Benennungen auf Seite 108 und Seite 112 beweisen.

Die älteren Wetterdynamite wurden besonders in der ersten Zeit, als die Sicherheitssprengstoffe zur Bedeutung gelangten, in den Vordergrund geschoben und in den verschiedensten Mischungsverhältnissen vorgeschlagen. Die Wetterdynamite haben sich aber auf die Dauer nicht halten können und sind zumeist wieder verschwunden. In Deutschland werden sie gar nicht mehr gebraucht, und auch in den übrigen Ländern ist ihr Absatz gering. Die Schlagwettersicherheit der Wetterdynamite läfst sehr zu wünschen übrig. Anscheinend tritt eine völlige Vergasung der beigemengten Salze und dementsprechende Ermäſsigung der Explosionstemperatur nicht ein.

β) In der folgenden Tabelle sind einige dieser Sprengstoffe aufgezählt.

Bezeichnung	Ursprungsland	Zusammensetzung	Bemerkungen
Bikarbonat-Wetterdynamit	Deutschland und Österreich	52 % Sprengöl, 13 % Kieselguhr, 35 % Kristallsoda.	Hergestellt von der Rheinischen Dynamitfabrik Opladen.
Wetterdynamit	England	40 % Dynamit, 45 % oxalsaures Ammoniak, 15 % Natronsalpeter.	
Wetterdynamit } Grisoutine D }	{ Deutschland { Frankreich	40—45 % Sprengöl, 10—12 % Kieselguhr, 42—49 % schwefelsaure Magnesia, 1 % kohlensaures Natron.	
Grisoutite (od. Forcite antigrisouteuse Nr. 2, nach belgischer Bezeichnung	Frankreich und Belgien	42—46 % Sprengöl, 9—12 % Zellulose, 44—46 % schwefelsaure Magnesia.	Die Explosionstemperatur liegt nach Henrotte bei Explosion im geschlossenen Gefäſse bei etwa 1300° C.
Nobel Ardeer Powder	England	31—34 % Sprengöl, 11—14 % Kieselguhr, 47—51 % schwefelsaure Magnesia, 4—6 % Kalisalpeter.	Gehört zu den „permitted explosives“.

F. Sonstige Sprengmittel.

1. **Knallquecksilber, Fulminat** (fulminate de mercure; fulminate of mercury). Die chemische Zusammensetzung und die Zersetzungsgleichung wird, wie folgt, angenommen:

$$HgC_2N_2O_2 = Hg + 2\,CO + N_2.$$

Herstellung: Eine Lösung von Quecksilber in Salpetersäure wird in ein Alkohol enthaltendes Glasgefäſs überfüllt. Nach einiger Zeit beginnt unter Erwärmung der Flüssigkeit eine lebhafte Reaktion, wobei Dämpfe von Kohlensäure, Quecksilbergas, Äther, Stickoxyd und anderen Gasen sich entwickeln und das Knallquecksilber in kleinen, weiſslich grauen Kristallnadeln sich abscheidet. Dieses wird abfiltriert, sorgfältig gewaschen und getrocknet.

Das Knallquecksilber besitzt einen süfslichen, metallischen Geschmack und ist sehr giftig. Es ist in kaltem Wasser unlöslich, in heifsem Wasser in geringem Grade (1 : 130) löslich. Auf 186° erhitzt, detoniert es. Auch durch Schlag oder Reibung kann die Explosion leicht eingeleitet werden, so dafs die gröfste Vorsicht bei Handhabung des Knallquecksilbers und der damit gefüllten Sprengkapseln anzuraten ist. Durch Aufnahme von Wasser wird das Knallquecksilber schwer explosibel. Nach Hefs explodiert es auch im feuchten Zustande mit voller Kraft, wenn es durch eine kleine Menge trockenen Knallquecksilbers gezündet wird (zu vergl. S. 138). Die Dichtigkeit beträgt 4,43. Zufolge der hohen Ladedichte, die mit Knallquecksilber erreicht werden kann, und der grofsen, ihm innewohnenden Explosionsgeschwindigkeit sind die Explosionswirkungen aufserordentlich heftig.

Das Knallquecksilber dient wegen seiner Gefährlichkeit nicht unmittelbar für Sprengzwecke. Hauptsächlich wird es zur Füllung der Sprengkapseln (s. d.) benutzt und hierfür mit Salpeter oder chlorsaurem Kali gemischt.

Die übliche Mischung besteht aus etwa 85 % Knallquecksilber und 15 % chlorsaurem Kali.

Nach der Zersetzungsgleichung sind für reines Knallquecksilber:

$$v_0 = 314{,}6 \text{ l},$$
$$t = 3453^0 \text{ C.},$$
$$Q = 411{,}2 \text{ Kalorien},$$
$$A = 174\,772 \text{ mkg},$$
$$f = 4450 \text{ kg},$$
$$\alpha = 0{,}314 \text{ l}.$$

2. **Sprengels Sprengstoffe.** Dr. Hermann Sprengel hat im Jahre 1873 vorgeschlagen, Sprengstoffe zu benutzen, die erst jedesmal kurz vor Ausführung der Sprengarbeit durch Mischung der beiden, den Sprengstoff bildenden Bestandteile hergestellt werden sollten. Als geeignet hiefür gab er unter anderem Mischungen von rauchender Salpetersäure mit brennbaren Stoffen an. Als brennbare Bestandteile können nur solche Stoffe in Frage kommen, die von der Salpetersäure nicht zerstört werden. Es sind insbesondere Mischungen von Salpetersäure mit Pikrinsäure oder mit Nitrobenzol oder mit Binitrobenzol (Hellhoffit) vorgeschlagen worden. Ähnliche Mischungen sind die von Turpin

angegebenen Panklastite. Die Explosion solcher Sprengflüssigkeiten geht mit Hilfe einer Sprengkapsel leicht vor sich.

Eine praktische Bedeutung können derartige Sprengstoffe für den Bergbau nicht erlangen, da die Unzuträglichkeiten, die die Handhabung der Salpetersäure und ähnlicher Flüssigkeiten mit sich führt, zu grofs sind.

Gewissermafsen als Gegensatz der Sprengel'schen sauren Sprengstoffe kann man die von demselben Erfinder angegebenen Sprengmittel ansehen, die aus flüssigen Kohlenwasserstoffen und dem als Sauerstoffträger beigemischten, chlorsauren Kali bestehen. Als Kohlenwasserstoffe hat man Petroleum oder Nitrobenzol verwandt (Rackarock). Auch diese Sprengmittel sind ebenso wie einige ähnliche Vorschläge (Prométhée-Sprengstoffe) ohne Bedeutung für den Bergbau geblieben.

3. **Oxyliquit.** Ein ebenfalls flüssiger Sprengstoff ist das sogenannte Oxyliquit. Bei diesem Sprengmittel wird flüssige Luft als Sauerstoffträger benutzt. Das Verfahren ist von Professor Linde in München angegeben worden, dem bekanntlich die Verflüssigung der Luft mit verhältnismäfsig einfachen Mitteln zuerst gelungen ist.

In flüssiger Luft reichert sich durch stärkeres Verdunsten des Stickstoffes Sauerstoff an. Nach den Angaben der belgischen Patentschrift mischt man in flüssige Luft mit angereichertem Sauerstoffgehalt Kohlenstaub, Holzmehl, Schwefel, Petroleum oder dergleichen. Es kommt hierbei darauf an, dafs der Kohlenstoffträger dem flüssigen Sauerstoffe eine grofse Angriffsfläche bietet. Bei Verwendung von flüssigen Kohlenstoffträgern tut man deshalb gut, diese zuvor in eine geeignete Form zu bringen. Bei Petroleum läfst sich das dadurch erreichen, dafs man es von Wolle aufsaugen läfst und in diesem Zustande in die Patrone einführt.

Die Sprengpatronen sollen erst an dem Verbrauchsorte selbst gefertigt werden, indem man den flüssigen Sauerstoff und den Kohlenstoffträger in Papierhüllen schüttet, die keine zu grofse Fähigkeit, die Wärme zu leiten, besitzen dürfen. Unmittelbar in das Bohrloch darf der Sprengstoff nicht gebracht werden, weil alsdann die Verdunstung des flüssigen Sauerstoffes zu lebhaft wird.

Auf gewöhnliche Weise angezündet, verbrennen die Patronen. Unter der Einwirkung von Sprengkapseln ergeben sich dagegen heftige Explosionen. Professor W. Schulz[1]) hat berechnet, dafs bei einem Gehalte von 50 % Sauerstoff in der flüssigen Luft die günstigste Mischung mit Holzkohlenpulver bei der Explosion 1200 Kalorien auf 1 kg entwickelt. Ein solcher Sprengstoff wäre also stärker als Dynamit.

Das vorgeschlagene Sprengmittel besitzt zweifellos den Vorzug einer grofsen Billigkeit, wenn die flüssige Luft an Ort und Stelle erzeugt werden kann. Ferner ist die Ungefährlichkeit bei der Handhabung und das Fortfallen der lästigen und stets mit Gefahr verknüpften Lagerung der Sprengmittel hervorzuheben. Trotzdem ist an eine allgemeine Einführung des Sprengstoffes in die Praxis wohl kaum zu denken. Die flüssige Luft mufs eine Temperatur von mindestens — 191° besitzen, um überhaupt in flüssigem Zustande bestehen zu können. Jede Wärmezufuhr mufs also durch eine lebhafte Verdampfung ausgeglichen werden. Auf die Sprengladung darf man als Besatz nur losen Sand bringen, durch den die verdampfende Luft fortwährend entweichen kann. Infolge der unvermeidlichen, andauernden Verdampfung der Luft ändert sich das Mischungsverhältnis der Sprengladung ununterbrochen, bis nach einem Zeitraume von 10—20 Minuten die Patrone ihre Explosionsfähigkeit verloren hat. Es liegt auf der Hand, dafs ein solcher Sprengstoff praktische Bedeutung für unterirdische Betriebe nicht wird erlangen können.

4. **Die Pikrinsäure** (acide picrique; picric acid) ist Trinitrophenol, das sich nach folgender Formel zersetzt:

$$2\,C_6H_2(NO_2)_3OH = CO_2 + H_2O + 11\,CO + 2\,H_2 + 3\,N_2.$$

Hiernach bestehen die Nachschwaden zu fast $^2/_3$ aus Kohlenoxyd und zu mehr als $^2/_3$ aus brennbaren Gasen (Kohlenoxyd und Wasserstoff).

Es ist:

$$t = 2832^0 \text{ C.},$$
$$Q = 873{,}2 \text{ Kalorien},$$
$$f = 9780{,}6 \text{ kg}.$$

Der Sprengstoff explodiert aufserordentlich heftig und schnell, wenn er durch eine starke Sprengkapsel oder eine darauf gesetzte Ladung von Schiefsbaumwolle gezündet wird.

[1]) Glückauf, 1898, Nr. 17, S. 341. Die Benutzung der flüssigen Luft zur Darstellung von Sprengstoffen, W. Schulz.

Die Pikrinsäure bildet lange, flache Kristalle von gelber Farbe. Der Sprengstoff läfst sich schmelzen und wird in diesem Zustande in Granaten gegossen, worin er erkaltet. Er besitzt alsdann eine Dichte von 1,6. Die Pikrinsäure wird hauptsächlich für militärische Zwecke benutzt. Das französische Melinit und das englische Lyddit ist im wesentlichen geschmolzene Pikrinsäure. Für Sprengzwecke kann sie wichtig sein, wenn es darauf ankommt, in dauernder Kälte (z. B. in den Eisregionen) Sprengungen vorzunehmen. Nach den Untersuchungen des Bergassessors Fähndrich kann die Pikrinsäure bis — 75 ^{0} abgekühlt werden, ohne ihre gute Explosionsfähigkeit zu verlieren.

Für den Gebrauch bei hohen Kältegraden können übrigens auch Ammonsalpetersprengstoffe in Frage kommen, wenn man für gute, trockene Aufbewahrung Sorge zu tragen in der Lage ist.

Sprengkapsel und Zündschnüre verlieren nach den Fähndrich'schen Untersuchungen ihre Wirksamkeit bei hoher Kälte nicht.

5. **Die rauchlosen Pulver** (poudres sans fumée; smokeless powders) haben wegen des hohen Preises einstweilen für die Sprengarbeit zwar kaum Interesse, mögen aber der Vollständigkeit halber kurz erwähnt werden. Sie beruhen darauf, dafs Kollodiumwolle in gewissen Lösungsmitteln (Azeton, Ätheralkohol) sich zu Gelatine löst und nach Abdampfen des Lösungsmittels eine feste Haut bildet, die weiter verarbeitet werden kann. Infolge dieser Herstellung geht die Explosionsschnelligkeit der Schiefsbaumwolle so weit zurück, dafs die Verwendung als Schiefsmittel möglich wird. Bei der einen Reihe von rauchlosen Pulvern ist es Kollodiumwolle allein, die der angedeuteten Behandlung unterworfen wird (Schultzepulver, Blättchenpulver), bei einer zweiten Reihe ist es Kollodiumwolle in Verbindung mit Sprengöl (Ballistit, Kordit). Die dem rauchlosen Pulver gegebene Form ist diejenige von dünnen Blättchen für Gewehre und von Würfeln oder Röhren für Geschütze. Die Rauchlosigkeit dieser Pulver rührt daher, dafs keinerlei feste Rückstände sich aus der Explosion ergeben.

6. **Aluminiumsprengstoffe.** Schon auf S. 105 ist Aluminium als Zusatz zu Ammonsalpetersprengstoffen erwähnt. Auch für andere Sprengstoffe ist sowohl Aluminium wie Magnesium als zweckmäfsige Beimischung empfohlen worden.

Die beiden genannten Leichtmetalle ergeben bei der Verbrennung eine sehr hohe Temperatur, die die bekannte starke Lichtwirkung zur Folge hat (Blitzlicht). Mischt man fein pulverisiertes Aluminium einem Sprengstoffe zu, so beteiligt sich das Metall an der Explosionszersetzung und erhöht die Explosionstemperatur. Hierdurch werden die gasförmigen Explosionserzeugnisse ausgedehnt und gewissermafsen noch besonders nachgeheizt [1]).

Die Fabrikation des Aluminiums ist in den letzten Jahren so verbilligt worden, dafs der Preis der Verwendung für Sprengmittel nicht mehr hindernd im Wege steht.

Das österreichische technische Militärkomitee hat die Aluminiumsprengstoffe nach verschiedenen Richtungen hin erprobt. General Hefs gibt an, dafs eine Steigerung der Sprengwirkung tatsächlich durch das Metallpulver erzielbar ist. Diese Steigerung hängt sehr von der Reinheit des angewandten Aluminiums sowie von dem Feinheitsgrade und von der Innigkeit der Mischung der Bestandteile ab.

Es besteht bei allzu grofser Feinheit des Aluminiums aber auch die Gefahr, dafs eine vorzeitige allmähliche Reaktion der Bestandteile untereinander eintritt, was die Haltbarkeit des Sprengstoffes beeinträchtigt.

Mischt man Aluminiumpulver schwarzpulverähnlichen Sprengstoffen zu, so leidet die Zündfähigkeit.

Ob der aus der Verbrennung des Aluminiums sich ergebende feste Rückstand in der Form des harten Schmirgels auftritt, ist noch nicht näher untersucht.

Was die wirtschaftliche Bedeutung der neuen Sprengmittel betrifft, so scheinen sie günstigenfalls so viel mehr zu leisten, als ihr Preis gemäfs der Beigabe des Aluminiums teurer wird. Ammonsalpetersprengstoffe mit dem Metalle als Beimischung scheinen gegen Stofs und Schlag empfindlicher zu werden. Die Schlagwettersicherheit dürfte ungünstig durch den Metallzusatz beeinflufst werden.

---

[1]) Neuerungen im Spreng- und Zündmittelwesen, von Ph. Hefs, Artillerie-General-Ingenieur zu Wien. Vortrag, gehalten auf dem allgemeinen Bergmannstage zu Wien, 1903.

IV. Unglücksfälle bei der Schiefsarbeit.

Diejenigen Verunglückungen, die durch das Verhalten der Zündmittel verursacht werden, sind in dem Zweiten Teile „Zündung der Sprengschüsse“ bei den einzelnen Zündverfahren näher besprochen. An dieser Stelle können ferner die durch die Schiefsarbeit veranlafsten Schlagwetter- und Kohlenstaubexplosionen und deren Folgen aufser Betracht bleiben.

Viele Unfälle bei der Schiefsarbeit entspringen daraus, dafs der Mann zu frühzeitig an den Sprengort zurückkehrt oder, wie der Bergmann sagt, „in den Schufs läuft“. Häufig glaubt der Arbeiter, dafs ein sonst in der Nähe abgegebener Schufs der von ihm selbst entzündete ist. Bei mehreren Schüssen hat er sich vielleicht in der Zahl der schnell aufeinanderfolgenden Knalle getäuscht. Er kehrt vor den Sprengort zurück und fällt dem Schusse zum Opfer. Auch kommt es vor, dafs der Bergmann sofort nach dem Schusse in den stärksten Qualm zurückgeht, um sich von der Sprengwirkung zu überzeugen, und dafs er alsdann in dem Dunkel des Rauches von dem nachträglich fallenden Gestein erschlagen wird. Hiergegen kann nur strenge Disziplin und die Erziehung der Bergleute dahin wirken, nach dem Schusse mindestens 5—10 Minuten bis zum Wiederbetreten des Ortes zu warten.

Andererseits kann unter Umständen der Schufs später kommen, als es der Regel nach sein soll. Die verspätete Explosion kann durch ein teilweises Auskochen der Ladung oder durch die Unzulänglichkeit der Zündmittel verursacht sein (zu vergl. S. 13 u. 14). Es ist schwierig, Schutzmafsregeln gegen solche Spätschüsse anzugeben. Eine angemessene Wartezeit nach dem Schusse wird in jedem Falle angebracht sein und die Sicherheit der Mannschaft erhöhen.

Bei Verwendung von Schwarzpulver und offenem Licht sind Verbrennungen durch zufällig entzündete Pulverpatronen nichts Seltenes.

Durch übermäfsig starkes Einstampfen von Schwarzpulver und Dynamit oder durch gewaltsames Einstofsen des Besatzes entstehen namentlich dann vorzeitige Explosionen, wenn metallene Stampfer benutzt werden. Es ist ein weitverbreiteter Irrtum, zu glauben, dafs bei Verwendung von hölzernen oder mit Kupferhut versehenen Ladestöcken jede Gefahr ausgeschlossen ist. Schon die heftige Reibung der Patrone auf der harten und rauhen Bohrlochswandung kann allein zur vorzeitigen Explosion führen. Eine andere Art von Unfällen ist auf einzelne, nicht explodierte Patronen zurückzuführen, mögen diese als Versager oder sonst unbeachtet im Loche verblieben oder in das Haufwerk gelangt sein. Sie können entweder angebohrt oder bei der Tätigkeit mit der Keilhaue oder der Schaufel getroffen werden, hierdurch zur Explosion gelangen und die Mannschaft verletzen.

Diese Gefahren werden besonders dann erhöht, wenn nitroglyzerinhaltige Sprengstoffe in gefrorenem Zustande zur Verwendung gelangen. Gewerbeinspektor Denker-Gummersbach hat auf dem V. Internationalen Kongresse für angewandte Chemie zu Berlin folgende diesbezügliche Statistik mitgeteilt:

Übersicht über die im Jahre 1901 in England bei der Verwendung nitroglyzerinhaltiger Sprengstoffe vorgekommenen Unfälle, welche sich ereigneten:

Aus nachbenannten Ursachen:	In den Monaten: Januar	Februar	März	April	Mai	Juni	Juli	August	September	Oktober	November	Dezember
1. Besetzen	3	4	4	1	—	—	—	—	1	—	1	1
2. Anbohren nicht explodierter Ladungen . .	1	1	2	—	1	—	—	—	—	—	1	—
3. Gewaltsame Berührung von Sprengstoffen im Geröll	3	2	1	1	1	—	—	—	1	—	—	1
Summe	7	7	7	2	2	—	—	—	2	—	2	2

Aus der Zusammenstellung geht hervor, dafs die gröfste Zahl derartiger Unfälle mit nitroglyzerinhaltigen Sprengstoffen in den ersten 3 Monaten des Jahres vorkommt, während dieselben im Sommer fast ganz verschwinden. Die 5 Monate Juni bis einschl. Oktober weisen nur zwei Unfälle auf, während in den 7 Monaten November bis einschl. Mai 29 solcher Unfälle vorgekommen sind.

Um Versager unschädlich zu machen, ist es die sicherste und beste Methode, den Besatz nach dem Vorschlage des Bergwerksdirektors Meyer zu Herne mit Wasser herauszuspülen. Wo dieses nicht angängig ist, mufs ein neues Loch gebohrt werden, das aber unter keinen Umständen in das alte stofsen darf.

Eigentliche Erstickungen in den Sprengstoffnachschwaden werden selten eintreten. Nur wenn eine besonders grofse Schufszahl vor einem Orte mit schlechter Bewetterung abgegeben ist, kann der Sauerstoffmangel so grofs werden, dafs Erstickung zu befürchten ist. Leichter sind Vergiftungen möglich, nämlich dann, wenn die Nachschwaden mit Kohlenoxyd geschwängert sind. Derartige Fälle sind bei Verwendung von Dynamit in der Kohle mehrfach beobachtet worden, wobei allerdings wohl das Kohlenoxyd nicht aus dem Sprengstoffe selbst, sondern aus der Verbrennung von Kohlenstaub herrührte[1]). Es lagen sehr wahrscheinlich leichte Kohlenstaubexplosionen vor, die im übrigen als solche nicht erkannt wurden. Bei den bergmännischen Sprengstoffen finden sich in den Nachschwaden gröfsere Mengen Kohlenoxyd nur bei den Karboniten und dem Schwarzpulver, wie die Tabelle auf Seite 16 erkennen läfst. Vergiftungen in derartigen Nachschwaden sind vor engen, ungenügend bewetterten Arbeitspunkten immerhin nicht ausgeschlossen, wenn man bedenkt, dafs ein mit nur $^1/_2$ % Kohlenoxyd geschwängertes Luftgemisch bei längerer Einwirkung bereits tödlich wirkt. Bei Schüssen, die ganz oder teilweise ausgekocht haben, sind die giftigen Wirkungen der Stickoxyddämpfe zu fürchten.

---

[1]) Tödliche Verunglückungen in Kohlenoxydgas zufolge Verwendung von Dynamit bei der Schiefsarbeit in der Kohle; vom Verfasser; „Glückauf“ 1899, Nr. 17, S. 311ff.

V. Vernichtung von Sprengstoffen.

Schwarzpulver wird am besten in fließendes Wasser geworfen, wenn Schädigungen von Menschen oder Tieren infolge Lösung des Salpeters nicht zu befürchten sind. Wo kein geeignetes, fließendes Wasser zur Verfügung steht, kann man Wasserbehälter nehmen und in diesen durch Umrühren des Pulvers die Auflösung des Salpeters bewirken. Ohne Zuhilfenahme von Wasser muß man das Pulver in einer langen dünnen Linie ausstreuen und mittelst Zündschnur am einen Ende anzünden.

Dynamitpatronen legt man, nachdem zweckmäßig das Patronenpapier entfernt ist, mit ihren Enden aneinander und zündet die erste Patrone durch ein Stückchen Zündschnur (ohne Kapsel) oder mittelst darüber gelegten Papiers an. Da der Eintritt einer plötzlichen Explosion der Masse nicht unmöglich ist, muß man sich in angemessene Entfernung zurückziehen. Die Patronensäule ist so zu legen und anzuzünden, daß etwaiger Wind die Flamme vom Sprengstoffe wegtreibt, weil anderenfalls das Feuer zu lebhaft wird und unter Umständen zur Explosion führt. Gefrorenes Dynamit ist besonders vorsichtig zu behandeln, da bei ihm die Verbrennung leicht in Explosion übergehen kann. Es darf nicht gebrochen werden. Kleinere Mengen Dynamit kann man brockenweise in offenes Feuer schieben, oder man bringt die Patronen einzeln mittelst Sprengkapseln zur Explosion.

Wasser ist zur Vernichtung von Dynamit in keinem Falle anzuwenden, da es das Sprengöl zurückläßt und dieses unter Umständen noch Unheil anrichten kann.

Karbonite und Wetterdynamite sind wie Dynamit zu behandeln.

Ammonsalpetersprengstroffe sind, insoweit sie kein Sprengöl oder giftige Stoffe (Binitrobenzol, doppelchromsaures Kali usw.) enthalten, in Wasser zu werfen. Oder aber man wirft sie stückweise in offenes Feuer.

Sprengkapseln sind mittelst Zündschnur zur Explosion zu bringen.

Zweiter Teil.

Die Zündung der Sprengschüsse.

I. Die Zündung durch einen offenen Zündkanal.

Die Zündung durch einen offenen, bis zur Sprengladung reichenden Zündkanal (Zündspur; ménagé par l'épinglette; opening in the tamping, canal) ist die einfachste Schufszündung und bürgerte sich zugleich mit der Einführung der Sprengarbeit ein.

Beim alten Pflockbesatz war der Zündkanal bereits im Holzpfropfen vorhanden. Beim Lettenbesatz wird er mittelst der kupfernen oder messingnen, konischen Schiefsnadel (Räumnadel; épinglette; needle, pricker) offen gehalten.

In den Kanal wurde früher loses Pulver hineingefüllt. Jetzt verwendet man Raketchen, die durch Füllen von Strohhalmen oder Papierröhrchen mit feinkörnigem Jagdpulver hergestellt werden (Halm- oder Raketchenzündung). Es ist nicht nötig, dafs der Halm oder das Raketchen bis in die Pulverladung reicht. Vielmehr schlägt das Pulver auf ziemlich bedeutende Längen durch den Zündkanal, wobei der Halm zufolge des Rückstofses der Gase bis zur Ladung getrieben wird. In der Regel beträgt die Länge der Pulverhalme nur 15—20 cm.

Statt der eigentlichen Raketchen kann man eine einfache Pulverspur, die bis in die Sprengladung reichen mufs, verwenden. Man benutzt hierfür Papierröllchen, Schilffasern, Rohrsplitter oder dergleichen, die mit Pulverbrei bestrichen und danach getrocknet sind.

Das Anzünden der Raketchen oder der Pulverspur darf nicht unmittelbar erfolgen, da das Abbrennen bis zur Sprengladung fast augenblicklich vor sich geht. An den Halm wird deshalb ein kurzer Schwefelfaden (Schwefelmännchen) geklebt oder ein

Stück Zündschwamm angebracht und entzündet. Das Abbrennen des Schwefelfadens und das Glimmen des Zündschwammes gewährt dem Arbeiter die zur Flucht nötige Zeit.

Das Verfahren ist nur bei Schwarzpulver und ähnlichen Sprengstoffen anwendbar, die ohne Vermittlung einer Sprengkapsel allein durch den Pulverfunken zur ordnungsmäfsigen Explosion kommen. Der wesentliche Vorteil ist die grofse Billigkeit.

Ein mit Pulver gefüllter Halm kostet nur etwa $^{1}/_{2}$ Pfennig, so dafs die Zündung des einzelnen Schusses höchstens 1 Pfennig zu stehen kommt, selbst wenn man einen grofsen Prozentsatz unbrauchbarer Halme annehmen und die Kosten für Schwamm sehr hoch in Ansatz bringen will. Keine andere Art der Zündung wird eine ähnliche Billigkeit erreichen.

Hat der Pulverhalm „abgehauen“ und die Sprengladung nicht gezündet, so kann leicht ein neuer Halm in den Zündkanal eingeschoben und die Zündung ohne Gefahr zum zweiten und dritten Male versucht werden. In dieser Zugänglichkeit der Ladung für erneute Zündungsversuche steckt gegenüber der Zündschnurzündung ein weiterer wesentlicher Vorteil.

Die Gefahr für die Mannschaft ist nicht sonderlich grofs, da das „Abhauen“ des Halmes in der Regel durch das Gehör wahrgenommen wird und verspätete Zündungen, wie sie bei Verwendung von Zündschnüren nicht ausgeschlossen sind, kaum auftreten. In höherem Grade ist ein zu frühes Kommen des Schusses zu befürchten.

II. Die Zündschnurzündung.

A. Geschichtliches.

Die Zündschnur (mèche, étoupille, fusée; fuse, safety fuse) wurde im Jahre 1831 von dem Engländer Bickford erfunden und fand in den 40er Jahren auch in Deutschland Eingang. Sie eroberte sich zunächst nur langsam das Feld und war wegen der höheren Kosten und des starken Qualmes nicht sehr beliebt, obwohl sie für nasse Bohrlöcher einem dringenden Bedürfnis entsprach. Nachdem aber vom Jahre 1865 ab die brisanten Sprengstoffe in Aufnahme kamen, zu deren sicherer Zündung die Explosion einer Sprengkapsel innerhalb der Ladung erforderlich war, gewann die Zündschnur ungemein an Bedeutung. Die Annehmlichkeit, Sprengkapseln und Zündschnur miteinander verbinden und so in die Sprengladung einführen zu können, um danach ohne besondere Vorkehrungen den Besatz in das Bohrloch zu bringen, war ausschlaggebend. Die alte Halmzündung mufste deshalb auf das Schwarzpulver beschränkt bleiben.

B. Herstellung der Zündschnüre.

Die Zündschnur besteht aus einer Pulverseele, die durch Umspinnung mit Jutegarn oder Baumwolle geschützt ist und zwecks Wasserdichtigkeit oder zur Verhütung des seitlichen Durchbrennens mit Imprägnierungen, Guttaperchaüberzügen, Bandwicklungen und dergleichen umkleidet wird.

Die Herstellung geschieht in Spinnmaschinen. Zur Verwendung kommt sehr feines Kornpulver. Die fertigen Schnüre werden zu Längen von je 8 m zerschnitten und zu Ringen aufgewickelt. Die Ausführung der Schnüre trägt nicht nur dem besonderen Verwendungszweck, sondern auch dem Geschmacke der Abnehmer in reichlichem Maſse Rechnung. Die Herkunft der Schnur ist bei den deutschen Fabriken an einem neben der Pulverseele eingesponnenen Erkennungsfaden kenntlich, der für jede Fabrik besondere Farben besitzt.

Für trockene Arbeiten benutzt man Zündschnüre, deren Pulverseele von einer einfachen Juteumspinnung umhüllt ist. Die Schnur wird durch ein Bad von Teer gezogen, der zum Teil in die Schnur eindringt und sie äuſserlich bedeckt, und geht danach durch Walkererde oder Kaolinpulver. Statt der Teerung werden solche Schnüre auch mit einem Überzug aus Kaolinbrei nebst Leimwasser versehen (weiſse Schnüre), oder man bringt Boluspulver zur Anwendung (rote Schnüre). Die letzteren Schnüre verursachen weniger Qualm als die geteerten.

Die billigen einfachen Schnüre versagen bei Feuchtigkeit und können auch beim Besetzen des Schusses leicht verletzt werden. Besser und an mäſsig feuchten Arbeitspunkten verwendbar sind die mit doppelter Umspinnung oder mit einer Bandwicklung versehenen Schnüre. Für nasse Arbeiten gebraucht man Guttaperchaschnüre, die einen dünnen Überzug reiner, leicht schmelzbarer Guttapercha erhalten haben. Für Sprengarbeiten in oder unter Wasser ist der Guttaperchaüberzug besonders stark und bei manchen Schnüren noch durch eine darüber angebrachte Garn- oder Bandwicklung geschützt.

An schlagwettergefährlichen Punkten benutzt man die sogenannten schlagwettersicheren Zündschnüre, bei denen die Umspinnung ganz oder teilweise unverbrennlich ist, um ein seitliches Austreten der Flamme zu vermeiden. Gewöhnlich werden sie mit innerer Jute- und äuſserer Baumwollenwicklung geliefert. Die letztere Umspinnung wird von der Verbrennung nicht mit ergriffen. Tatsächlich schlagwettersicher sind freilich diese Schnüre nur in dem Falle, daſs auch das erste Funkensprühen beim Anzünden der Schnur durch besondere Vorkehrungen verhindert wird und keinerlei Verletzungen daran vorhanden sind.

C. Brenndauer der Zündschnur und Unregelmäfsigkeiten der Brenngeschwindigkeit.

Die Brenndauer einer guten Zündschnur beträgt etwa 60 cm in der Minute. Schwankungen in gewissen Grenzen sind unvermeidlich, da die Stärke und die Festigkeit des Pulverfadens nicht mathematisch genau sein können.

Abgesehen davon können aber auch sehr bedeutende Änderungen der Brenngeschwindigkeit nach beiden Seiten hin eintreten. Es sind Fälle bekannt geworden, wo Schüsse eine Stunde oder gar noch länger nach dem Anzünden der Schnur gekommen sind, andererseits gibt es Fälle, bei denen die Explosion des Schusses unverhältnismäfsig schnell auf das Anzünden der Schnur folgt. Derartige Unregelmäfsigkeiten sind aber aufserordentlich selten.

Stärkere Verlangsamungen der Brenngeschwindigkeit sind dadurch zu erklären, dafs die Pulverseele auf eine kürzere oder längere Strecke unterbrochen ist. Die Schnur kann alsdann in sich mit grofser Langsamkeit weiterglimmen, bis der Funke wieder die Pulverspur erreicht und mit der üblichen Geschwindigkeit weiter läuft.

Steigerungen der normalen Brenngeschwindigkeit können als Folge einer zu dünnen Pulverseele in einer lockeren Wicklung auftreten. Wenn statt der vollen Pulverseele nur wenige Körner eine dünne, aber ununterbrochene Pulverspur bilden, kann die Entzündung mit grofser Geschwindigkeit weiterlaufen. Andererseits ist eine Vergröfserung der Brenngeschwindigkeit durch Steigerung des Gasdruckes, unter dem die Verbrennung vor sich geht, möglich. Bekanntlich hängt die Brenngeschwindigkeit des Pulvers, abgesehen von der Gröfse des Kornes, besonders von dem jeweiligen Gasdrucke ab und steigt mit diesem. Die normale Brenngeschwindigkeit ist für atmosphärischen Druck bestimmt. Solange die Verbrennungsgase nach rückwärts oder seitlich freien Abflufs haben, wird der atmosphärische Druck nicht merklich überschritten. Aus manchen Ursachen ist aber eine Steigerung des Gasdruckes möglich. Bei sehr fest gewickelten Schnüren mit unverbrennlicher, gasdichter Umspinnung kann der Rückflufs der Gase aus besonderen Gründen (z. B. infolge Druckes des Besatzes, oder infolge Aufkneifens eines Anzünders) behindert und die Brenngeschwindigkeit stark gesteigert werden.

Interessante, diesbezügliche Versuche wurden anläfslich mehrfacher, im westfälischen Bergbaubezirke vorgekommener Unfälle von dem Bergassessor Winkhaus auf der berggewerkschaftlichen Versuchsstrecke bei Gelsenkirchen vorgenommen[1]).

Die Schnüre, die zu den Unfällen geführt hatten, waren sehr fest gewickelte, sogenannte schlagwettersichere Zündschnüre gewesen. Wurde eine solche Schnur nach dem Anzünden an irgendeiner Stelle fest eingeklemmt und diese Klemmung so lange durchgeführt, bis die Verbrennung der Pulverseele die Druckstelle überschritten hatte, so platzte fast regelmäfsig die Schnur jenseits der Druckstelle unter Aussprühen von Funken und mit lautem Knall auf. Zuweilen wurde hierbei ein mehr oder weniger langes Stück der Zündschnur zur Explosion gebracht, und es brannte alsdann die Schnur ruhig weiter. Nicht selten machte man jedoch auch die Beobachtung, dafs sich die Explosion auf das ganze, bis 1 m lange, noch nicht abgebrannte Zündschnurende ausdehnte, wobei unter heftigen Detonationserscheinungen Funkengarben auf der ganzen Länge der Zündschnur sowie am äufsersten Ende derselben heraussprühten, also ein plötzlicher Durchschlag des 1 m langen Stückes erfolgte. Ähnlich beschleunigte Verbrennungen kamen bei solchen Schnüren nicht vor, bei denen die äufsere Umhüllung der Pulverseele durch die Verbrennung ganz oder teilweise mit zerstört wird. Die Verbrennungsgase traten gleich hinter der Druckstelle seitlich unter Funkensprühen aus.

Bei der Sprengarbeit wird ein fester und langer Besatz gelegentlich die Veranlassung zu gesteigerten Brenngeschwindigkeiten der Zündschnur sein können. Auch ist für Sprengungen unter Wasser zu beobachten, dafs vielleicht schon der Druck der Wassersäule eine erhöhte Brenngeschwindigkeit zur Folge hat.

---

[1]) Glückauf, 1896, Bd. XXXII, S. 409ff. Über die Gefahren der Anwendung der Sicherheitszündung bei der Schiefsarbeit in Schlagwettergruben, von Winkhaus.

D. Übertragung der Zündung auf die Sprengladung.

1. Schwarzpulver, Sprengsalpeter und ähnliche Sprengstoffe werden unmittelbar durch die Stichflamme der brennenden Zündschnur zur Explosion gebracht.

Wenn die Bergleute häufig auch Dynamitladungen in ähnlicher Weise zünden, so ist dies Verfahren als Unfug zu bezeichnen und streng zu rügen. Durch die Funken der aussprühenden Zündschnur gerät Dynamit zunächst nur ins Brennen, und wenn auch die eigentliche Explosion zufolge der unter dem Besatze stattfindenden Steigerung des Druckes und der Temperatur bald folgt, so genügt doch das teilweise Auskochen der Ladung zur Verminderung der Wirkung und Verschlechterung der Nachschwaden.

Zur sicheren Zündung der brisanten Sprengstoffe bedient man sich der Vermittlung der Sprengkapsel (Zündkapsel, Zündhütchen). Letztere werden der Zündschnur aufgesetzt, an dieselbe mittelst einer Zange angekniffen und in diesem Zustande in die Sprengpatrone versenkt. Vor dem Ankneifen mit den Zähnen ist dringend zu warnen. Bei ungenügender Aufmerksamkeit kann es vorkommen, dafs der Mann auf den mit Knallquecksilber gefüllten Teil der Kapsel beist und infolge Explosion der Füllung seine Unvorsichtigkeit mit dem Leben zu büfsen hat.

2. **Die Sprengkapseln** (amorces, capsules, détonateurs; exploders, percussion caps) sind zylindrische, an dem einen Ende geschlossene Kupferhülsen, deren lichte Weite dem üblichen Durchmesser der Zündschnüre entspricht. Die Füllung der Kapseln besteht in der Regel aus einer Mischung von:

85 % Knallquecksilber (s. Seite 117) und
15 % chlorsaurem Kali.

Je nach der Art des zu zündenden Sprengmittels werden die Kapseln in zehn verschiedenen Gröfsen mit entsprechender Füllung gebraucht und mit Nr. 1—10 bezeichnet. Die Gröfsenbezeichnung und Füllung ergibt sich aus folgender Aufstellung:

Bezeichnung: Nr. .	1	2	3	4	5	6	7	8	9	10
Füllung: g . . .	0,3	0,4	0,54	0,65	0,8	1,0	1,5	2,0	2,5	3,0

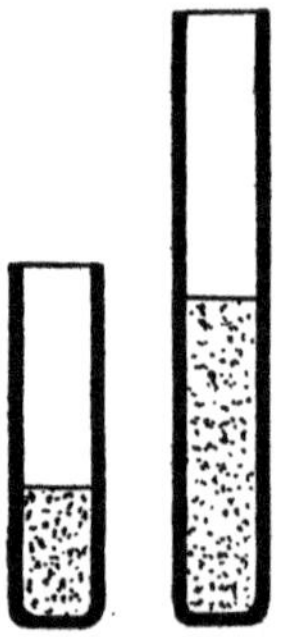

Fig. 36.

Die Textfigur 36 zeigt die am häufigsten gebrauchten Kapseln Nr. 3 und 8.

Die Sprengkapseln ziehen bei längerer Lagerung Feuchtigkeit an, worunter die Sprengkraft und die Fähigkeit, den Sprengstoff zur Explosion zu bringen, leiden.

3. Sogenannte **verstärkte Sprengkapseln** (amorces renforcés) unterscheiden sich von gewöhnlichen Sprengkapseln dadurch, daſs die Hülsenwandungen verstärkt sind und daſs das Knallquecksilber im Tiefsten des Zylinders von einer metallischen Kappe bedeckt ist, die ihrerseits zwecks Zündung des Knallsatzes ein Loch besitzt. Auſserdem ist das Knallquecksilber stärker komprimiert.

Man glaubte, durch solche Sprengkapseln die Kraft des Knallquecksilbers schuſsartig nach dem und durch den Boden der Hülse zur Äuſserung bringen zu können, um die Wirkung zu erhöhen. Einen sonderlichen Erfolg hat man dabei nicht erzielt. Bei Explosion in Schlagwettergemischen sind die verstärkten Kapseln zufolge der dickeren Wandung sicherer. Nach den Feststellungen der französischen Kommission genügen gewöhnliche Zündhütchen mit 1,5 g Füllung bereits zur Zündung der Schlagwetter, während dies bei verstärkten Sprengkapseln erst bei 5 g Füllung der Fall ist[1]. Von praktischer Bedeutung ist dieser Umstand nicht, da die in der Sprengladung untergebrachte Kapsel die Schlagwettergefährlichkeit des Schusses nicht erhöht.

4. Zur **Prüfung,** ob die Sprengkapseln noch gebrauchsfähig sind oder infolge längerer Lagerung an Sprengkraft eingebüſst haben, bedient man sich kleiner Bleizylinder mit einer zentrischen Bohrung, die der Gröſse der zu prüfenden Kapsel entspricht. Die Zylinder aus Weichblei sind 100 mm hoch und besitzen einen Durchmesser von ebenfalls 100 mm. Die Bohrung ist 55 mm tief (Figur 37). Eine Sprengkapsel Nr. 8 soll eine Ausbauchung von 28—30 ccm ergeben.

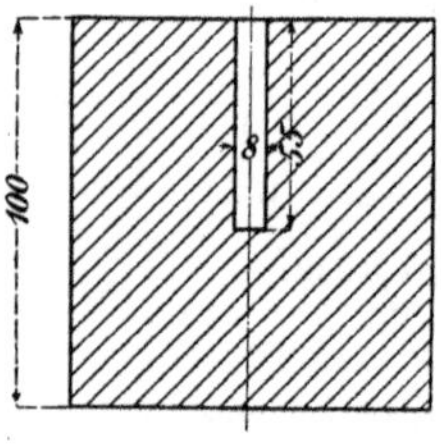

Fig. 37.

Eine andere, empfehlenswerte Prüfungsvorrichtung für Sprengkapseln ist in Figur 38 dargestellt. Eine 4 mm dicke, quadratische Bleiplatte (*a*) mit 40 mm Seitenlänge wird auf ein Stückchen Gasrohr (*b*) gelegt.

[1]) Annales des mines ou etc., Bd. 14, 1888, S. 275ff. Emploi des explosifs etc. par la Sous-Commission spéciale.

Die Sprengkapsel (*c*) wird, wie die Figur zeigt, einfach auf die Bleiplatte gestellt und durch die Zündschnur, die durch ein Auge eines darüber angebrachten Bügels geführt ist, gehalten. Die Kapsel schlägt bei der Explosion in die Bleiplatte eine Vertiefung ein, die in Verbindung mit den weiteren Explosionsspuren dem Auge ein deutliches Bild über das Vorhandensein der Sprengkraft gewährt und ein sicheres Urteil über die Gebrauchsfähigkeit der Kapseln gestattet.

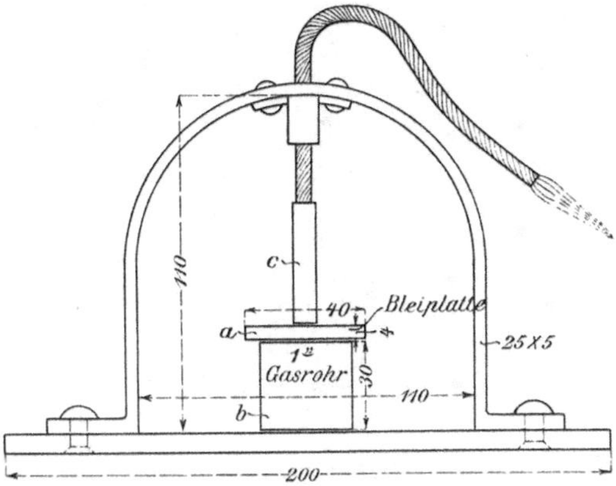

Fig. 38.

Die Figuren 39 bis **41** zeigen nach photographischen Aufnahmen die Bilder solcher beschossenen Bleiplättchen, wobei Sprengkapseln von gleicher Stärke, jedoch mit verschiedenem Feuchtigkeitsgehalt benutzt wurden. Figur 39 veranschaulicht

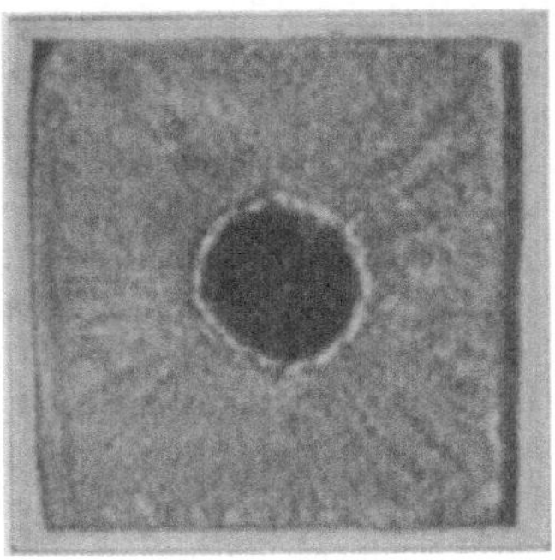
Fig. 39.

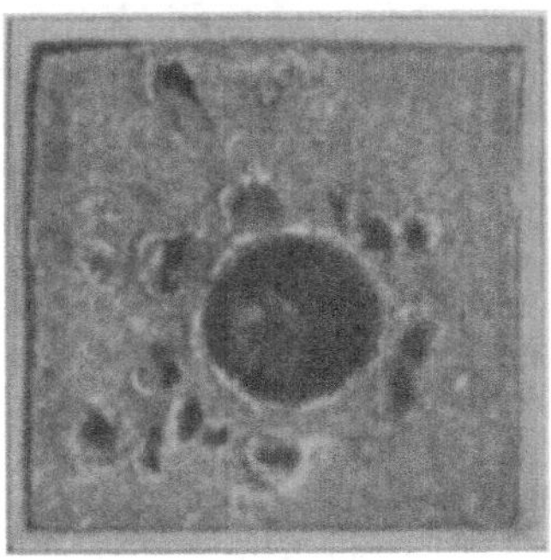
Fig. 40.

die Wirkung einer guten, einwandfreien Sprengkapsel. Eine feine radiale Strahlung läuft von dem tief eingeschlagenen Explosionspunkte aus, um den herum tiefere Einzelpunkte fehlen. Das Knallquecksilber hat die Kupferhülse zu staubförmig kleinen

Stückchen zerrissen und über das Blei hinweggefegt. Das Bild 40 zeigt zwar noch eine kräftige Explosionswirkung im Zentrum, jedoch fehlt die radiale Punktierung, und es finden sich statt dessen einzelne, tief eingeschlagene Explosionsspuren. Die Kupferhülse ist durch eine bereits verlangsamte Explosion in gröfsere Stücke zerrissen, die wie Wurfgeschosse in das Blei geschleudert sind. Das Bild 41 schliefslich zeigt, dafs bei gröfserem Feuchtigkeitsgehalt die Kapsel ohne stärkere Einwirkung auf die Unterlage explodiert. Die Kupferhülse ist nur aufgespalten und zu Streifen zerrissen, die zum Teil noch zusammenhängen.

Fig. 41.

Es ist klar, dafs bei Sprengkapseln, die Explosionsspuren entsprechend den Figuren 40 und 41 hinterlassen, eine ordnungsmäfsige Zündung der Sprengladung nicht gewährleistet ist.

5. **Phlegmatisierung des Knallsatzes.** Nach den Versuchen[1]) des österreichischen technischen Militärkomitees verliert Knallquecksilber seine grofse Empfindlichkeit gegen mechanische Einwirkungen, wenn es mit Glyzerinlösung, Vaselin, Mineralöl oder dergl. getränkt wird. Es wird „phlegmatisiert". Trotzdem explodiert es mit der vollsten Kraft, wenn die Zündung durch eine kleine Menge nicht phlegmatisierten Knallquecksilbers eingeleitet wird. Es können also voll wirkungsfähige Kapseln hergestellt werden, deren Füllung zum gröfsten Teile aus phlegmatisiertem Knallquecksilber besteht, wenn sie eine Zündpille nicht getränkten Knallsatzes erhalten.

Die Erzeugung und Handhabung solcher Kapseln würde sich bedeutend gefahrloser als früher gestalten. Ein endgültiges Urteil über die praktische Bedeutung dieser interessanten Neuerung läfst sich noch nicht fällen.

6. **Sprengkapseln mit Pikrinsäure und anderen Füllungen** (Zündhütchen). In Frankreich werden vereinzelt Sprengkapseln benutzt, bei denen die Knallquecksilberfüllung zum gröfsten Teile durch die billigere Pikrinsäure ersetzt ist. Diese ist von einer dünnen Schicht Knallqueck-

[1]) Bericht über den allgemeinen Bergmannstag, Wien 1903. Neuerungen im Spreng- und Zündmittelwesen, von Artillerie-General-Ingenieur Ph. Hefs.

silber bedeckt, das zuerst zur Entzündung kommt. Angeblich sollen derartige Kapseln solchen mit reiner Knallquecksilberfüllung in der Wirkung nicht nachstehen, was aber mindestens zweifelhaft erscheint. Von Dr. Bielefeldt zu Berlin sind ähnliche Kapseln unter Gebrauchsmusterschutz (D.R.G.M. 152642) gestellt, ohne dafs bisher über ihre Verwendung in Deutschland etwas bekannt geworden ist.

Verschiedentlich ist vorgeschlagen worden, anderes Füllmaterial (Schiefswolle, Trinitrotoluolmischungen mit Knallquecksilber usw.) für Sprengkapseln zu verwenden. Diese Vorschläge haben aber für die eigentliche Sprengarbeit keinen Eingang gefunden. Die Zündhütchen für Schiefsgewehre und Geschütze enthalten in der Regel Knallsätze, die aus Mischungen von Knallquecksilber, chlorsaurem Kali und Schwefelantimon bestehen.

7. **Zündpatronen.** Diejenige Patrone einer Sprengladung, welche zur Aufnahme der Spengkapsel dient und welche die durch das Knallquecksilber eingeleitete Zündung auf die ganze Sprengmasse übermittelt, heifst die Zündpatrone.

Für schwer explodierbare Sprengstoffe werden bisweilen Zündpatronen gebraucht, die aus einem explosionsfähigeren Sprengstoff bestehen. Z. B. werden von manchen Fabriken für Sprenggelatine Zündpatronen aus Gelatinedynamit geliefert, so dafs die für den letzteren Sprengstoff geeigneten, schwächeren Sprengkapseln verwandt werden können. Empfehlenswert ist dieses Verfahren jedoch nicht, da es gegen die Forderung der gröfstmöglichen Einfachheit verstöfst und zu Verwechslungen der Patronen Anlafs geben kann. Richtiger erscheint es, in jedem Falle für den in Gebrauch stehenden Sprengstoff genügend starke Sprengkapseln zu benutzen, so dafs die unmittelbare Explosion gesichert ist.

Das Einsetzen der Sprengkapsel in die Zündpatrone erfordert besondere Vorsicht und Aufmerksamkeit. Bei Benutzung von Zündschnüren kann es leicht vorkommen, dafs die Sprengkapsel zu tief in die Patrone versenkt wird und die brennende Zündschnur vor der Explosion der Kapsel mit dem Sprengstoff in Berührung kommt. In diesem Falle gerät der Sprengstoff ins Brennen. (S. Seite 11—14: Auskochen der Sprengschüsse.) Bei Dynamit und ähnlichen leicht brennbaren Sprengstoffen ist es deshalb zweckmäfsig, nicht zu lange Patronen als Zündpatronen zu verwenden, um in jedem Falle ein allzu tiefes Einführen der Kapsel unmöglich zu machen. Vielfach hat man sich mit Recht gewöhnt, stets die sogenannten halben Patronen als Zündpatronen zu benutzen. Bei elektrischen Zündern ist ein tiefes Einführen der Kapsel in die Patrone nicht nur nicht bedenklich, sondern der Sicherheit der Zündung wegen sogar erwünscht.

E. Das Anzünden der Zündschnur.

1. **Die gewöhnliche Art und Weise.** Das Anzünden der Zündschnur erfolgt in schlagwetterfreien Gruben mittelst der offenen Lampe, nachdem man das Zündschnurende zweckmäfsig etwas aufgeschlitzt hat. In Schlagwettergruben pflegt das Anzünden mittelst Stahl, Stein und Schwamm bewirkt zu werden. Da aber der Bergmann mit der Handhabung eines solchen Feuerzeugs nicht mehr sonderlich vertraut ist, kommt er leicht in Versuchung, schneller zum Ziele führende Hilfsmittel, die aber gefährlicher sind, zum Anzünden der Schnur anzuwenden. Überdies ist auch die Zündung mittelst des glimmenden Schwammes nicht unbedenklich. Der Schwamm zündet freilich die Schlagwetter nicht. Wohl aber können die ersten Funken der entzündeten Pulverseele unbehindert in die Luft austreten, und Versuche haben ebenso wie im Betriebe vorgekommene Explosionsfälle zur Genüge gezeigt, dafs diese Funken Schlagwettern gegenüber höchst gefährlich sind. Die Gefahr wird durch den Umstand erhöht, dafs die beim Anzünden mit der Hand festgehaltene Schnur nach dem Abbrennen losgelassen wird. Schnellt sie nun, wie es leicht vorkommen kann, nach oben, so ist den aussprühenden Funken Gelegenheit gegeben, kleine, an der Firste etwa stehende Schlagwetteransammlungen zu erreichen und zu entzünden.

2. **Anzünder.** Diese Gefahr und die unbequeme Handhabung von Stahl, Stein und Schwamm haben den Anstofs gegeben, durch besondere Anzündvorrichtungen (allumeurs, allumeurs de sûreté; igniters) das Inbrandsetzen der Zündschnur gefahrlos zu machen. Die zu diesem Zwecke vorgeschlagenen Vorrichtungen beruhen fast alle auf dem Gedanken, die Zündung der Schnur in einer auf diese geschobenen, geschlossenen Hülse zu bewerkstelligen, wobei die Hülse gleichzeitig dazu bestimmt ist, die zunächst aussprühenden Funken aufzufangen und deren Austritt in die umgebende Luft zu verhindern.

a) Die Hohendahl'sche Zange (Fig. 42—43) besteht aus den kastenförmig gestalteten Schenkeln *a* zur Aufnahme der Zündschnur, der Schlagbolzenbüchse *b* mit Schlagbolzen, Feder

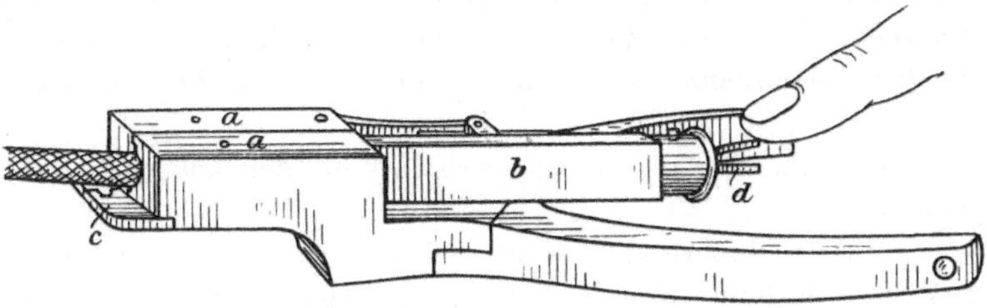

Fig. 42.

und Abdrückvorrichtung und einer Schneidevorrichtung *c* zum Abschneiden der Zündschnur.

Beim Öffnen der Zange wird die in der Büchse *b* befindliche Spiralfeder selbsttätig gespannt, wobei gleichzeitig am Schlufsstück

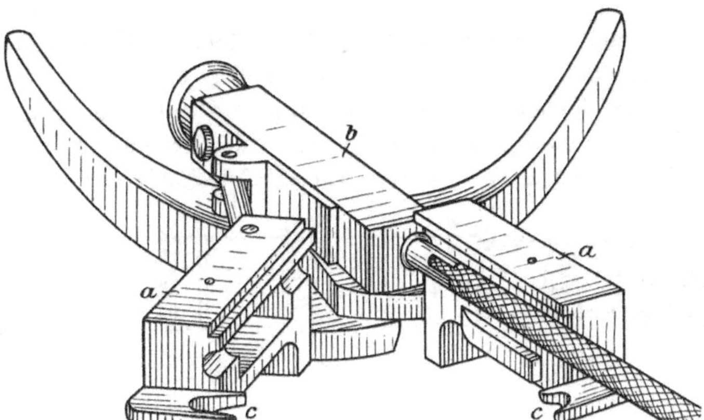

Fig. 43.

der Büchse eine zweiarmige Feder *d* austritt, die bei genügender Öffnung der Zangenschenkel in Ruhelage tritt und beim Schliefsen der Zange darin verharrt. Die Zündschnur wird, wie die Figur 43 zeigt, mit einem Zündhütchen versehen, in die Zange eingelegt. Durch einen Druck mit dem Finger auf die Feder *d* wird der Schlagbolzen ausgelöst und schnellt, von der Spiralfeder getrieben, in seine frühere Stellung zurück, wodurch das Zündhütchen und mittelbar die Zündschnur zur Entzündung gebracht wird. Ob letzteres geschehen ist, läfst sich an den aus den Löchern der Schenkel ausströmenden Pulvergasen erkennen. Nach einigen Sekunden darf die Zange von der Zündschnur abgenommen werden, da alsdann ein Aussprühen der Schnur nicht mehr stattfindet.

Die Hohendahl'sche Zange wird in Westfalen und in England gebraucht.

b) Der Meinhardt'sche Schnuranzünder (fabriziert von Galle in Solingen) ist in Figur 44 im Schnitt mit geschlossenem

Fig. 44.

Schieber und entspannter Feder und in Figur 45 in Ansicht mit geöffnetem Schieber und gespannter Feder dargestellt. Nachdem der Schlagbolzen *c* mittelst des Ringes *d* unter Spannung der Spiralfeder so weit zurückgezogen ist, dafs der am Schlagbolzen befindliche Ansatz *o* aus dem Verschlufsdeckel *e* der Hülse *a*

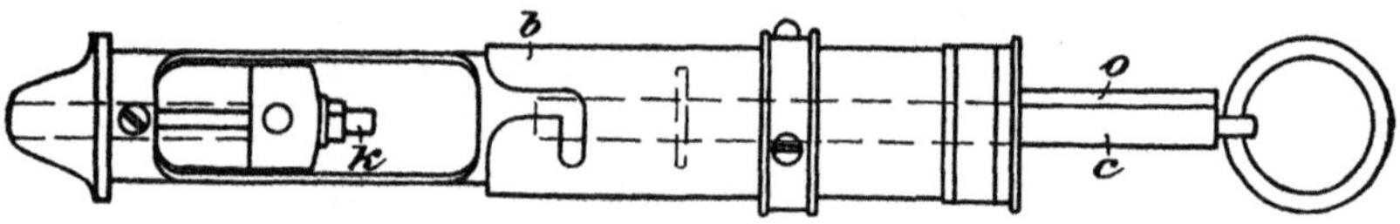

Fig. 45.

heraustritt, dreht man den Bolzen *c* ein wenig, so dafs der Ansatz *o* auf den Deckel *e* zu stehen kommt und die Spiralfeder gespannt hält. Die Zündschnur wird in das Mundstück *i* eingeschoben, und ein gewöhnliches Zündhütchen auf das Schlagstück *k* gesetzt. Alsdann wird der Apparat durch Verschieben des ringförmigen Stückes *b* geschlossen, was zur Folge hat, dafs die Feder *h* gegen die Zündschnur drückt und diese festhält. Durch eine kleine Drehung am Ringe wird der Schlagbolzen gelöst und mittelst der Kraft der gespannten Spiralfeder gegen das

Zündhütchen geschnellt, wodurch die Entzündung der Schnur eintritt. Die Pulvergase entweichen durch die Löcher *g*. Einige Sekunden nach dem Anbrennen der Schnur zieht man den Schieber *b* zurück und kann nun die Vorrichtung leicht von der Schnur abstreifen.

c) Ähnliche Vorrichtungen, wie es die vorbeschriebenen sind, stehen noch mehrfach in Gebrauch. Manche davon tragen die Gestalt einer Pistole (Zündpistole; pistolet de sûreté; pistol shotfirer), deren aufklappbarer Lauf zur Aufnahme der Zündschnur dient. Figur 46 zeigt eine in England gebräuchliche Zündpistole, die von der Firma Bickford, Smith & Cie. in Tuckingmill vertrieben wird.

Fig. 46.

Bei allen diesen Apparaten bleibt die Gefahr bestehen, daſs die Zündvorrichtung zu früh von der Schnur abgezogen wird, ehe noch das Aussprühen der Zündschnur beendet ist.

d) Um diesem Übelstande zu begegnen, sind in Frankreich Versuche mit einem eigenartigen Zündhütchen gemacht worden. Die nebenstehende Figur 47 zeigt in Ansicht und Schnitt das Hütchen: Es ist

A das eigentliche Zündhütchen, das in einem verstärkten Boden ruht,

B eine Messingspirale, die mit einer kleinen Menge Zündpulver überkrustet ist,

C eine Blechhülse zur Aufnahme und zum Ankneifen der Zündschnur,

D eine Einwürgung, bis zu der die Zündschnur eingeführt wird, und

E ein feines, zylindrisches Messingnetz mit 1089 Maschen auf den Quadratcentimeter.

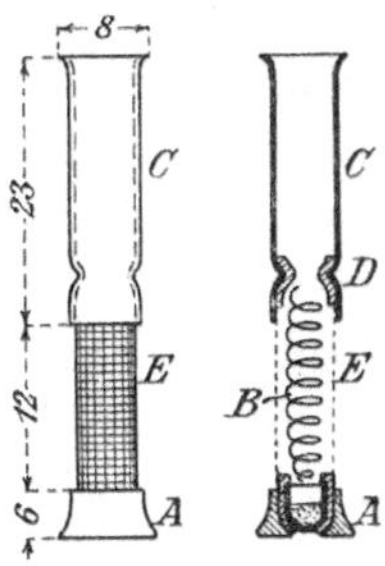

Fig. 47.

Um den Sprengschuſs abzutun, wird die Zündschnur in die Hülse *C* eingeführt und angekniffen. Alsdann wird das so fertig gemachte Zündschnurende in die Zündpistole gelegt und das Zündhütchen mittelst des Schlages eines Bolzens oder eines Hahnes zur Explosion gebracht. Die Pistole kann sofort nach der Zündung von der Zündschnur abgezogen werden. Das Drahtsieb *E* verhindert jedes Austreten der Funken. Bei Versuchen, die sowohl in Schlagwetter- als auch in Leuchtgasgemischen vorgenommen wurden, hat sich diese Zündung als völlig sicher erwiesen. Als Nachteil werden die erhöhten Kosten abzuwägen sein.

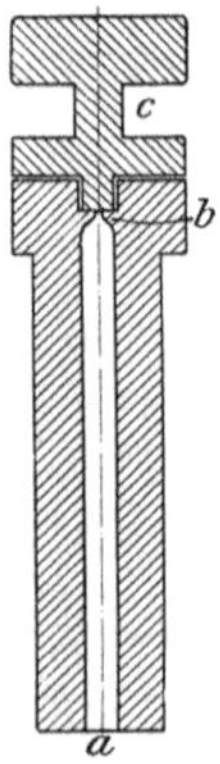

Fig. 48.

e) Ein sehr einfacher und billiger Anzünder von Münning (D.R.G.M. 49105) ist in Figur 48 dargestellt. Die Vorrichtung ist ganz aus Holz gefertigt und besteht aus nur zwei Teilen. Die Zündschnur wird bei *a* in die Bohrung des Hauptstückes bis an die durchlochte Zündplatte *b* eingeführt. Auf diese Zündplatte legt man eine Zündpille, welche man mit dem Drücker *c* zerreibt, worauf diese explodiert und die Zündschnur ins Brennen bringt.

Die billigen, nur durch Papier geschützten Zündpillen (Schlagplätzchen, wie sie für Kinderpistolen benutzt werden) haben sich aber im Grubenbetriebe nicht recht bewährt, da sie zu sehr durch Feuchtigkeit leiden.

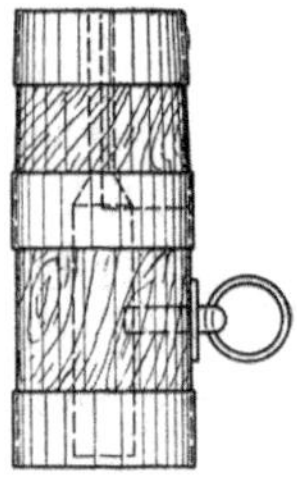
Fig. 49.

f) Bei dem Eckardt'schen Anzünder ist in dem unteren Teile eines kleinen Holzzylinders (Fig. 49) die von der Wolf'schen Sicherheitslampe her bekannte, umlaufende Schlagzündvorrichtung untergebracht, welche durch einen Knebel von aufsen her betätigt werden kann. Der obere Teil des Holzzylinders ist für die Einführung der Zündschnur bis zur Zündvorrichtung mit einer entsprechenden Bohrung versehen, und die eine Hälfte dieses Teiles ist behufs bequemeren Einlegens der Schnur abnehmbar eingerichtet. Sie wird nach Einführung der Zündschnur durch zwei darüber gestreifte Blechringe in ihrer Lage gehalten. Die Zündung der Schnur erfolgt durch Drehen am Knebel des Schlagzünders.

g) Auf einem bemerkenswerten Gedanken beruht das von Bourdoncle zum Anzünden der Zündschnüre vorgeschlagene pneumatische Feuerzeug (briquet pneumatique), bei dem die Kompressionswärme der Luft nutzbar gemacht wird. Auf den Gruben bei St. Étienne soll man damit befriedigende Ergebnisse erzielt haben.

Die Figur 50 zeigt den Bourdoncle'schen Anzünder im Schnitt. In einer Röhre läfst sich ein kleiner Kolben mittelst der nach

---

[1]) Annales des mines ou etc. 1898, Bd. XIV, S. 567 ff.

aufsen geführten und oben mit einem Griff versehenen Stange luftdicht hin und her bewegen. Das untere Ende der Röhre ist durch eine aufgeschraubte Scheibe verschlossen, auf die ein röhrenförmiges Mundstück gesetzt ist. Die Scheibe trägt ein Loch zur Aufnahme des Zündschnurendes. Das Mundstück kann durch einen mit einer Bohrung für die Zündschnur versehenen Gummipfropfen verschlossen werden. Nach Einbringung der Zündschnur und des Gummipfropfens setzt man den Apparat mit dem Mundstück gegen ein festes Widerlager und stöfst den Kolben mit einem plötzlichen Ruck nach unten. Infolge der nahezu adiabatischen Erwärmung der Luft soll die Entzündung der Pulverseele — nötig sind etwa 315° — eintreten.

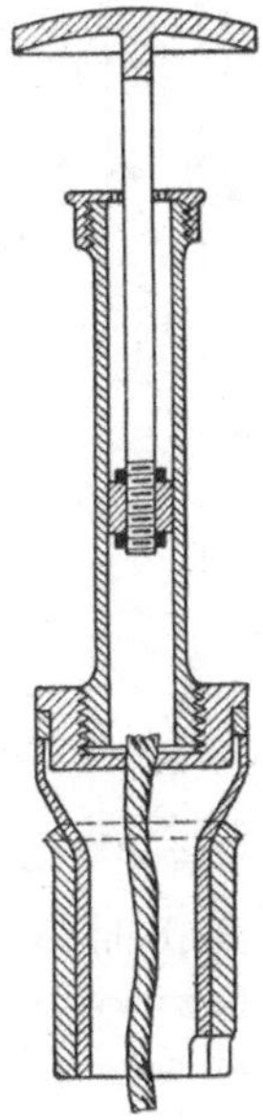

Fig. 50.

h) Nach anderen Vorschlägen soll die Entzündung der Schnur in einem geschlossenen Behälter durch glimmende Stoffe oder durch chemische Reaktion vor sich gehen:

α) In einem Gefäfse befindet sich am Boden nitrierte Kohle, die sehr lange fortglüht. Durch Hineinstecken der Schnur kommt diese in Brand.

β) Ein Stückchen Natrium, das in einer Guttaperchahülle untergebracht ist, wird in das Ende der Schnur geklemmt und, nachdem man die Guttaperchahülle der Pille etwas aufgeschnitten hat, in ein Wasserfläschchen getaucht. Die Reaktion des Natriums auf das Wasser bringt die Schnur zur Entzündung.

γ) In das aufgeschlitzte Ende der Zündschnur soll ein Fläuschchen mit chlorsaurem Kali und Zucker getränkter Watte geklemmt und so in eine kleine Flasche mit Schwefelsäure getaucht werden. Das Wattepfröpfchen verbrennt lebhaft und entzündet die Schnur.

Der zuletzt genannte Gedanke ist trotz der scheinbaren Umständlichkeit der Ausführung von Dr. C. Roth zu Rüdersdorf in eine handliche, brauchbare Form gebracht worden.

i) Der Roth'sche Zünder[1]) hat in Deutschland, England und Frankreich grofse Verbreitung gefunden (Fig. 51). In einer Weifsblechhülse *c*, die an einem Ende offen und am anderen Ende durch einfaches Zusammenkneifen und Umlegen des Bleches geschlossen ist, liegt, in Watte *e* eingebettet, eine kleine mit Schwefelsäure gefüllte Glaskapsel *a* neben einem mit chlorsaurem Kali

[1]) D.R.P. 43117.

und Zucker getränkten Wattepfropfen *b*. Die Einschnürung der Hülse bei *b* verhindert ein Verschieben oder gar das Herausfallen der einzelnen Teile. Nachdem die Zündschnur in das offene Ende der Hülse eingeführt ist, wird diese am Ende mit einer Zange so eingewürgt, dafs sie die Schnur rundum ohne Zwischenraum festhält. Alsdann wird die Hülse an der Stelle, wo die Glaskapsel liegt, durch eine Zange zusammengequetscht, so dafs das Gläschen bricht und sein Inhalt sich über das fein verteilte chlorsaure Kali nebst Zucker in dem benachbarten Watteflausch ergiefst. Die entstehende Flamme entzündet die Schnur. Der Zünder läfst nur dann Feuer nach aufsen durchtreten, wenn die Hülse mangelhaft hergestellt oder das Anklemmen an die Schnur nicht sorgfältig genug geschehen ist. Derartige Zünder sind schon zu vielen Millionen verbraucht worden.

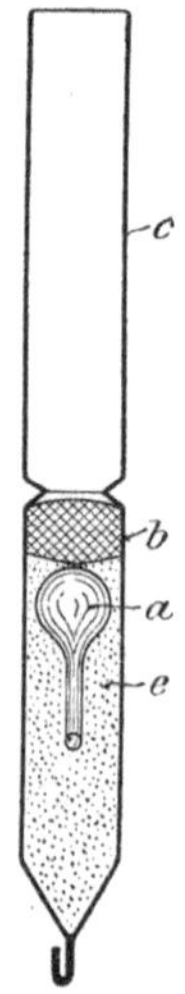

Fig. 51.

k) In der äufseren Gestalt sind den besprochenen die Norres'schen Zünder ähnlich, bei denen jedoch die Entzündung durch Reibung bewirkt wird. Diese Zünder bestehen aus der Papierhülse *a* (Fig. 52), deren eines Ende zusammengewürgt und durch die Papierwicklung *b* verstärkt ist, und dem durchlochten Zündhütchen *c* mit durchgeführtem Draht *d*. Letzterer ist an seinem im Zündhütchen steckenden Ende spiralig aufgedreht und tritt mit dem anderen Ende durch die Würgung der Papierhülse nach aufsen. Beim Gebrauche wird die Zündschnur möglichst tief in die Hülse eingeführt und darauf der Draht mit kurzem Ruck aus dem Zündhütchen und der Hülse gerissen. Durch die Reibung des Drahtes in dem Zündhütchen wird dessen Entflammung und diejenige der Zündschnur eingeleitet. Die Länge der Papierhülse ist so gewählt, dafs die Entzündungsflamme keinesfalls durch den zwischen Hülse und Zündschnur etwa verbleibenden geringen Zwischenraum hindurchschlagen kann. In Deutschland und England sind grofse Mengen solcher Zünder mit dem besten Erfolge verbraucht worden.

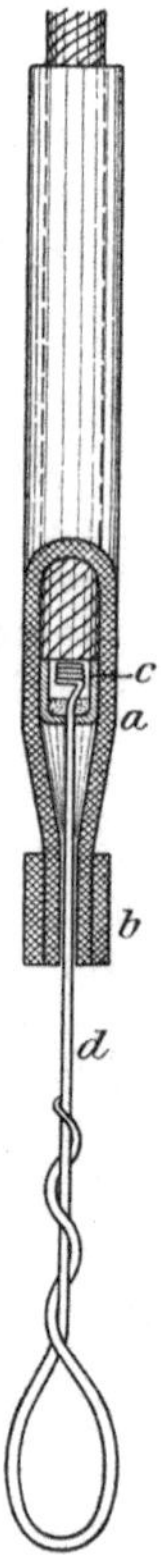

Fig. 52.

Neuerdings werden die Zünder mit einem am Ende des Abziehdrahtes befestigten Holzknebel geliefert, der bis zum Gebrauche der Hülse in dieser steckt und so den Zündsatz gegen Feuchtigkeit schützt. Beim Gebrauche ermöglicht der Knebel ein bequemes und kräftiges Abziehen.

Ähnliche Zünder sind die von Faltin in Schalke und Rob. Steeg in Oberhausen.

Beim Faltin'schen Zünder ist das durchlochte Zündhütchen zwecks Verhütung des Umkippens verlängert, und der Abziehdraht ist am inneren Ende verdickt, dafs er nicht gänzlich aus der Hülse gezogen werden kann. Hierdurch soll das etwaige Austreten eines Feuerstrahles nach hinten verhindert werden. Ein an der Hülse *a* befestigtes Drähtchen *b* wird um die Zündschnur gewickelt und hält diese fest (Fig. 53).

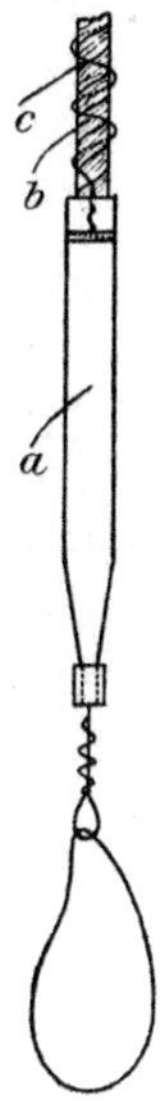

Fig. 53.

Beim Steeg'schen Zünder ist zwischen Zündhütchen und Hülsenende ein Papierpfropfen auf den Abziehdraht geschoben, um ein Durchsprühen des Feuers nach hinten zu verhüten. Aufserdem enthält die Hülse im vorderen Teile einen zum Festhalten der Zündschnur dienenden federnden, gezahnten Blechring.

Ein anderer Zünder von Steeg, bei dem ein streichholzähnlicher Kopf innerhalb der Hülse durch Reibung zur Entzündung gebracht werden sollte, hat sich nicht dauernd eingeführt.

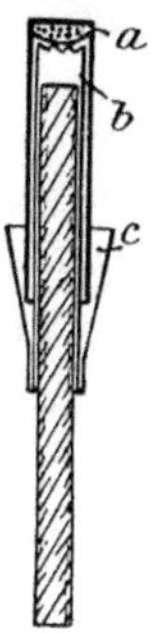

Fig. 54.

1) Die Koch'schen Reibzünder der Bochum-Lindener Zündwarenfabrik (Fig. 54) bestehen aus einer Zündkapsel *a*, Blechhülse *b* mit angelötetem Schirm *c*. Die Kapsel *a* trägt am Boden den Reibzündsatz, der durch eine leichte Drehung gegen das gezahnte Ende der Hülse *b* entflammt werden kann. Die Hülse *b* nimmt die Zündschnur in sich auf. Der Schirm *c* verhindert ein Herausschlagen der Flamme.

Ganz ähnliche Anzünder liefert die französische Munitionsfabrik zu Paris, Rue Notre Dame 30. Die Hülsen sind aber nicht wie bei dem Koch'schen Anzünder aus Blech, sondern aus Pappe gefertigt. Nur der Reiber und das Näpfchen mit dem Zündsatz bestehen ebenfalls aus Blech.

m) Der elektrische Anzünder der Fabrik elektrische'r Zünder zu Köln (Fig. 55 und 56) ist der elektrischen Sprengkapsel derselben Firma nachgebildet. Es fehlen jedoch die Leitungsdrähte, und statt der Sprengkapsel wird die Zündschnur *z* (Fig. 55) in die verlängerte Papierhülse g_1 bis in die Nähe des Zündsatzes *c* geschoben. Die Hülse *g* dient zum Schutze und zur Verbindung der Teile. Die Kartonpapierschicht *a* mit den Metallbelegungen *bb* ragt gleichsam als Zunge heraus und kann in einen Schlitz des Zündapparates, der in den Figuren 57 und 58 in Schnitt und Ansicht dargestellt ist, eingeführt werden. Letzterer besteht aus einer Holzbüchse, die ein Hellessen Trockenelement enthält. Durch Druck auf den Knopf *a* kommen die Kontaktfedern *c* und *d* mit den Metallbelegungen *bb* des Anzünders in Berührung, und die Zündung erfolgt.

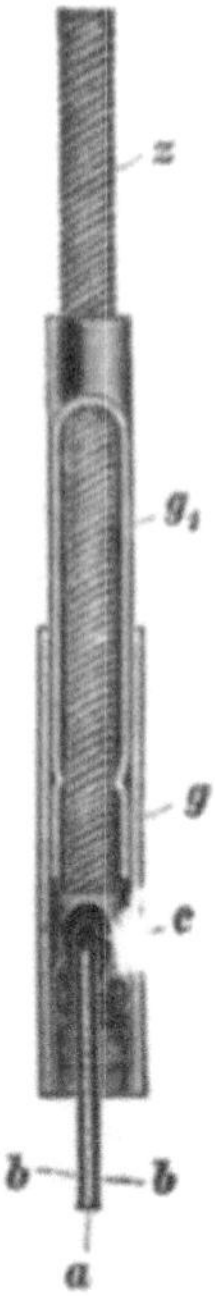

Fig. 55.

Fig. 56.

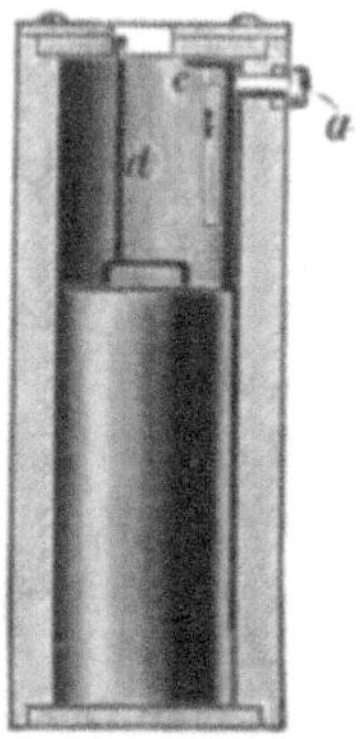

Fig. 57.

Fig. 58.

3. Rückblick auf die besprochenen Anzünder. Vergleicht man die unter a bis c und e bis h genannten Verfahren mit den unter i bis m aufgeführten Zündern, so haben jene den Vorteil der gröſseren Billigkeit für sich, da ein und derselbe Apparat immer wieder benutzt und immer nur ein einfaches Zündhütchen verbraucht wird. Wenn aber mehrere Schüsse gleichzeitig gezündet werden sollen, so stöſst die Handhabung der Apparate auf Schwierigkeiten, und die zuletzt erwähnten Zünder sind in solchen Fällen angenehmer. Durch Aufsetzen derselben auf die Zündschnüre kann man sämtliche Schüsse zum Anzünden fertig machen, und der Bergmann hat nur, ehe er sich entfernt, schnell hintereinander die einzelnen Zünder abzutun. Für das schnelle und sichere Gelingen ist freilich die Voraussetzung zu machen, dafs keine Versager eintreten.

F. Funkenlose Zündschnüre.

Bergrat Lohmann hatte in den achtziger Jahren vorgeschlagen, statt der Pulverseele eine Füllung für Zündschnüre zu benutzen, die unter geringer, die Schlagwetter nicht zündender Wärmeentwicklung die Verbrennung fortleitet. Derartige Körper sind beispielsweise die Diazosulfosäure des Benzols und Naphthalins. Die Umsetzung des Gedankens in die Praxis stiefs allerdings auf Schwierigkeiten. Gebrauchsfähige Zündschnüre mit derartiger Füllung waren nicht herzustellen. Nach dem D.R.P. 82925 sollen, um wenigstens das gefährliche Aussprühen der Pulverzündschnur zu vermeiden, der letzteren kurze Stücke einer mit Diazonaphthalinsulfosäure gefüllten Zündschnur in einer aufgesetzten Hülse vorgeschaltet werden, so dafs dann die Schlagwettergefahr beim Anzünden vermieden ist. Solche Zünder sind aber wohl kaum in Gebrauch genommen worden.

Im weiteren Verfolg des Lohmann'schen Gedankens hat die Westfälisch-Anhaltische Sprengstoff-Aktien-Gesellschaft späterhin Zündschnüre geliefert, deren Seele aus einem nitr erten und mit Salzen getränkten Baumwollfaden bestand. Durch die Behandlung des Fadens war erreicht, dafs er nach dem Anzünden keine Funken entwickelte, sondern lediglich unter Glimmerscheinungen, ähnlich wie Schwamm, fortglühte. Dieses Glimmen der Seele war von einer so schwachen Wärmeentwicklung begleitet, dafs Schlagwetter selbst dann nicht gezündet wurden, wenn man durch Aufschneiden der Schnur die Seele blofsliegend abbrennen liefs. Dagegen reichte die Wärmeerzeugung völlig aus, um die Sprengkapsel mit Sicherheit zur Explosion zu bringen. Wenn also die Schnur mit Bezug auf die Schlagwettergefahr allen Ansprüchen genügte, so konnten leider andere Übelstände nicht behoben werden. Es war eine gleichmäfsige Brenndauer der Schnur nicht zu erzielen. Auch erlosch dieselbe leicht, wenn ein äufserer Druck auf sie einwirkte, wie er bei unvorsichtigem Besetzen vorkommen kann. Die Seele war ferner hygroskopisch und litt durch längere Lagerung in der Grubenluft. Schliefslich erwies es sich als gefährlich, dafs das Brennen der Schnur sehr wenig Dampf erzeugte und nur bei aufmerksamer Beobachtung kenntlich war. Wegen dieser Übelstände ist die Einführung der Schnur nicht gelungen. Trotzdem erscheint die glücklichere Ausführung des Gedankens möglich.

G. Schnell brennende (detonierende) Zündschnüre.

(Cordeaux détonants; instantaneous fuses.)

Es gibt Zündschnüre mit sehr erhöhter Brenngeschwindigkeit in verschiedener Ausführung. Die Firma Bickford, Smith & Co. in Tuckingmill liefert solche Zündschnüre, die statt der Pulverseele einen durch einen Mehlpulverbrei gezogenen Docht besitzen, der von einer losen Umspinnung umhüllt ist. Die Brenngeschwindigkeit der Schnüre soll 150 m in der Sekunde betragen. Die Schnüre werden als Ersatz für elektrische Zündung zum gleichzeitigen Abtun mehrerer Schüsse (volley-firer) benutzt. Die Schnurenden sind in einer Blechhülse zusammengefaſst, innerhalb deren sie in eine Pulverschicht ausmünden. Letztere wird durch ein Stück gewöhnliche Zündschnur entzündet und überträgt das Feuer auf die sämtlichen Schnellzünder. Da die Schüsse vor einem Orte verschieden lange Schnüre erfordern, werden die Zünder in der aus der Figur 59 ersichtlichen Gestalt geliefert, wobei jede doppelt gelegte Schnur eine Länge von etwa zehn Fuſs besitzt. Durch Aufschneiden der Schleifen an verschiedenen Stellen kann man beispielsweise einzelne Schnurlängen von 7 und 3, 6 und 4 Fuſs usw. erhalten, wie es Figur 60 andeutet. Die Gleichzeitigkeit der Explosion aller Schüsse wird hierdurch nicht in Frage gestellt. Das Stückchen gewöhnlicher Zündschnur ragt bei den Figuren nach links heraus.

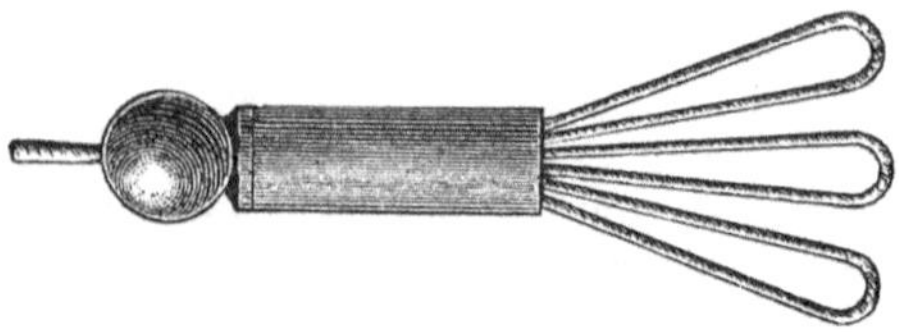

Fig. 59.

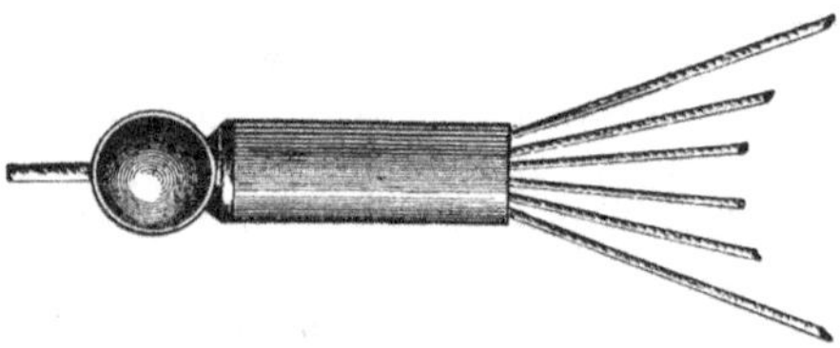

Fig. 60.

Eine solche Art der Zündung erscheint im Hinblick auf die Kostenersparnis zweckmäſsig, wenn es sich darum handelt, nur wenige Male eine gröſsere Anzahl von Schüssen gleichzeitig abzutun, so daſs die Beschaffung der Maschinen und Leitungen für elektrische

Zündung sich nicht verlohnt. Bei längerer Fortsetzung der Sprengarbeiten wird die elektrische Zündung den Vorzug verdienen.

In Frankreich hat man Versuche mit detonierenden Zündschnüren gemacht, die aus einer mehr oder weniger biegsamen Röhre aus Blei, Zinn, Guttapercha usw. bestanden und mit einem brisanten Sprengstoff, wie Schiefsbaumwolle und Dynamit, gefüllt waren. Der Querschnitt der metallenen Röhren wurde nach Einfüllen des Sprengmittels durch Ziehen so weit verringert, dafs der lichte Durchmesser der Röhre etwa noch 1 mm betrug. Nach Berthelot war die Fortpflanzungsgeschwindigkeit der Explosion 5000—6000 m in der Sekunde. Man hatte gehofft, durch Verwendung solcher Schnüre auch brisante Sprengstoffe ohne Sprengkapsel in der Ladung zünden zu können. Man wollte also den Übelstand vermeiden, über der durch Stofs explodierbaren Sprengkapsel besetzen zu müssen und bei Versagern die gefährliche Kapsel im Loche zu haben. Die Explosion wurde so bewirkt, dafs dem freien Ende der Schnur eine beiderseits offene Sprengkapsel aufgesetzt wurde, die ihrerseits mit Zündschnur und Schwamm gezündet wurde. Die Schnüre brachten aber, wenn sie einen zu geringen Durchmesser besafsen, nicht mit Sicherheit die Sprengladung zur Explosion. Machte man aber den Durchmesser der Schnur gröfser, so wurde der im Besatze durch die Detonation aufgerissene Kanal zu grofs[1]).

Ferner suchte man solche Schnüre unter Verwendung von Sprengkapseln in der Ladung zur gleichzeitigen Zündung mehrerer Schüsse zu benutzen. Man schnitt zu diesem Zwecke die Schnur auf, so dafs die Sprengstofffäden blofs lagen und in Berührung miteinander gebracht werden konnten. Die Schnüre wurden an den Schnittstellen zusammengelegt und durch Umwickeln mit einem Faden zusammengebunden. Die alsdann in einem Faden eingeleitete Explosion sollte sich auf alle Schnüre fortpflanzen. Das Verfahren hat sich jedoch für mehrere Schüsse nicht bewährt[2]).

Vom österreichischen General Hefs sind mit Knallquecksilber gefüllte Zündschnüre angegeben, die mit einer Geschwindigkeit von 5000 m in der Sekunde explodieren. Man kann diese Schnüre mit phlegmatisiertem Knallquecksilber (siehe S. 138) füllen und sie dadurch unempfindlich gegen mechanische Einwirkungen machen. Bei solcher Herstellung erleiden die Schnüre anstandslos Schneiden, Hämmern und Reifsen. Im offenen Feuer verbrennen sie mit leichtem Geprassel. Die Schnüre detonieren gleichwohl mit der vollen Fortpflanzungsgeschwindigkeit unter staubförmiger Zerfaserung der ganzen Schnur-

---

[1]) Annales des mines ou etc. 1888, Bd. 14, S. 197 ff., L'emploi des explosifs en présence du grisou.

[2]) Annales des mines ou etc. 1889, Bd. 16, S. 23. Essais pratiques faits dans quelques exploitations des mines etc., par M. Mallard.

masse, wenn sie durch die Explosion einer Sprengkapsel von entsprechender Stärke gezündet werden. Bei den Dynamiten genügt in der Regel für eine sichere Zündung der Ladung das Einführen des Schnurendes in die Patrone, so daſs es für letztere einer besonderen Sprengkapsel nicht bedarf.

Über die Einführung solcher Schnüre für bergmännische Sprengzwecke ist bisher nichts bekannt geworden.

III. Abziehzündungen.

A. Allgemeine Bemerkungen.

Die Abziehzündungen beruhen auf dem Gedanken, unter Vermeidung der Zündschnur einen Sprengschufs aus der Entfernung mittelst eines Strickes oder einer Leine durch ausgeübten Zug zur Entzündung zu bringen. Die Sprengkapsel mit der Zündvorrichtung wird im Innern der Sprengladung untergebracht. Durch den Besatz geht der Abziehdraht, an den der Abziehstrick geknüpft wird. Der letztere wird bis zu einem sicheren Schutzort fortgeführt, von wo aus man das Abziehen besorgt. Allen diesen Zündungsarten haftet der Übelstand an, dafs durch unvorsichtigen Zug am Abziehdrahte beim Besetzen oder an dem Stricke nach Fertigstellung des Besatzes (z. B. beim Fall des Arbeiters) der Schufs vorzeitig zur Explosion kommen kann. Ferner ist es mit besonderen Schwierigkeiten verknüpft, mehrere Schüsse gleichzeitig abzutun. Andererseits sind mannigfache Vorteile nicht zu verkennen. Der Zünder ist einfach, völlig schlagwettersicher und billig. Die Abziehzündung ist bereits seit dem Jahre 1868 bekannt, zu welcher Zeit M. Cousin aus Condé ein Patent auf eine im Innern der Sprengladung untergebrachte Reibzündung nahm, die mittelst einer Schnur aus der Entfernung abgezogen wurde. Mehrfache Unglücksfälle haben die weitere Verbreitung der Cousin'schen Zündung verhindert. Später wurde der Gedanke mit besserem Erfolge in Österreich ausgeführt, woselbst die Abziehzündungen in gröfserem Umfange Eingang gefunden haben.

Bei der Bewerbung um den 1000 Dukaten-Preis der Ostrau-Karwiner Gewerken im Jahre 1888 für die Erfindung eines die

Sprengarbeit in Schlagwettergruben ungefährlich machenden Mittels wurde der Lauer schen Friktionszündung ein Preís von 300 Dukaten zuerkannt.

B. Einzelbesprechung.

1. Lauer'sche Friktionszündung. Die neue, verbesserte Form des Lauer'schen Zünders (Modell 1895) ist in Figur 61 dargestellt. *A* ist eine mehrfach gewürgte Messinghülse, die nach unten durch eine plastische Masse *M* abgeschlossen ist. In dieser Hülse befindet sich unten die Sprengkapsel *H* und darüber ein empfindlicher Zündsatz *K*, durch welchen der Abziehdraht *D* hindurchgeht, der am unteren Ende flachgedrückt und gezahnt ist. Der Abziehdraht ist nach oben hin durch Papierpfropfen *P* geführt und ist bis zu seinem oberen Ende in eine steife Papierhülse *B* eingehüllt. Das herausragende Ende des Abziehdrahtes ist zu einer Schlinge *S* umgebogen und mittelst einer Papierwicklung an dem Zünderende befestigt. Der Zünder wird mit seinem unteren Ende in die Sprengladung gesteckt und der Schufs alsdann besetzt. Beim Abtun des Schusses mittelst einer Abziehleine wird der Abziehdraht zunächst gerade gerichtet und dann aus der Zünderhülse herausgezogen. Dabei wird das gezahnte Ende desselben durch den Zündsatz *K* gerissen und dieser durch die erzielte Reibung zur Entzündung gebracht. Infolgedessen kommt auch die Sprengkapsel zur Explosion.

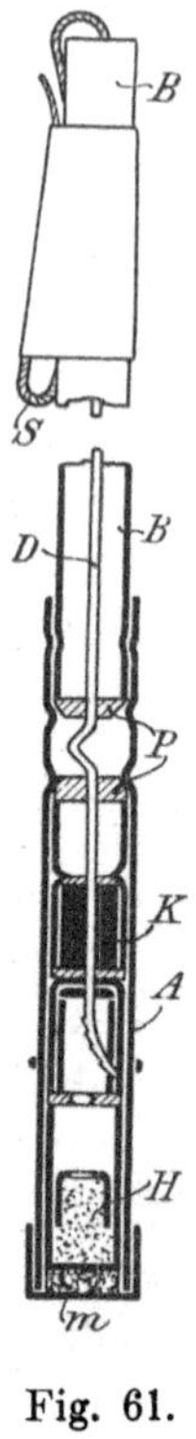

Fig. 61.

Dadurch, dafs der Abziehdraht in der Papierhülse steckt, ist die Sicherheit beim Besetzen gewährleistet. Vor der Wirkung eines unbeabsichtigten, geringen Zugs nach Anknüpfung der Schnur sollen die Papierpfropfen *P* und die Einbiegung des Drahtes zwischen denselben schützen. Zum Abtun der Schüsse ist der immerhin kräftige Zug von 12—15 kg am Zünderdrahte notwendig[1]).

[1]) Mitteilungen der ständigen Komitees zur Untersuchung von Schlagwetterfragen in Mährisch-Ostrau und Segengottes 1894—1896; veröffentlicht vom k. k. Ackerbauministerium in Wien.

Feuchtigkeit schadet den Zündern sehr. Es entstehen viele Versager, und die zum Abziehen erforderliche Kraft wird durch ein Weichwerden der Papierpfropfen verringert. Die Versager sollen Anfang der 90er Jahre 0,2 % betragen haben.

2. Norres'sche Zündung. An die Lauer'schen Reibzünder erinnert eine von Norres in Schalke in den Handel gebrachte Zündung, die um das Jahr 1890 auf mehreren westfälischen Kohlengruben einige Bedeutung erlangt hatte.

Durch den gelochten Boden einer Hülse und eines in der Hülse untergebrachten Zündhütchens (Fig. 62) geht ein Draht, der in einem Haken endigt und durch einen Schlitz der Hülsenwand nach aufsen umgebogen ist. Die Hülse wird unmittelbar in die Sprengladung gesteckt, wenn diese aus Schwarzpulver besteht. Für Dynamit und sonstige brisante Sprengstoffe wird am offenen Ende der Hülse eine Sprengkapsel eingesetzt. Der Draht ist so lang, dafs er aus dem Bohrloche herausreicht, und mufs beim Besetzen stramm gehalten werden. Beim Abziehen aus der Entfernung löst sich der Haken des Drahtes aus der Wandung der Hülse und veranlafst beim Durchreifsen durch die Reibmasse des Zündhütchens die Entzündung des Schusses. Die Zündung bewährte sich sonst gut. Als sich aber beim Besetzen der Schüsse durch unwillkürliches Ziehen am Drahte einige Unglücksfälle ereignet hatten, wurde die Anwendung der Zünder verboten. Weitere Versuche wurden zufolge des einmal erregten Mifstrauens auch dann nicht mehr vorgenommen, nachdem der Erfinder ähnliche Sicherungen angebracht hatte, wie sie bei den Lauer'schen Zündern mit gutem Erfolge benutzt werden.

Fig. 62.

3. Die Tirmann'sche Schlagzündung. In Figur 63 ist *A* eine Metallhülse, *B* eine Spiralfeder aus Stahldraht, *C* der Schläger aus Stahl, der an einer Führung befestigt ist, *D* der Zugdraht, *E* ein Sicherheitsscheibchen aus Pappe, *F* ein das Sicherheitsscheibchen haltendes Stahlplättchen, *I* ein Korkstöpsel, *H* ein Häkchen am Ende des Zugdrahtes, *G* die Sprengkapsel.

Die Sprengkapsel wird erst kurz vor dem Fertigmachen des Schusses in die Metallhülse *A* eingeschoben. Die ganze Hülse wird in die Zündpatrone gesteckt. Beim Besetzen des Schusses wird der Zünddraht von aufsen gehalten und wird nach Vollendung des Besatzes an die 30—50 m lange Abziehleine geknüpft. Zum Abziehen ist ein Zug von etwa 25 kg notwendig. Dabei streckt sich zunächst der durch das Sicherheitsscheibchen gehaltene Zünddraht gerade, indem das Scheibchen durchschnitten wird. Dann wird die Spiralfeder zusammengeprefst und endlich das zu einem Häkchen gebogene Ende des Zugdrahtes aus dem Schläger herausgezogen. Dadurch wird der letztere frei, schnellt infolge der Spannkraft der Feder gegen den Knallsatz des Zündhütchens und bringt dieses zur Explosion.

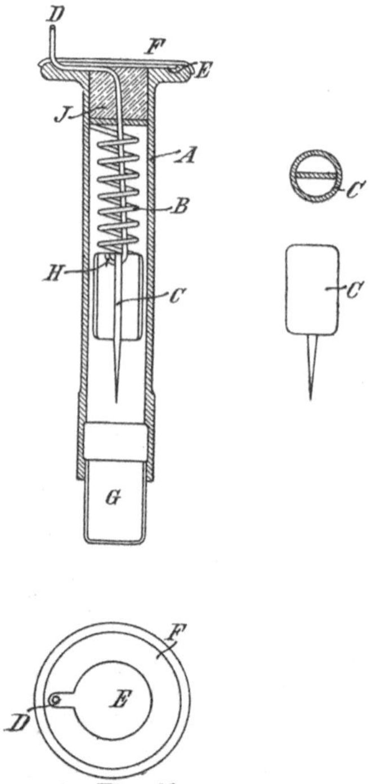

Fig. 63.

Bis Ende 1895 waren im Ostrau-Karwiner Revier und auf einigen anderen österreichischen Gruben bereits 500 000 Stück Tirmann'sche Zünder verschossen. Die Versager wurden bis auf 0,05 % herabgedrückt. Seit Einführung der Zünder bis Ende 1895 sind vier Unfälle durch zu frühzeitiges Losgehen des Schusses vorgekommen.

Für die Tirmann'sche Zündung ist besonders guter und fester Besatz notwendig, was als Vorteil betrachtet werden kann. Zu den allgemeinen Nachteilen der Abziehzündungen kommt in diesem Falle noch ein besonderes Bedenken. Bei etwa vorkommenden Versagern ist die Besorgnis nicht von der Hand zu weisen, dafs vielleicht der Schlagbolzen nur verklemmt ist, nachträglich frei wird und die Zündung des Schusses verspätet bewirkt.

IV. Chemische Mittel zur Zündung der Sprengladung unter Vermeidung der Zündschnur.

Obwohl diese Zündmethoden über gelegentliche Versuche nicht hinausgekommen sind, verdienen sie doch ihrer Eigenart wegen Beachtung.

A. Jarolimek'sche Kalkzündung. Der dem Verfahren zugrunde liegende Gedanke besteht darin, dafs die bei der Vereinigung von Wasser und Ätzkalk freiwerdende Wärme eine leicht entzündliche Flammkapsel zur Entzündung bringt, wodurch sodann die Explosion der eigentlichen Sprengkapsel eingeleitet wird.

Die als Wärmekegel bezeichnete Ätzkalkpatrone *a* mit dem in Fig. 64 dargestellten Querschnitt ist durch kräftiges Pressen von gepulvertem, gebranntem Kalk hergestellt und besitzt teils zylindrische, teils kegelförmige Gestalt. In dem dicken Ende befindet sich ein zur Aufnahme der Flammkapsel bestimmtes Loch. Die Flammkapsel hat die Form einer gewöhnlichen Sprengkapsel, enthält einen bei 100—120° C. entzündlichen, aus 50% Rhodanquecksilber und 50% chlorsaurem Kali bestehenden Satz und wird mit einer Knallquecksilber enthaltenden Kapsel so verbunden, dafs das offene Ende der einen Kapsel in das offene Ende der anderen gesteckt wird. Es entsteht so eine Doppelkapsel, deren eines Ende (und zwar das mit dem Flammsatze) in das Loch des Wärmekegels geschoben wird.

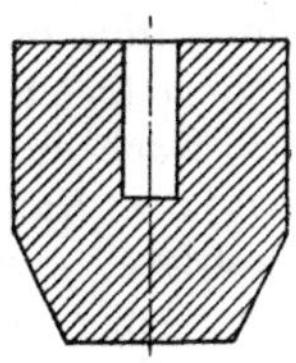

Fig. 64.

Damit bei der Berührung mit Wasser die Wärmeentwicklung verzögert wird, ist der Wärmekegel fest in eine Zinn- oder Bleifolie eingewickelt, die kurz vor dem Gebrauche teilweise entfernt wird. Je nachdem die Entblöfsungsfläche gröfser oder kleiner gewählt ist, tritt die Explosion früher oder später ein. „Der Wärmekegel wird tempiert."

Beim Fertigmachen des Schusses wird die aus dem Wärmekegel vorstehende Sprengkapsel in die Zünd- oder Schlagpatrone eingesetzt (Fig. 65). Alsdann werden Wärmekegel und Patrone durch einen darüber gezogenen und oben zugebundenen Strumpf aus einem Wasser leicht durchlässigen Gewebe miteinander verbunden und in das Bohrloch auf die Sprengladung geschoben. Wird nun die Ätzkalkpatrone mit Wasser benetzt, so erhitzt sie sich unter Volumensvermehrung (unter günstigen Umständen bis zu 400° C.), bringt die Flammkapsel zur Entzündung und dadurch die Sprengkapsel und die Sprengstoffladung zur Explosion.

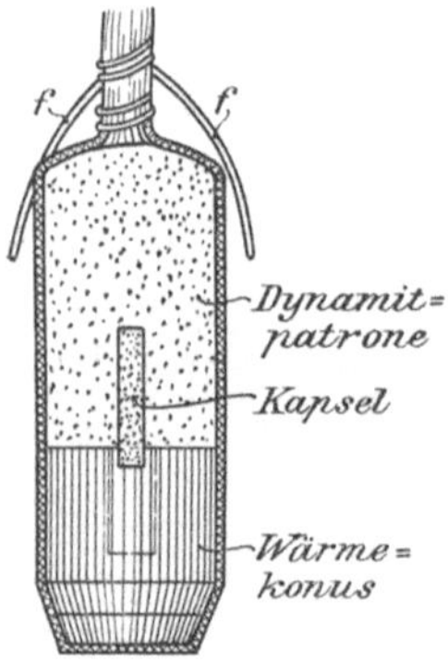

Fig. 65.

Bei abwärts geneigten Löchern wird einfach Wasser in das Bohrloch gegossen. Auch bei horizontalen oder schwach aufwärts steigenden Bohrlöchern kann dies geschehen, wenn vor der Bohrlochsmündung eine Schale von Letten hergestellt wird. Bei aufwärtsgehenden Löchern gelangt eine eigene Wasserpatrone zur Verwendung. Dieselbe besteht aus einer Papphülse und ist oben nur durch einen Wattepfropfen, der das Wasser ansaugt und dem Wärmekegel zuführt, verschlossen. Die Wasserpatrone wird an die Zündpatrone angedrückt und durch etwas Letten am Herausfallen verhindert. Statt der Wasserpatrone kann auch nasses Moos benutzt werden.

Die Voraussetzung für diese Zündung ist also ein nasser, die Schlagwettersicherheit erhöhender Besatz. In jedem Falle sind aber gewichtige Bedenken gegen das Verfahren nicht von der Hand zu weisen. Verletzungen der Umhüllungen des Wärmekegels können zu vorzeitigem Abgehen der Schüsse führen. Bei Versagern darf das Ort lange nicht betreten werden. Die hygroskopischen Ammonsalpetersprengstoffe lassen sich mit Wasserbesatz nur schwer verwenden. Tatsächlich hat die Zündung trotz umfangreicher, in Österreich damit vorgenommener Versuche keinen Boden finden können.

Nach einer zweiten Ausführungsform des Jarolimek'schen Patentes hat der Kalkkörper die Aufgabe, bei der Wasseraufnahme durch kräftiges, allmählich eintretendes Blähen innerhalb einer festen Hülse nach einer Seite hin einen Druck auszuüben. Hierbei soll vermittelst eines Reibdrahtes das Zerreißen einer Zündpille und damit die Entzündung der darunter liegenden Sprengkapsel bewirkt werden. Es wird also in diesem Falle nicht unmittelbar die Wärmewirkung, sondern die Volumensvermehrung ausgenutzt. In praktischen Gebrauch scheint diese Ausführungsform nicht genommen zu sein.

B. Das Roth'sche Verfahren[1]) mittelst Einleitung von Gasen in die Sprengpatrone beruht darauf, daß durch Röhren Gase

[1]) D.R.P. 76978.

(oder auch Flüssigkeiten) bis an die Sprengladung geleitet werden und hier durch Berührung mit gewissen Stoffen Verbrennungserscheinungen hervorrufen, die die Zündung der Ladung im Gefolge haben.

Von den mehrfach vorgeschlagenen Ausführungsformen sei zunächst diejenige des Hauptpatentes erwähnt (Fig. 66). In der Patrone *C* befindet sich die Sprengkapsel, deren vorderes Ende über dem Knallquecksilber mit fein gepulvertem Bleisuperoxyd *m* etwa zu einem Drittel des vor dem Knallquecksilber verbleibenden Raumes angefüllt ist. In die vordere Öffnung der Sprengkapsel mündet eine durch ihre Länge die Sicherheit des mit dem Abfeuern des Schusses beschäftigten Bergmannes verbürgende Bleileitung *L*, die von dem Gasentwicklungsfläschchen *B* ihren Ausgangspunkt nimmt. Dieses Fläschchen wird mit verdünnter Schwefelsäure und unterschwefligsaurem Natron beschickt. Die entstehende schweflige Säure wird durch Einschaltung geeigneter Chemikalien in die Leitung getrocknet, strömt durch das Bleirohr zur Sprengkapsel,

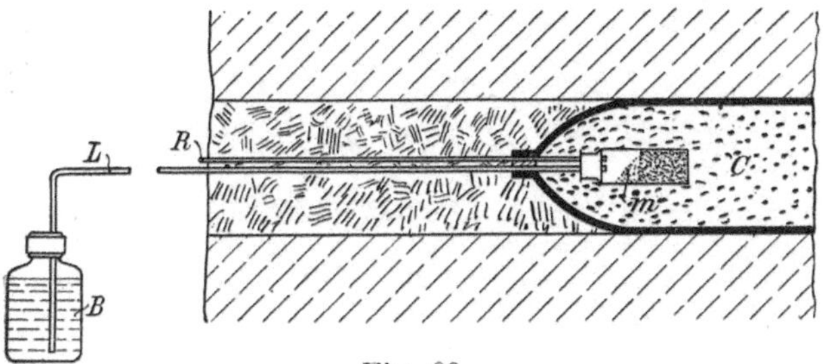

Fig. 66.

wobei die atmosphärische Luft durch ein zweites Röhrchen *R* entweicht, und versetzt unter Bildung von schwefelsaurem Blei das Bleisuperoxyd ins Glühen. Hierdurch wird die Explosion des Knallquecksilbers und der Sprengladung bewirkt.

Eine in Westfalen mehrfach versuchte Ausführungsform des Verfahrens beruht auf der Entwicklung von Chlor einerseits und der Entzündung von gelbem Quecksilberoxyd durch jenes Gas andererseits. Ein Gläschen von 7—8 ccm Fassung wird mit etwa 4 ccm Salzsäure gefüllt, während dem Knallquecksilber der Sprengkapsel ein mit gelbem Quecksilberoxyd imprägniertes Schwämmchen vorgelagert ist. Das die Salzsäure enthaltende Fläschchen ist mit einem gelochten Kork versehen und steht durch ein sehr dünnes Bleirohr von 2 mm Dicke bei 0,5 mm lichter Weite mit der Sprengkapsel in Verbindung. Um den Zeitpunkt der Zündung festzulegen, bedient man sich eines Chlorentwicklers, der, aus einem Bleirohrabschnitt von etwa 1 cm Länge und 3—4 mm lichter Weite bestehend, im Innern übermangansaures Kali und an beiden Enden einen pfropfenähnlichen Verschlufs von kohlensaurem Natron enthält. Wird der Entwickler in das Gläschen mit Salzsäure geworfen und der Kork nebst durchgehendem Rohr dicht aufgesetzt, so entwickelt sich zunächst gasförmige, auf das Quecksilberoxyd keine Einwirkung ausübende Kohlensäure. Je nach der Dicke der aus kohlensaurem Natron bestehenden Pfropfen hält die Entwicklung längere oder kürzere Zeit an, so daſs damit also die Zündungsdauer beliebig eingestellt werden kann. Sobald die Verschlüsse des Entwicklers durch die Säure verzehrt sind, gelangt diese an das übermangansaure Kali und entwickelt damit Chlor. Zwischen diesem Augenblick und der Zündung des Quecksilberoxyds bezw. des Knallquecksilbers verstreichen dann noch 3—4 Sekunden.

Das wissenschaftliche Interesse, das diesen Verfahren innewohnt, ist nicht zu verkennen; praktische Bedeutung haben sie nicht erlangt.

V. Elektrische Zündung.

A. Geschichtliches.

Die Benutzung der Elektrizität für Zündungszwecke reicht weit zurück. Bereits im Jahre 1744 zündete Dr. Ludolf bei Eröffnung der Berliner Akademie der Wissenschaften Schwefeläther durch den elektrischen Funken. Die Entzündung von Sprengschüssen auf demselben Wege stiefs aber zunächst noch auf Schwierigkeiten, da Pulver nur schwierig unmittelbar durch den elektrischen Funken gezündet werden konnte. Erst im Anfange des 19. Jahrhunderts lernte man die Wärmewirkung der Elektrizität dadurch auszunutzen, dafs man zwischen den Polenden Kohle oder dünne Drähtchen mit hohem Widerstande einschaltete. Versuche lehrten, dafs es so leicht möglich war, Pulver zur Entzündung zu bringen.

Im Jahre 1831 wurde beim Sprengen grofser Felsmassen im Hafen von New York durch Moses Shaw zum Zünden der Minen eine Elektrisiermaschine angewendet. 1842 und 1843 zündeten die Professoren Varrentrap in Braunschweig und Gätschmann in Freiberg mittelst einer in einem erwärmten Kasten verwahrten Elektrisiermaschine bei einer 78,5 m langen isolierten Hin- und Rückleitung acht bezw. zwölf Bohrlochladungen gleichzeitig. 1852 stellte der österreichische Offizier von Ebner die erste feldmäfsige, reibungselektrische Zündmaschine her. 1853 hat der spanische Ingenieuroffizier Verdu mit einem Ruhmkorff'schen Induktionsapparate Minen auf grofse Entfernungen gezündet, wobei der Induktionsapparat durch zwei Bunsen'sche Elemente erregt wurde. Die weitere, von nun an ununterbrochen vor sich gehende Entwicklung im einzelnen zu verfolgen, würde zu weit führen.

B. Allgemeines.

Die elektrische Zündung (tirage des mines par l'électricité, tir électrique; electrical firing, electric blasting) ermangelt im Gegensatze zu den anderen Zündungsarten der Einfachheit. Es mufs eine Stromquelle vorhanden sein, Leitungen müssen gelegt und besonders hergerichtete Zünder gebraucht werden. Das Verfahren ist also mit Umständlichkeiten verknüpft und nicht besonders billig. Es kommt dies besonders dann zum Ausdrucke, wenn die Anzahl der gleichzeitig zu zündenden Schüsse gering ist.

Im übrigen aber besitzt die elektrische Zündung vor der Halm-, der Zündschnur- und den Abziehzündungen eine Reihe ganz besonderer Vorzüge.

Was die Sicherheit der Mannschaft angeht, so ist die elektrische Zündung allen anderen Zündungen überlegen, denn sie bietet die gröfste Gewähr dafür, dafs der Schufs zu einem genau bestimmbaren Zeitpunkte fällt. Die Mannschaft kann in Ruhe und ohne Eile den entfernten, sicheren Schutzort aufsuchen und von hier aus in einem selbstgewählten Augenblicke die Zündung bewirken. Versagt der Schufs, so kann in der Regel unbesorgt — falls die Zündmaschine von der Leitung entfernt und aufser Tätigkeit gesetzt wird — nach dem Fehler gesucht werden. Besser ist es freilich, dafs man auch bei elektrischer Zündung noch einige Zeit wartet, weil infolge des Verhaltens der Sprengladung selbst die Möglichkeit von Spätschüssen (siehe S. 13 u. 14) vorliegt.

Sodann ist ein wichtiger Vorzug der elektrischen Zündung die Sicherheit gegen Schlagwettergefahr. Wenn diese Sicherheit auch nicht unbedingt und nicht unter allen Umständen vorhanden ist, so ist sie doch so grofs, dafs sie dem praktischen Bedürfnisse völlig entspricht. Eine ähnliche Sicherheit wird bei Halm- und Zündschnurzündung nie erreicht werden können. Nur bei den Abziehzündungen ist Schlagwettersicherheit auch in vollem Mafse vorhanden. Bei den sonstigen Nachteilen dieser letzteren Zündungsart bleibt sie zumeist schon aus anderen Gründen aufserhalb des Wettbewerbs. Die Schlagwettersicherheit der elektrischen Zündung wird dadurch begünstigt, dafs bei Abgabe mehrerer Schüsse diese gleichzeitig kommen. Es kann also nicht ein Schufs dem anderen die Schlagwetter frei machen oder gefährlichen Kohlenstaub aufwirbeln. Vielmehr bleiben die örtlichen Bedingungen, über deren Ungefährlichkeit man sich vor der Zündung unterrichten kann, für alle Schüsse erhalten. Eine Ausnahme macht hierbei die elektrische Zeitzündung (s. d.).

Vor der Zündschnurzündung im besonderen ist die elektrische Zündung durch das Fehlen jeden Rauches und Qualmes ausgezeichnet. Sie ist deshalb für die Leute zuträglicher, und der Mann kann früher, als es sonst möglich wäre, nach dem Schiefsen zu seinem Arbeitsorte zurückkehren.

Schliefslich ist die elektrische Zündung, wenn man von den schnell explodierenden Zündschnüren absieht, die einzige Zündungsart, die es ermöglicht, eine gröfsere Anzahl von Schüssen gleichzeitig abzutun. In vielen Fällen ist dies aber im Hinblick auf die gewollte Wirkung eine Notwendigkeit. Wenn man aus dem Vollen zu schiefsen gezwungen ist, um Einbruch zu schaffen, so stellt sich die Gesamtwirkung mehrerer gleichzeitig explodierender Schüsse nahezu auf das Doppelte der Leistung, die man erhalten würde, wenn die Schüsse nacheinander zur Explosion kämen. Gewisse Sprengwirkungen, wie das Erzielen gröfserer Blöcke und das augenblickliche Niederlegen ganzer Gesteinswände, kann man überhaupt nur durch gleichzeitiges Abtun aller Schüsse erreichen.

Umgekehrt ist es auch bei der elektrischen Zündung möglich, die einzelnen Schüsse in kurzen Zwischenräumen aufeinander folgen zu lassen (Zeitzündung).

Die elektrische Zündung ist zufolge ihrer Vorzüge bereits ein unentbehrliches Hilfsmittel für den Bergbau geworden.

C. Die Teile der elektrischen Zündung.

Für die Zwecke der elektrischen Zündung wird elektrische Energie in kalorische umgesetzt. Die in der Stromquelle erzeugte Elektrizität kann nicht an der Erzeugungsstelle nutzbar gemacht werden, sondern ist zum Sprengorte bis in die Sprengladung hinzuleiten. Hierselbst mufs in dem eigentlichen Zünder Gelegenheit zur Umwandlung der Elektrizität in Wärme und zur Übertragung der Entzündung auf die Sprengladung geschaffen sein. Bei der elektrischen Zündung sind also als wesentliche Teile Stromquelle, Leitung und Zünder zu unterscheiden.

D. Strom- und Spannungsverhältnisse.

Bezeichnet man in einem elektrischen Stromkreise mit

i die Strommenge,
e die Spannung,
w den Widerstand des Leiters,

so ist nach dem Ohm'schen Gesetze

$$\text{I.} \qquad i = \frac{e}{w}.$$

In einer Zündanlage wird in der Regel die Klemmspannung e der Stromquelle und der Widerstand w, der sich aus dem inneren Widerstande der Stromquelle und den Widerständen der Leitung und des Zünders bezw. der Zünder zusammensetzt, bekannt sein oder leicht gemessen werden können. Danach läfst sich also die durch den äufseren Stromkreis fliefsende Elektrizitätsmenge i berechnen.

Die Arbeitsleistung E des Stromes ist nach dem Joule'schen Gesetze

$$E = i\,e$$

oder in Berücksichtigung der Formel I

$$E = i^2 \cdot w.$$

Die Wärmewirkung W, die vom elektrischen Strome erzeugt werden kann, ist der Arbeitsleistung E proportional. Unter Einsetzung einer Konstanten K für das mechanische Wärmeäquivalent kann man die in der Zeiteinheit nutzbar gemachte Wärmewirkung, wie folgt, ausdrücken:

$$\text{II.} \qquad W = K \cdot i^2 w.$$

In der elektrischen Zündanlage soll lediglich derjenige Teil der Zündleitung, der im eigentlichen Zündsatze liegt, erwärmt werden, während die Leitungen dazu dienen, den Strom tunlichst ohne Verluste an die Verbrauchsstelle (d. h. zu dem Zünder) zu bringen.

Nach der Formel II wird die Entzündung des Zündsatzes eintreten, sobald innerhalb desselben das Produkt aus dem Quadrate der Stromstärke und dem Widerstand der Zündstelle eine gewisse Gröfse erreicht. Man sieht, dafs der Zweck sowohl durch Vergröfserung der Stromstärke wie des Widerstandes im Zünder selbst erreicht werden kann. Die Temperatur, die an der Zündstelle erzeugt werden mufs, um die Zündung herbeizuführen, ist verhältnismäfsig gering. Der Zündsatz der allgemein üblichen Sprengkapseln entzündet sich bereits bei etwa 200 ° C., so dafs also nicht einmal ein Erglühen des betreffenden Leitungsteiles einzutreten braucht. Es sei hier bemerkt, dafs die Temperatur des elektrischen Funkens auf 1000—15 000 ° C. berechnet ist, und dafs Platindrähtchen oder Kohlenpartikelchen, wie sie manchen Zündsätzen zwecks Leitungsfähigkeit zugesetzt werden, beim Erglühen mindestens Temperaturen von annähernd 1000 ° C. besitzen. Die durch den elektrischen Strom zu bewirkende Temperaturerhöhung braucht sich nicht auf den gesamten Zündsatz, sondern nur auf wenige Partikelchen darin — theoretisch auf einen einzigen Punkt — zu erstrecken. Denn die an einem Punkte eingeleitete Entzündung des Satzes pflanzt sich selbsttätig fort. Bei sachgemäfser Einrichtung der Zündanlage genügt somit eine überaus geringe, kaum mefsbare Wärmeabgabe oder Arbeitsleistung, um die elektrische Zündung in die Wege zu leiten. Es wird daraus verständlich, dafs Elektrizität jeder Art von hoher oder niedriger Spannung mit Leichtigkeit für die elektrische Zündung nutzbar gemacht werden kann, da stets das Mafs der erforderlichen, elektrischen Energie aufserordentlich gering ist. Ein grundsätzlicher Unterschied in der Brauchbarkeit der verschiedenen Stromquellen besteht nicht.

Wohl aber kommt es darauf an, dafs für die besondere Art des von der jeweiligen Stromquelle gelieferten Stromes ein geeigneter Zünder angewandt wird, der fähig ist, gerade diesen Strom in nutzbare Wärme umzusetzen. Denn für den von einer beliebigen Stromquelle gelieferten Strom kann der Zünder einen zu hohen oder einen zu niedrigen Widerstand besitzen. Ist der Widerstand für die verfügbare Spannung zu hoch, so fliefst nach Formel I zu wenig oder gar kein Strom, und die Wärmewirkung an der Zündstelle bleibt aus. Ist der Widerstand zu niedrig, so wird nach Formel II die Gröfse w zu gering. Der Strom geht ohne die beabsichtigte Erhitzung der Zündstelle durch und zündet nicht. Der gewünschte Erfolg ist nur dann möglich, wenn entweder die Spannungsverhältnisse des Stromes dem Widerstande der Zünder oder dieser jenen angepafst ist.

Zünder, die für alle Arten von Zündmaschinen gebraucht werden könnten, gibt es ebensowenig wie Stromquellen, die für jeden Zünder passen. Die Wirksamkeit der elektrischen Zündanlage hängt vielmehr in jedem Falle davon ab, daſs Strom, Spannung und Widerstand der Anlage in einem angemessenen Verhältnisse zueinander stehen. Man muſs diese Gröſsen kennen, wenn man die zu erwartende Leistung oder im besonderen die Frage beurteilen will, ob Versager durch die Art der Zündung oder durch ungenügende Ausbildung oder gar bösen Willen der Schieſsmannschaft begründet sind.

E. Einteilung der elektrischen Zündung.

Man kann die elektrischen Zündungen in

1. Funkenzündung,
2. Spaltglühzündung,
3. Glühzündung

einteilen. Ein grundsätzlicher Unterschied besteht allerdings zwischen den drei Zündungsarten nicht. Denn zwischen ihnen findet ein ununterbrochener Übergang hinsichtlich der Stromspannung, Stromstärke und der Widerstandsverhältnisse statt. Jedoch ist es aus praktischen Gründen zweckmäſsig, eine solche Einteilung vorzunehmen. Ein Blick auf die folgende Zusammenstellung, die aber nur schematischen Wert besitzt und nur mit dieser Einschränkung zu benutzen ist, lehrt, wie verschieden die elektrischen Verhältnisse einer Zündanlage je nach der Art der Zünder sich gestalten können.

Bezeichnung				Der Widerstand des einzelnen Zünders beträgt etwa Ohm	Der Strombedarf für die Zündung des einzelnen Zünders ist etwa Ampère	Zur Zündung eines Zünders etwa erforderliche Spannung des Stromes. Volt
in der neueren, deutschen Literatur	wie sie in der Praxis benutzt wird	in der französischen Literatur	in der englischen Literatur			
Funkenzünder	Funkenzünder	amorces à étincelle	high tension fuzes	1 000 000 und mehr	nicht meſsbar klein	3000
Spaltglühzünder mit hohen Widerständen	Spaltfunkenzünder	amorces voltaïques de tension		3000—100 000	$^1/_{500}$—$^1/_{5000}$	30—100
Spaltglühzünder mit niedrigen Widerständen	Spaltglühzünder		low tension fuzes	20—500	$^1/_{10}$—$^1/_{100}$	6—10
Glühzünder	Brückenglühzünder	amorces à fil ou à incandescence		0,3—1,2	0,5—0,8	0,5—2

1. Funkenzündung.

Es gibt zweierlei elektrische Funken, nämlich Öffnungs- und Schliefsungsfunken. Wenn ein Öffnungsfunken entstehen soll, so mufs vorher der elektrische Strom in Bewegung sein. Unterbricht oder öffnet man alsdann den Stromkreis, so entsteht an der betreffenden Stelle ein Öffnungsfunke. Für die Zwecke der elektrischen Zündung kommen Öffnungsfunken nicht in Frage, da es nicht angeht, innerhalb des elektrischen Zünders durch Vornahme der Stromunterbrechung solche Funken zu erzeugen. Beim Schliefsungsfunken ist die Elektrizität zunächst in Ruhe. Die Elektrizitätsbewegung wird erst durch den Schliefsungsfunken eingeleitet. Das Auftreten der Schliefsungsfunken ist abhängig von der Spannung der Elektrizität. Es ist die verhältnismäfsig hohe Spannung von einigen 100 Volt nötig, um die kleinsten, wahrnehmbaren Schliefsungsfunken zu erzeugen.

Nach dem Centralblatt für Elektrotechnik, 1884, Heft 9, verhalten sich Spannung zur Schlagweite der Funken, wie folgt, wobei die Funken zwischen zwei parabolischen Spitzen erzeugt sind. Die vier letzten mit * bezeichneten Zahlenangaben sind durch Rechnung gefunden:

Spannung Volt	Schlagweite mm
1000	0,17
3000	1,28
5000	5,10
10000	12,91
15000	17,96
18400*	20,00*
36800*	40,00*
46000*	50,00*
92000*	100,00*

Bei der Funkenzündung im Sinne der folgenden Ausführungen wird also sehr hoch gespannte Elektrizität benutzt, die im Zünder mittelst eines Schliefsungsfunkens zum Ausgleich kommt und beim Durchbrechen des Zündsatzes diesen bis zur Entflammung erhitzt. Die beiden Polenden des Zünders lassen einen Spalt zwischen sich, der vom Funken übersprungen wird. Der dazwischen befindliche Zündsatz erhält nur eine geringe Leitungsfähigkeit.

2. Bei der **Spaltglühzündung** lassen die beiden Polenden ebenfalls einen Spalt zwischen sich, der aber mittelst eines Zündsatzes von erheblicher Leitungsfähigkeit ausgefüllt ist. Die Zündung erfolgt durch die Glühwirkung des elektrischen Stromes und trägt nicht mehr den Charakter des Elektrizitätsausgleichs unter Funkenerscheinung. Man arbeitet in der Regel mit Stromspannungen, die überhaupt keine Schliefsungsfunken zu erzeugen vermögen. Im übrigen schwanken die Widerstände der Zünder wie die Stromspannungen in sehr weiten Grenzen. Die Leitungsfähigkeit des Zündsatzes hängt von seiner Zusammensetzung ab und kann durch Beimengung von Graphit, Kohlenstaub oder Metallpulver geregelt werden. In der Literatur werden häufig die Spaltglühzünder, insbesondere diejenigen, die für hochgespannten Strom bestimmt sind, zu den Funkenzündern gerechnet. Man spricht dann gewöhnlich von „empfindlichen" Zündern. Es erscheint aber richtiger, den Namen Funkenzünder lediglich dann anzuwenden, wenn die Zündmaschine tatsächlich Schliefsungsfunken zu erzeugen imstande ist, da andrenfalls irrtümliche Auffassungen erweckt werden.

3. **Die Glühzündung.** Bei derselben ist innerhalb des elektrischen Zünders die metallische Leitung nicht wie bei der Funken- und Spaltglühzündung durch einen Spalt unterbrochen, sondern die beiden Polenden sind durch ein sehr dünnes Platindrähtchen miteinander verbunden. Das letztere besitzt einen hohen, im Verhältnis zu den Funken- und Spaltglühzündern freilich sehr niedrigen Widerstand von etwa einem Ohm. Sobald ein genügender elektrischer Strom durch die Zündanlage fliefst, kommt das Platindrähtchen ins Glühen und bringt den Zündsatz zur Entzündung.

F. Stromquellen.

1. **Einteilung.** Die für die elektrische Zündung im Gebrauch stehenden Stromquellen (Zündmaschinen; exploseurs; exploders) sind zumeist nicht notwendig auf eine der drei genannten Zündungsmethoden beschränkt. Insbesondere sind die für Spaltglüh- und Glühzündung benutzten Zündmaschinen vielfach von gleicher Art. Es ist deshalb zweckmäfsig, die Stromquellen in elektrotechnisch geordneten Gruppen zu betrachten.

Man unterscheidet:

a) reibungselektrische Maschinen,

b) Strominduktoren,

c) Magnetinduktionsmaschinen,

d) dynamoelektrische Maschinen,

e) Elemente,

f) Akkumulatoren.

2. **Die reibungselektrischen Maschinen** (machines électrostatiques; electrostatic exploders) sind ausschliefslich für Funkenzündung bestimmt. Die Hauptteile solcher Maschinen sind die eigentliche Elektrisiermaschine und der Elektrizitätssammler. Als Hilfsvorrichtungen kommen der Entlader und der Funkenprüfer hinzu. Das österreichische technische Militärkomitee hat diese Art Zündmaschinen mit glücklichem Erfolge ausgebildet, wobei sich namentlich Baron von Ebner Verdienste erworben hat. Dem österreichischen Komitee ist die Einführung der Hartgummi-(Ebonit-)platten, statt der früher benutzten Glasscheiben, zu verdanken, womit die Gebrauchsfähigkeit der Apparate wesentlich erhöht wurde. Glasscheiben liefern zwar in der Elektrisiermaschine gröfsere Elektrizitätsmengen als Ebonitplatten, sind dafür aber gegen Feuchtigkeit sehr empfindlich und bedürfen einer sorgsamen Wartung, die ihnen in der Grube nicht gewährt werden kann. Auch mit Ebonitplatten sind die Maschinen nicht etwa unempfindlich gegen Feuchtigkeit. Sie genügen zwar bei einer einigermafsen vorsichtigen Behandlung lange Zeit den Anforderungen und verlieren ihre Gebrauchsfähigkeit nicht. Immerhin wirkt vielfacher Transport und häufiger Temperaturwechsel schädlich auf die Maschinen ein. Haben sie ihre Wirksamkeit zeitweise verloren und gelingt es nicht, sie durch Aufbewahren in warmen Räumen wieder gebrauchsfähig zu machen, so wird es in der Regel am besten sein, nicht erst Versuche zur Instandsetzung zu machen, sondern die Maschinen dem Lieferanten zwecks Wiederherstellung zuzusenden. Die reibungselektrischen Maschinen sind entweder Scheiben- oder Zylinderapparate.

a) Als Vertreterin der ersteren Gattung mag die Maschine des Hofmechanikers Bornhardt in Braunschweig näher besprochen werden, die jetzt von C. Winter, A. Bornhardt's Nachfolger in Braunschweig fabriziert und geliefert wird. Bei derselben (Fig. 67) besteht die Elektrisiermaschine aus der Hartgummischeibe *B* und dem dagegen gedrückten Pelzwerk aus Katzenfell als Reibkissen. Die Gummischeibe kann von aufsen mit einer Kurbel in Umdrehung versetzt werden. Die hierbei erzeugte Elektrizität wird dadurch gesammelt, dafs man sie einerseits von dem Pelzwerk, andrerseits durch Sauger *A* von den Gummischeiben nach den Belegungen des Sammlers *F* leitet, der aus einer gut isolierten Leydener Flasche besteht. Die äufsere Belegung der Flasche steht mit der Öse *b* in Verbindung, und die innere Belegung kann durch einen Druck auf den über *b* befindlichen Knopf durch den Ausschlag des Entladers *k* mit der Öse *a* in Stromverbindung gebracht werden. Nachdem die Enden der Leitungsdrähte in die Ösen *a* und *b* eingehängt sind und der

Fig. 67.

Elektrizitätssammler geladen ist, bewirkt ein Druck auf den Entladerknopf den Elektrizitätsausgleich durch den äufseren Stromkreis der Zündanlage und damit das Kommen des Schusses oder der Schufsreihe.

Um die Maschine jederzeit auf ihren gebrauchsfähigen Zustand untersuchen zu können, ist daran der Funkenprüfer angebracht. Derselbe besteht aus einer Reihe von Metallknöpfen, die sich seitlich am Kopfende des Kastens befinden. Will man die Prüfung vornehmen, so schliefst man die Knopfreihe mittelst eines Kettchens an die Öse *a* an und entladet die Maschine wie gewöhnlich. Der Elektrizitätsausgleich erfolgt über die Knopfreihe, indem die Zwischenräume zwischen den einzelnen Metallknöpfen durch deutlich sichtbare Funken übersprungen werden. Wo Schlagwettergefahr besteht, wird der Funkenprüfer mit Glasbedeckung geliefert.

Die ganze Maschine ist in einem Blechkasten untergebracht, der seinerseits wieder in einen verschraubten Holzkasten gesetzt ist. Dem Bergmann sind also nur Kurbel, Entladerknopf, Ösen und Funkenprüfer zugänglich, die möglichst gegen das Innere des Gehäuses abgedichtet sind, um jede Feuchtigkeit abzuhalten. Figur 68 zeigt die äufsere Ansicht der Maschine.

Fig. 68.

Bei einem Scheibendurchmesser von 258 mm liefert die Bornhardt'sche Maschine nach etwa 20 maliger Umdrehung der Kurbel Funkenlängen von 45—50 mm und bringt 15—20 Schufs zur Entladung. Gröfse der Maschine: Länge 50 cm, Breite 19 cm, Höhe 36 cm; Gewicht: 13 kg. Die Firma baut noch eine gröfsere Maschine mit zwei auf derselben Achse sitzenden Scheiben von je 300 mm Durchmesser, die Funkenlängen von 70—90 cm liefern kann. Die Gröfse dieser Maschine ist: Länge 54 cm, Breite 27 cm, Höhe 41 cm; Gewicht: 19,5 kg.

b) Die Aktiengesellschaft Dynamit Nobel in Wien liefert ähnliche reibungselektrische Zündapparate, bei denen auf einer Welle drei Scheiben aus Hartgummi bezw. vulkanisierter Guttapercha sitzen. Die Reibkissen bestehen aus Bisampelz. Der Elektrizitätssammler ist eine zusammengerollte Franklin'sche Tafel. Entladung und Funkenprüfung bieten gegenüber der Bornhardt'schen Maschine nichts Bemerkenswertes. Der Apparat ist in einem Hartgummikasten untergebracht, welcher von einem Schutzkasten aus Blech umgeben ist. Er hat sich an vielen Orten gut bewährt. Bei verhältnismäſsiger Kleinheit liefert er starke Funken.

c) Im wesentlichen von gleicher Bauart sind die Zündmaschinen von Abegg und diejenige von Mahler & Eschenbacher.

d) Von Abegg stammt auch ein Zylinder- oder Trommelapparat einfachster Art. Von dieser Gattung mag hier Mowbray's Maschine besprochen sein, die in Amerika gröſsere Verbreitung gefunden hat.

Die Figuren 69 u. 70 zeigen die Maschine im Längs- und Querschnitt. In einem faſsförmigen Gefäſse A aus hartem Holze

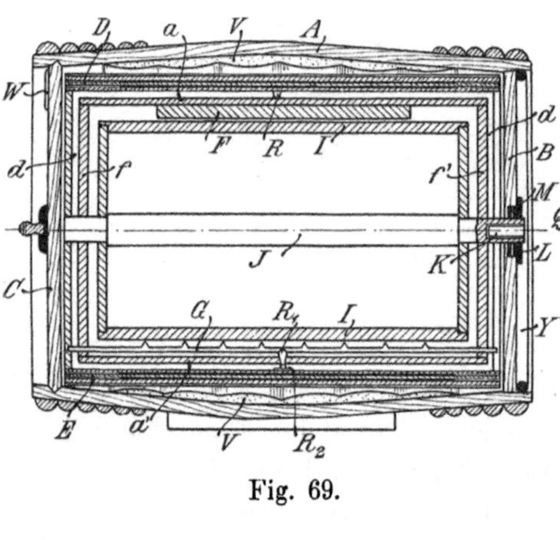

Fig. 69.

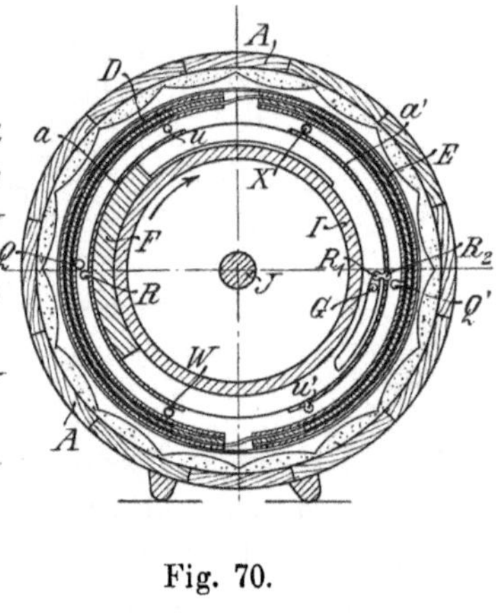

Fig. 70.

kann mit Hilfe einer an der Stirnseite anzusteckenden Kurbel ein Ebonitzylinder J in Umdrehung gesetzt werden. Dieser Zylinder ist von entsprechend geformten Vulkanitschildern a und a_1 umfaſst, von denen Schild a das Reibzeug F trägt. An der dem Reibzeug entgegengesetzten Seite ist der Sauger G angebracht.

Der Elektrizitätssammler D und E umgibt wiederum zylindrisch die Schilder a und a_1.

Die beiden Schilder a und a_1 stehen durch die Kopfscheiben f f_1 miteinander in Verbindung. Wird der Zylinder J mittelst der Kurbel rechts herum gedreht, so nehmen die Vulkanitschilder a und a_1 vermöge der Reibung des Reibkissens F zunächst an der Drehung teil, bis sich der Leitungsknopf R gegen Q und der entsprechende Knopf R_1 auf der anderen Seite gegen Q_1 legt.

Vermittelst dieser Anschlagsknöpfe wird die Elektrizität vom Reibkissen bezw. vom Sauger dem Sammler zugeführt. Soll die Maschine nach genügender Ladung zum Schiefsen benutzt werden, so dreht man die Antriebskurbel ein klein wenig rückwärts, dafs die Knöpfe R und Q bezw. R_1 und Q_1 sich nicht mehr berühren, und schliefst die Leitungsdrähte bei W und X an. Beim weiteren Linksdrehen der Kurbel um 30^0 wird die Entladungsvorrichtung in Tätigkeit gesetzt.

Die Innenwand des Holzfasses A ist mit einem Ätzkalk und Glimmerplättchen enthaltenden Seidenkissen V ausgefüttert, um die Feuchtigkeit aufzunehmen. Eine solche Maschine wiegt 13 kg.

e) Die eigentlichen **Influenzmaschinen** haben sich bisher für die Zwecke der elektrischen Zündung von Sprengschüssen nicht einbürgern können. Sie liefern zwar beträchtliche Funken, sind aber unzuverlässig und äufserst empfindlich, namentlich gegen Feuchtigkeit. Es besteht deshalb keine Aussicht, sie für den Grubenbetrieb nutzbar zu machen.

3. **Die Strominduktoren** (exploseurs d'induction à un courant voltaïque; current-induction exploders) sind ebenfalls für Funkenzünder bestimmt und können demgemäfs Funken von beträchtlicher Stärke liefern. Das Prinzip dieser Apparate besteht darin, dafs man einen durch eine Drahtspirale fliefsenden elektrischen Strom in regelmäfsiger Wiederkehr mittelst eines Neef'schen Hammers unterbricht, wodurch in einer zweiten Spirale, die die erstere umgibt, Induktionsströme erzeugt werden. Die erste Spirale besteht aus einigen Windungen eines dicken Drahtes, während die zweite Spirale aus einem dünnen Drahte von beträchtlicher Länge besteht. Die Induktionsströme besitzen eine hohe Spannung, die bis auf viele Tausend Volt gebracht werden kann. Demzufolge können aus der zweiten Spirale bei geöffnetem Stromkreis kräftige Schliefsungsfunken entnommen werden, die zur Zündung der Funkenzünder ausreichen.

a) Die Figur 71 zeigt das Schema eines solchen Apparates. Das Element oder der Akkumulator E sendet, wenn man den Stromschlüssel T niederdrückt, über den Neef'schen Hammer N einen Strom durch die Spirale S_1, in die ein Bündel A weicher Eisenstäbe gesteckt ist. Durch den Neef'schen Hammer wird der Stromkreis in fortwährender, schneller Aufeinanderfolge wie in einer elektrischen Klingel unterbrochen und wieder geschlossen. Die Spirale S_1 ist von der aus dünnem Draht bestehenden Spirale S_2 umgeben, in der die Induktionsströme erzeugt werden, die, in die Zündanlage geleitet, hier den Zünder Z zur Explosion bringen. Bei jeder Unterbrechung und Schlieſsung des Stromes durch den Neef'schen Hammer tritt ein Extrastrom auf, der den Öffnungsstrom verstärkt und den Schlieſsungsstrom schwächt. Da diese Wirkung unerwünscht ist, vielmehr Öffnungs- und Schlieſsungsstrom behufs Gleichmäſsigkeit des induzierten Stromes möglichst gleich stark sein sollen, ist in dem Apparate noch der Kondensator C angebracht. Durch ihn wird die den Öffnungsextrastrom bildende Elektrizität zum gröſsten Teil gebunden und kommt nachher wieder dem Schlieſsungsstrom zu gute.

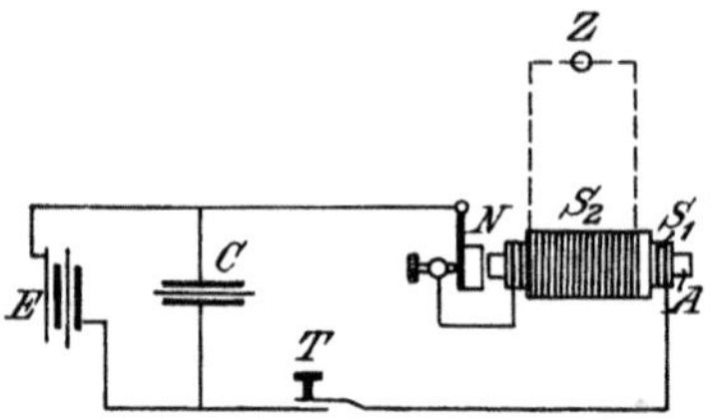

Fig. 71.

Ein solcher Strominduktor entspricht also in allen wesentlichen Teilen dem Ruhmkorff'schen Induktionsapparate. Der spanische Oberstleutnant Verdu hat zuerst derartige Apparate für Minenzündung benutzt. Von den Österreichern von Wohlgemuth und Marcus sind sie noch in einigen Einzelheiten, die sich besonders auf die Einrichtung der zweiten Spirale beziehen, verbessert worden.

b) Die Figur 72 zeigt einen von J. von Lauer für den Grubenbetrieb vorgeschlagenen Induktionsapparat im Längsschnitt. Es sind der Ruhmkorffapparat mit R, der Kondensator mit C, die Akkumulatorzellen mit A, die Bleisicherung zwecks Verhütung allzu schneller Entladung der Akkumulatoren mit B, der Entlader oder Taster mit T und die Ösen zur Verbindung der Leitungsdrähte mit dem Zündapparate O bezeichnet. Von letzteren ist nur eine sichtbar.

c) Gebrauchsfähigkeit der Strominduktoren. Die Strominduktoren sind für militärische Zwecke und bei gröſseren

Sprengungen über Tage öfters in Gebrauch genommen. Für Bergwerke scheinen sie dauernd nirgendwo eingeführt zu sein, obwohl die Apparate leicht und handlich hergestellt werden können. Maschinen von nur 1 kg Gewicht sollen schon Funkenlängen von 1 cm Schlagweite liefern.

Demgegenüber sind allerdings Übelstände der Apparate hervorzuheben, die gerade für den Gebrauch in der Grube schwerwiegend sind. Die Elemente und Akkumulatoren erfordern aufmerksame Wartung und sorgsame Behandlung, die ihnen in der Grube nicht

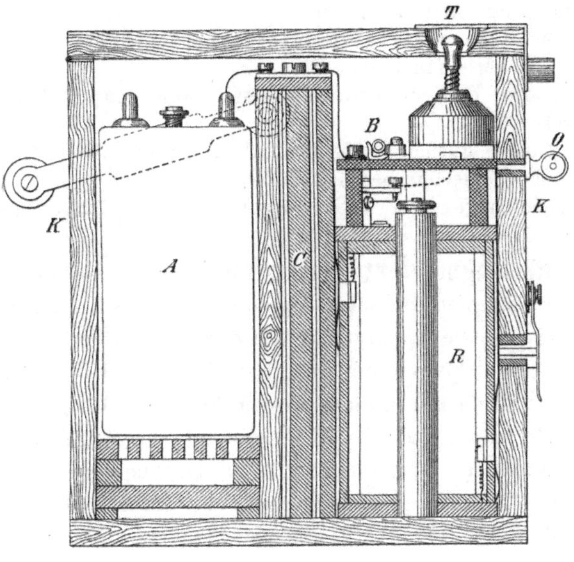

Fig. 72.

regelmäfsig zuteil werden kann. Wegen des Vorhandenseins von Säuren als Füllung ist besondere Vorsicht beim Transport erforderlich. Es kommt leicht vor, dafs die Flüssigkeit austritt und oxydierend auf die Metallteile und insbesondere die Klemmen einwirkt. Auch der Neef'sche Hammer oder der sonst dafür gebrauchte Stromunterbrecher ist leicht Beschädigungen ausgesetzt. Schliefslich besteht in der Induktionsspirale bei den geringsten Verletzungen Kurzschlufsgefahr, da die Isolation von der hochgespannten Elektrizität durchschlagen werden kann.

4. Einfacher, aber auch weniger leistungsfähig ist der **Strominduktor mit Extrastromspirale** (Fig. 73). Der Strom fliefst vom Element

oder Akkumulator *E* durch die Leitungen und die Spirale *S*, die um ein Bündel *A* weicher Eisenstäbe gewickelt ist. Mittelst des Stromunterbrechers *T* kann der Strom sehr schnell und plötzlich (am besten unter Anwendung einer Feder) unterbrochen werden. Der Öffnungsextrastrom fliefst alsdann durch den Stromkreis der Zündanlage *Z*. Um die Funkenbildung an der Unterbrechungsstelle *T* zu beschränken, ist wiederum der Kondensator *C* angebracht, der die aufgenommene Elektrizität sofort in die Zündanlage sendet. Die Spannung der zu erzielenden Funken hängt einerseits von der Stärke des Stromes, andrerseits von dem Widerstande der Drahtspirale ab.

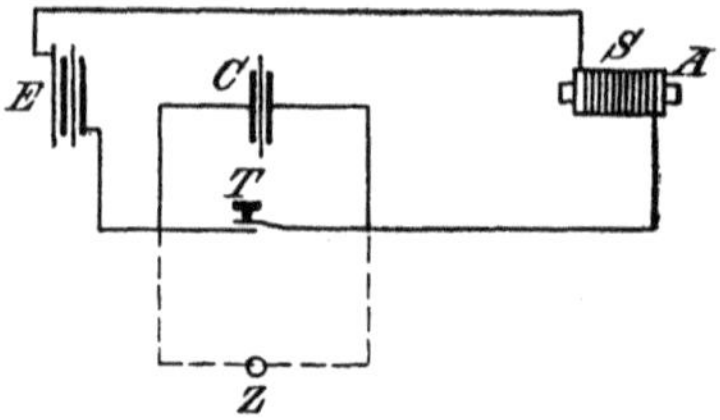

Fig. 73.

Die Zünder dürfen einen nicht allzu grofsen Widerstand besitzen, da die Funkenlänge nur beschränkt ist.

Tatsächlich für Bergwerke eingeführt sind solche Apparate bisher nicht.

5. **Die magnetelektrischen Maschinen** (appareils magnetoélectriques; magneto-induction-exploders). a) Allgemeine Bemerkungen. Die Apparate liefern Zündungsströme von niedrigen bis zu mittleren Spannungen, die von einigen Volt bis zu mehreren Hunderten und darüber hinaus steigen können. Demgemäfs müssen auch die Zünder verschieden gearbeitet sein. Bei den älteren magnetelektrischen Maschinen wird in Drahtspiralen, die um die Pole eines Magneten gewickelt sind, ein Induktionsstrom dadurch erzeugt, dafs ein weiches Eisenstück plötzlich seine Lage zu den Polen ändert und hierdurch das magnetische Kraftlinienfeld verschiebt. Zu den Maschinen dieser Art gehören diejenigen von Bréguet und Hickley, die Pyrothek und andere.

Bei den neueren Maschinen wird zwischen den Polen eines Magneten ein mit Drahtwicklungen versehener Doppel-T-Anker in schnelle Umdrehung versetzt, wodurch in den Drahtwicklungen Wechselströme induziert werden.

Bei beiden Arten von Maschinen läfst man mehrfach den induzierten Strom nicht unmittelbar in den äufseren Stromkreis gehen. Bei der Zündung von mehreren Schüssen würde nämlich die Gefahr entstehen, dafs zufolge des langsam ansteigenden Stromes die Zünder mit den höchsten Widerständen zuerst kommen, die Leitung unterbrechen und so Veranlassung zu einem Versagen der übrigen Schüsse geben. Wenn also die Maschinen für mehrere Schüsse bestimmt sind, geht das Bestreben dahin, die Einschaltung des Stromes erst dann vorzunehmen, wenn die Stromstärke ein gewisses Mafs erreicht hat.

Die an den Maschinenklemmen verfügbare Spannung der Elektrizität hängt zunächst unmittelbar von der Stärke des magnetischen Feldes ab. Je stärker der Magnet ist oder je mehr Magnete von einer gewissen Stärke vorhanden sind, um so gröfser ist die Spannung. Sie hängt ferner davon ab, wie nahe an den Magnetpolen der Anker liegt und mit welcher Geschwindigkeit sich dieser bewegt. Endlich hängt die Spannung von der Zahl der Drahtwindungen auf dem Eisenkern ab, mit der sie ebenfalls im direkten Verhältnis steht. Für höhere Spannungen wählt man sehr dünne Drahtwindungen, von denen eine grofse Zahl auf dem verfügbaren Raum unterzubringen ist. Für niedere Spannungen (Glühzündung) wählt man dicke Drähte mit weniger Windungen.

Die Magnetapparate sind ebenso wie die noch zu besprechenden dynamoelektrischen Maschinen in ihrer Wirkung unempfindlich gegen äufsere Einflüsse und den Feuchtigkeitsgehalt der Grubenluft. Etwaige Fehler daran, die durch Einrosten der Metallteile, namentlich durch Oxydation der Verbindungsstellen und Klemmen, entstehen können, werden sich häufig ohne besondere Mühe auf der Grube selbst beseitigen lassen.

Die magnetelektrischen Maschinen bleiben an Leistungsfähigkeit hinter den dynamoelektrischen zurück, besitzen dafür aber gröfsere Einfachheit. Wenn nur wenige Schüsse gezündet werden sollen, zieht man deshalb magnetelektrische Apparate vor. Die Wirksamkeit der letzteren Maschinen läfst allmählich nach, da die Magnete mit der Zeit an Magnetismus verlieren. Dynamoelektrische Maschinen sind in dieser Beziehung von gröfserer Dauer.

b) Von den älteren Maschinen ist diejenige von Bréguet in Paris viel in Belgien und Nordfrankreich gebraucht worden. Die Figuren 74 u. 75 stellen diese Maschinenart schematisch dar. Um die Schenkel S des Hufeisenmagneten sind Drahtspiralen gewickelt, die an der Unterbrechungsstelle N kurz geschlossen sind, so lange der weiche Eisenanker E anliegt oder doch nur wenig von den

Magnetpolen entfernt ist. *Z* ist die äufsere Zündanlage. Wird der Anker *E* plötzlich vom Magneten abgerissen, so entsteht in den

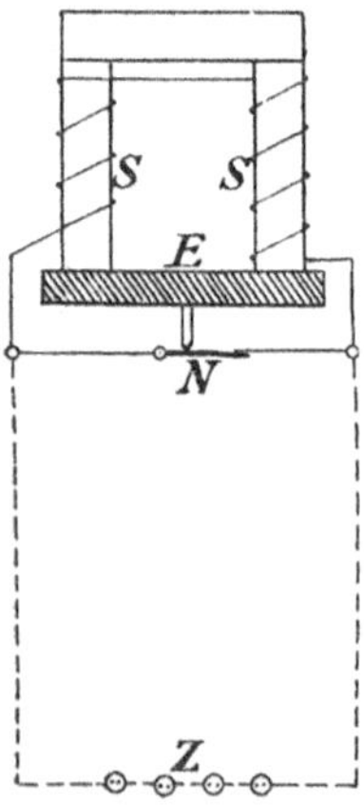

Fig. 74.

Drahtwicklungen ein Induktionsstrom, der zunächst die Spulen durchläuft und den Magnetismus steigert. Wird der Anker genügend weit abgerissen, so wird der Unterbrecher in Tätigkeit gesetzt, und der Strom durchfliefst nun, durch den hoch gespannten Extrastrom verstärkt, den äufseren Stromkreis.

Figur 76 stellt eine Bréguet'sche Maschine in der Ansicht dar. Der Anker *E*

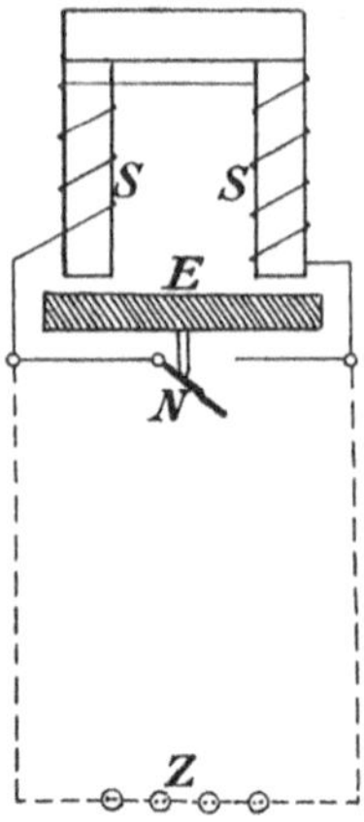

Fig. 75.

ist auf einem Hebel mit horizontaler Achse befestigt. Durch einen kräftigen Faustschlag auf den Knopf *a* des Hebels wird der Anker vom Magneten abgerissen und die Maschine in Wirksamkeit versetzt. Der Stützklotz *b* kann unter den Hebel geschoben werden, um eine unbeabsichtigte Wirkung der Maschine zu ungelegener Zeit hintanzuhalten. An die Knöpfe *c c* wird der äufsere Stromkreis angelegt.

Fig. 76.

Die Maschine wird in verschiedenen Gröfsen gebraucht. Die kleinste wiegt 2,75 kg und zündet zwei Schufs, die mittlere wiegt 8,5 kg und reicht für acht Schufs aus, die gröfste wiegt 10 kg und zündet zehn Schufs, die in allen Fällen hintereinandergeschaltet werden.

Die Maschinen besitzen einen bedeutenden inneren Widerstand, der für das mittlere Modell 6000 Ohm und für das gröfsere 12 000—15 000 Ohm beträgt.

c) Sehr ähnlich in Wirkung und Handhabung ist die Maschine von Hickley und diejenige von Skola.

d) Beim Zündinduktor von Markus liegt zwischen den Polen eines Hufeisenmagneten ein mit Drahtwicklung versehener Anker aus weichem Eisen in der Art, daſs der länglich rechteckig geformte Anker mit dem einen Ende an den Nordpol und mit dem anderen an den Südpol des Magneten stöſst. Der Anker kann nun mittelst einer Federvorrichtung so weit herumgeschnellt werden, daſs die beiden Ankerenden an die entgegengesetzten Pole zu liegen kommen. Im geeigneten Augenblicke wird hierbei der in der Ankerwicklung auftretende Induktionsstrom unterbrochen, so daſs er zugleich mit dem Extrastrom in die Zündanlage flieſst.

e) Ein verhältnismäſsig sehr kleines und handliches Zündmaschinchen ist der in der Figur 77 dargestellte, Gnom benannte Apparat, der von der Fabrik elektrischer Zünder zu Köln fabriziert wird. Mittelst des Griffes g kann man unter Zusammendrücken der Spiralfeder d den Hufeisenmagneten b so weit nach unten ziehen, daſs seine Pole in die mit Drahtwicklungen versehenen hohlen Polschuhe a zu liegen kommen. Läſst man den Griff g los, so schnellt die Spiralfeder d den Magnet b wieder in die gezeichnete Lage zurück. Der infolge der Bewegung der Magnetpole in den Polschuhen die Drahtwicklungen durchflieſsende Strom ist im Anfange vermöge der Schleiffedern e_1 und e_2 und der Wulst f kurzgeschlossen, wird aber in dem Augenblicke, da der Magnet mit einer bereits beträchtlichen Geschwindigkeit aus den Polschuhen heraustritt, dadurch unterbrochen, daſs der Griff g mittelst eines Anschlages die auf einer Stange sitzende Wulst f aus den stromführenden Schleiffedern e_1 und e_2 herausschiebt. Der Strom muſs nun, durch den Extrastrom verstärkt, durch die Zündanlage gehen. Figur 78 zeigt den Apparat in Ansicht.

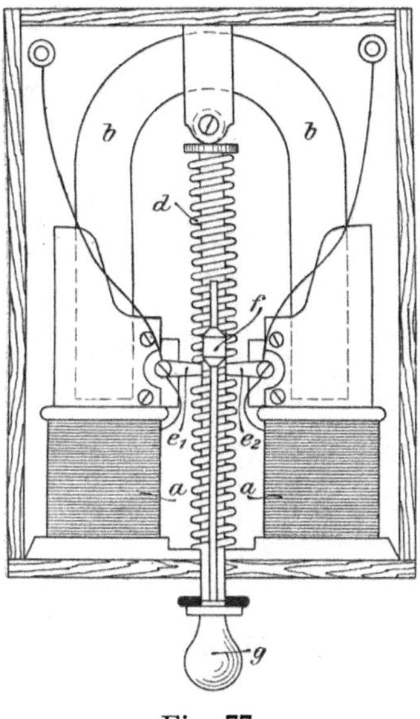

Fig. 77.

Fig. 78.

Die Mafse dieses Maschinchens sind 150 : 90 : 28 mm, bei einem Gewichte von nur 800 g. Es kann somit leicht in jede Tasche gesteckt werden.

f) Bei den bisher besprochenen Maschinen findet stets nur ein Abreifsen des Ankers von den Magnetpolen oder doch nur eine beschränkte Drehbewegung statt. Die französische Maschine Pyrothek unterscheidet sich dadurch wesentlich von den vorigen, dafs ein unbewehrter Anker vor den mit Drahtwicklungen versehenen Polen eines Magneten sich schnell und ununterbrochen herumdrehen läfst. Es ist damit in gewisser Weise der Übergang zu den jetzt üblichen Maschinen gegeben, bei denen der mit Wicklungen versehene Anker zwischen den Magnetpolen in Umdrehung versetzt wird.

Die Pyrothek (Fig. 79) ist nach dem Gesagten leicht verständlich. *O* ist der Magnet mit seinen Polen *N* und *S*. *A* ist

Fig. 79.

der Anker, der durch Drehung der Kurbel *K* mittelst Zahnradvorgeleges dicht vor den Magnetpolen in schnelle Umdrehung gesetzt werden kann. Durch den Wechsel der Polarität im Anker und die Änderung des magnetischen Feldes werden in den Wicklungen Induktionsströme von wechselnder Richtung erzeugt.

An der Achse des Ankers ist eine Unterbrechung des inneren Stromkreises angebracht, die immer dann in Wirksamkeit tritt, wenn der Anker senkrecht zu der Verbindungslinie von Pol zu Pol steht, also der Induktionsstrom seine gröſste Stärke hat. Der jedesmal entstehende Extrastrom geht über die Klemmen *a* und *b* in die Zündanlage.

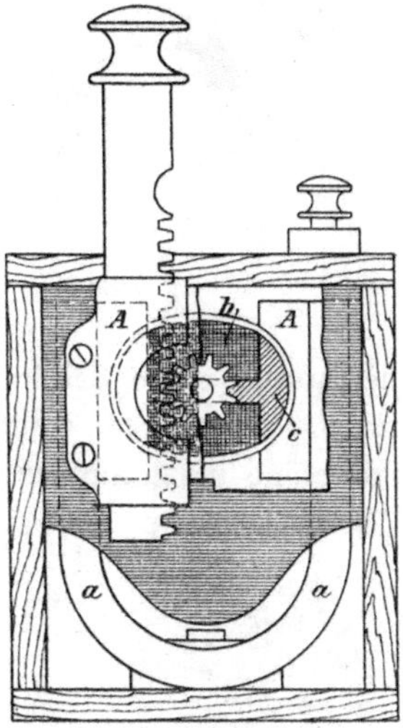

Fig. 80.

Es gibt noch mehrere Apparate, die zu der Gruppe der bisher besprochenen Maschinen gehören. Sie bieten jedoch keine nennenswerten Besonderheiten.

g) Nicht minder groſs ist die Gruppe der neueren, magnet-elektrischen Apparate, deren einfachste Ausführungsform die Figur 80 im Aufriſs darstellt. In dem magnetischen Felde zweier Hufeisenmagnete *a* wird ein mit Längswicklungen *b* armierter Doppel-T-Anker *c* durch Kurbel- oder Zahnstangenantrieb in schnelle Umdrehung versetzt. Die isolierte Drahtwicklung ist einerseits an die Achse bezw. die Verlagerungsplatte und damit an die eine Klemme angeschlossen, während das andere Ende isoliert durch eine Längsbohrung in der Achse geführt ist und durch eine Feder mit der Klemme in leitender Verbindung steht. Der erzeugte Wechselstrom flieſst unmittelbar durch die Zündanlage und bringt den Zünder zur Explosion. Die Figuren 81 und 82 zeigen das äuſsere Aussehen dieser Maschinchen. Diejenige mit der Kurbel wiegt 2 kg und ist in den Maſsen 150:170:95 mm ausgeführt. Die Zahnstangenmaschine wiegt 1,5 kg und miſst 110:110:95 mm.

Fig. 81.

Fig. 82.

Um das immerhin lästige Zwischenmittel der Zahnstangen und Zahnräder im Antrieb zu vermeiden, ist bei der in Figur 83 mit und ohne Gehäuse dargestellten Maschine von der Fabrik elektrischer Zünder zu Köln Kreiselantrieb gewählt, d. h., die nach aufsen durchgeführte Achse des Doppel-T-Ankers wird unmittelbar durch Abziehen einer darum gewickelten Schnur in schnelle Umdrehung versetzt. Das Endstück der Achse trägt, um das Aufwickeln der Schnur zu erleichtern, einen Schlitz, in den der Faden zunächst hineingelegt wird. Figur 84 zeigt die Handhabung des Apparates. Die Maschine mifst nur 100 : 90 : 65 mm, ist in gezogenem, starkem Messinggehäuse untergebracht und wiegt 1,6 kg. Sie ist durch Fortfall der Ausbesserungen am Antriebe und durch hohe Leistung infolge der erzielbaren, grofsen Drehgeschwindigkeit des Ankers ausgezeichnet.

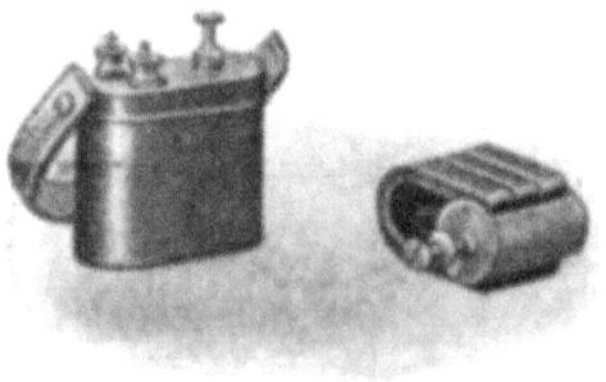

Fig. 83.

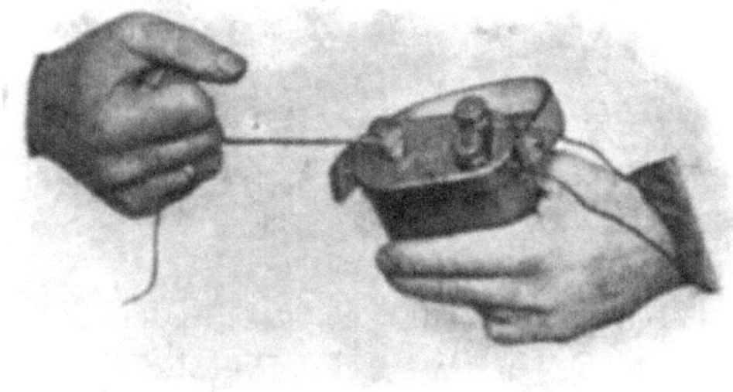

Fig. 84.

Die drei letztgenannten Maschinen sind für ein bis drei Schufs bestimmt und sind für Spaltglüh- oder Glühzündung je nach der Art der Wicklung brauchbar. Für höhere Schufszahlen werden entsprechend gebaute stärkere Maschinen benutzt.

In England sind von Davis & Son und in Belgien von der Telephon- und Elektrizitätsgesellschaft zu Berchem gelieferte, ähnliche Maschinen viel in Gebrauch.

h) Derartige Maschinen können einen Druckknopf erhalten, der dem Arbeiter die Möglichkeit gibt, den Stromschlufs für die Zündanlage erst nach Erreichung einer gewissen Drehgeschwindigkeit einzuschalten. Bei richtigem Gebrauche wird hierdurch die Leistung der Maschine gesteigert. Die Handhabung wird aber selten richtig erfolgen, da der Arbeiter zumeist geneigt ist, schon von vornherein auf den Knopf zu drücken.

i) Die Fabrik elektrischer Zünder zu Köln rüstet ihre gröſseren Apparate auf Verlangen mit automatischer Stromschluſsvorrichtung (Schleuderkontakt) aus, wodurch die Maschine von der mehr oder weniger geschickten Handhabung bezw. der Kurbeldrehung unabhängig wird. Der Strom wird erst dann in die Zündleitung abgegeben, wenn der Anker eine genügend groſse Drehgeschwindigkeit erlangt hat.

k) Bei den magnetelektrischen Maschinchen von Siemens & Halske, Aktiengesellschaft zu Berlin (Fig. 85), erfolgt die Einschaltung bei der fünften Kurbelumdrehung in selbsttätiger Weise, und zwar unabhängig von der Stellung der Kurbel beim Beginn des Drehens. Dies ist in folgender Weise erreicht: die Achse der Kurbel ist in ihrer Längsrichtung verschiebbar angeordnet und macht, in einer schrägen Nut der hohlen Achse des Zahnrades geführt, bei dem Beginn der Drehung eine kleine, seitliche Bewegung. Hierdurch kommt das auf derselben befindliche Einzahnrad in Eingriff mit dem darüber befindlichen Malteserkreuz, welches mitgenommen wird, nach fünf Umdrehungen die Kontaktnase gegen eine Feder andrückt und damit den Stromkreis schlieſst. Läſst man nun die Kurbel los, so geht die Achse zurück, das Malteserkreuz wird frei und schnellt infolge des Druckes einer Spiralfeder wieder in seine Anfangslage zurück. Dieser Apparat wird in drei Gröſsen geliefert: 1. für eine Glühzündpatrone bei 1 Ohm Leitungswiderstand, in Holzkasten von 82 : 103 : 104 mm, Gewicht 1,7 kg; 2. für bis fünf Glühzünd-

Fig. 85.

patronen bei 2 Ohm Leitungswiderstand, in Holzkasten von 100 : 128 : 165 mm, Gewicht 2,8 kg; und 3. für bis zehn Glühzündpatronen bei 2 Ohm Leitungswiderstand, in Holzkasten von 112 : 178 : 180 mm, Gewicht 5,5 kg.

l) Durch Anbringung eines Kondensators läfst sich die von den magnetelektrischen Maschinen gelieferte Spannung so weit steigern, dafs die Apparate Schliefsungsfunken zu erzeugen vermögen und damit für die eigentliche Funkenzündung verwendbar werden.

Figur 86 zeigt das Schema einer Zündmaschine des Systems Ducretet, wobei der Magnet durch die Pole N und S angedeutet ist. Der mit den Drahtwicklungen versehene Doppel-T-Anker A wird im magnetischen Felde NS in schnelle Umdrehung versetzt. Die Enden der Drahtwicklungen stehen mit den Belegungen eines Kondensators C in leitender Verbindung. Sobald der Anker in Drehung versetzt wird, sammelt der Kondensator die Elektrizität an. Nach einer halben Umdrehung ändert der Induktionsstrom seine Richtung und wird nunmehr durch die Entladung des Kondensators verstärkt. Für die zweite Ladung des Kondensators steht somit schon eine gröfsere Elektrizitätsmenge zur Verfügung. Das Spiel wiederholt sich fortwährend, indem sich die Ströme bis zu einem gewissen Grade ständig verstärken. Nach einigen Umdrehungen kann man durch einen Druck auf den Entladeknopf T den Strom durch die äufsere Zündanlage $L L_1$ entsenden. Eine derartige Zündmaschine, die $4^1/_4$ kg wiegt, kann 4—6 Funkenzünder zur Explosion bringen. Die Funkenstärke hängt hierbei wesentlich von der Geschicklichkeit des Arbeiters ab.

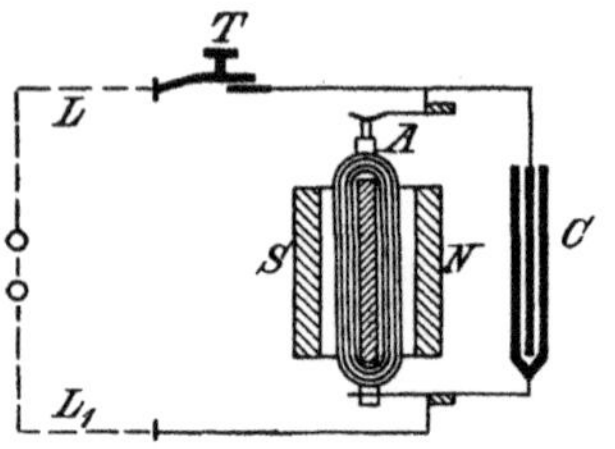

Fig. 86.

6. **Die dynamoelektrischen Maschinen** (exploseurs dynamoélectriques; dynamo exploders) sind in vieler Beziehung den magnetelektrischen Apparaten ähnlich, so dafs für sie dasjenige ebenfalls gilt, was auf Seite 177 über die Magnetapparate gesagt ist.

a) Allgemeine Bemerkungen. Die dynamoelektrischen Maschinen beruhen auf dem Gedanken der Siemens'schen Dynamomaschine (Fig. 87).

Ein mit Drahtwicklungen versehener Doppel-T-Anker *T* wird zwischen den Polen eines Elektromagneten *M* in Umdrehung versetzt. Infolge des in den Schenkeln remanenten Magnetismus werden in den Wicklungen Induktionsströme erzeugt, die auf einem Kollektor *C* gleichgerichtet werden. Der Strom durchfliefst im Haupt- oder Nebenschlufs die Wicklungen des Elektromagneten, verstärkt den Magnetismus und damit die Stromstärke. Die Steigerung der Maschinenleistung geht bis zu einem gewissen Höchstmafs. Ist dieses erreicht, so wird der innere Stromkreis etwa durch Niederdrücken eines Unterbrechers, wie in der Figur angedeutet, geöffnet, und der ganze verfügbare Strom geht, verstärkt durch den Extrastrom, durch den äufseren Stromkreis $L\ L_1$.

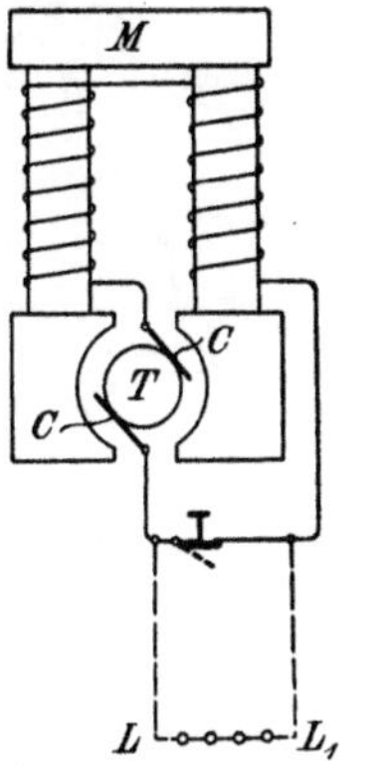

Fig. 87.

Die Unterschiede der vielen verschiedenen dynamoelektrischen Zündmaschinen betreffen in der Hauptsache den Antrieb, der mittelst aufgespeicherter Federkraft, durch Zahnstangen, Zahnrädervorgelege oder dergleichen erfolgen kann, und ferner die Art der Stromunterbrechung, die selbsttätig vor sich geht oder von der Schnelligkeit bezw. der Stellung des Bewegungsmechanismus abhängig ist.

b) Der Glühzündmaschine von Siemens & Halske, Aktiengesellschaft zu Berlin, liegt der Gedanke zugrunde, die Wirksamkeit der Maschine von der Kraft und Geschicklichkeit der Bedienenden unabhängig zu machen. Dies ist dadurch erreicht, dafs die zur Leistung des elektrischen Stromes nötige Energiemenge vor dem Schiefsen durch Federkraft aufgespeichert und im Augenblicke der Sprengung durch den Druck auf einen Knopf ausgelöst wird. Die Ausführung der Maschine geht aus der schematischen Skizze Figur 88 hervor, bei welcher der Übersichtlichkeit halber einzelne Teile etwas anders gezeichnet sind, als es der Wirklichkeit entspricht.

Auf die Achse *A* ist eine kräftige Feder *a* (rechts unten) mit Federhaus aufgesetzt, welche durch den Handgriff *G* so lange aufgezogen wird, bis die Hand einen Anschlag verspürt. Durch ein Gesperre, an welchem mittelst des Hebels *e* der Druckknopf

D befestigt ist, wird das Rad *R* gesperrt und hierdurch die Feder im aufgezogenen Zustande erhalten. Sobald nun die Schüsse gezündet werden sollen, wird auf den Druckknopf *D* gedrückt und das Sperrrad *R* freigegeben. Hierdurch wird der Anker *T* der Dynamomaschine durch Vermittlung der Zahnräder Z_1, Z_2 und Z_3 in rasche Umdrehung versetzt und ein Strom in dem Anker induziert, welcher von den Kommutatorbürsten *C* aus die Schenkel *S* der Maschine in Nebenschaltung umfliefst und dieselben bis zum Höchstmafse erregt. Bei der Anordnung der Maschine erfolgt die höchste Erregung fast unmittelbar nach Freigabe des Sperrrades *R*, worauf durch den Druck der Nase *N* die Feder *F* sich gegen das Kontaktstück *k* legt und hiermit die Einschaltung der äufseren Leitung $L\,L_1$ vor sich geht.

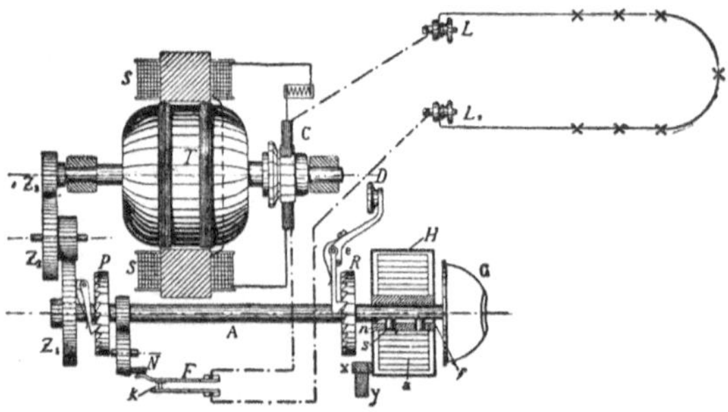

Fig. 88.

Fig. 89.

Die Zündmaschine zündet bei 17 Ohm Leitungswiderstand bis zu 80 Glühzündpatronen. Der innere Widerstand ist 20 Ohm. Die erzeugte Spannung beträgt etwa 150 Volt. Die Maschine mifst 155 : 215 : 220 mm und wiegt 9,5 kg. Die äufsere Ansicht ist in Figur 89 dargestellt.

c) Die Maschine Boute-feu der Société anonyme d'explosifs zu Paris wird in ähnlicher Weise durch eine aufgezogene starke Uhrfeder in Gang gesetzt. Die Stromunterbrechung erfolgt jedoch erst, nachdem der Anker verschiedene Umdrehungen gemacht hat, durch Aufhebung eines Schleifkontaktes.

Fig. 90.

d) Viel gebraucht werden die Zahnstangenmaschinen, die in Amerika unter dem Namen rackbar-exploders bekannt sind. Figur 90 zeigt eine von der Kölner Fabrik elektrischer Zünder in den Handel gebrachte derartige Maschine. Die Betätigung des Apparates geschieht in der Weise, dafs man die Zahnstange so weit als möglich herauszieht, um sie alsdann mittelst des Griffes kräftig nach unten zu stofsen. Zwischen das Antriebszahnrad, das mit der Zahnstange in Eingriff steht, und das grofse Zahnrad, das die Drehbewegung auf den Anker übermittelt, ist ein Sperrrad mit Knaggenhebel geschaltet. Hierdurch ist erreicht, dafs die Zahnstange ohne Bewegung des grofsen Rades und des Ankers nach oben gezogen werden kann. Nur beim Niederstofsen der Zahnstange dreht sich der Anker. Es tritt also kein Wechsel der Polarität in der Maschine ein. Während des Niederstofsens der Zahnstange ist die Maschine kurz geschlossen. Sobald die Zahnstange am Ende ihres Weges angelangt ist und die höchste Geschwindigkeit erreicht hat, stöfst sie auf eine unten angebrachte

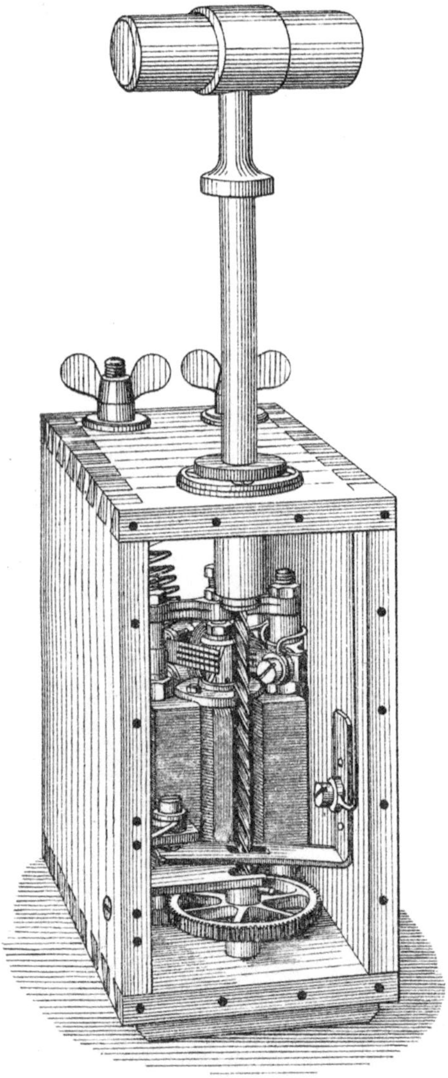

Fig. 91.

Feder und reifst diese von einem Stifte ab, wodurch der Strom unterbrochen und auf den äufseren Zündkreis geleitet wird.

e) Bei der Tirmann'schen dynamoelektrischen Zündmaschine wird die Drehbewegung durch Niederstofsen einer Schraubenmutter auf einer steilgängigen Schraube eingeleitet und durch Zahnradgetriebe auf den Doppel-T-Anker übertragen (Fig. 91). Kommt die Mutter unten an, so drückt sie wie bei den besprochenen Zahnstangenmaschinen eine Feder nieder, die so lange den inneren Stromkreis kurz geschlossen hat. Die Maschine wird in drei Gröfsen für 6, 12 und 60 Schufs von der Aktiengesellschaft Dynamit Nobel geliefert.

Ähnlich sind Zündmaschinen, die von den Gebrüder Siemens in London geliefert werden (twist exploders).

f) Figur 92 zeigt eine Maschine mit Zugstange, die zwecks Betätigung nach oben gerissen wird, wobei der Arbeiter auf ein am Fufs der Maschine angebrachtes (siehe Figur 93) Winkeleisen tritt. Die Bewegung der Schleifkurbel wird mittelst Knagge, Sperrrads und doppelten Zahnradvorgeleges auf den Anker übertragen. Der Strom ist zunächst mittelst zweier auf einem Segmente schleifender Federn kurz geschlossen. Die Stromunterbrechung erfolgt, wenn die Zugstange ihren höchsten Stand erreicht hat, dadurch, dafs die eine Feder über das Segment hinaustritt und hierdurch stromlos wird. Die Figur zeigt diese Stellung. Die äufsere Ansicht der Maschinen ergibt sich aus Figur 93.

g) Bei der französischen Maschine von Manet (hergestellt von der Firma Marcel Gaupillat & Cie. in Paris)

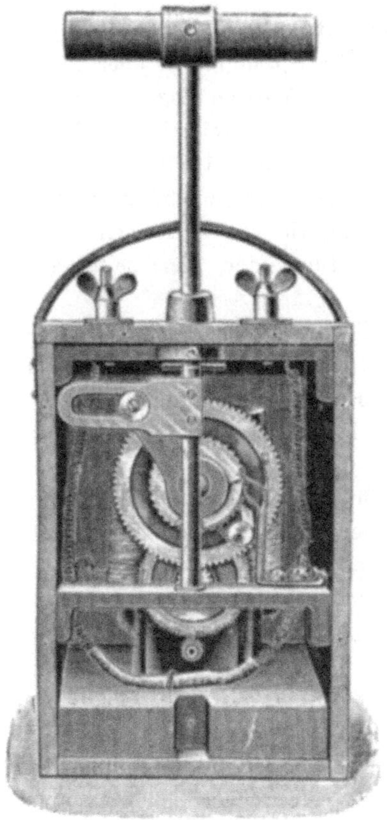

Fig. 92.

Fig. 93.

wird der innere Stromkreis nach Erreichung einer genügenden Geschwindigkeit durch einen Zentrifugalregulator selbsttätig unterbrochen. Der Antrieb geschieht durch Kurbel und Zahnradgetriebe.

h) Die Firma Ch. Gomant in Paris liefert dynamoelektrische Zündmaschinen mit selbsttätigem elektrischen Umschalter. Von der Maschine wird in besonderer Leitung zunächst ein Elektromagnet erregt, dessen Anker bei einer gewissen Stromstärke angezogen wird und den äufseren Stromkreis der Zündleitung schliefst[1]). Eine derartige Umschaltung dürfte den Anforderungen am besten entsprechen, da sie die Erreichung der erforderlichen Stromstärke zur Voraussetzung hat.

7. **Galvanische Elemente** (piles; batteries). a) Allgemeine Bemerkungen. Elemente haben für Sprengungen über Tage und für militärische Zwecke vielfach Verwendung gefunden. Gerade die grofsartigsten Sprengungen der Neuzeit sind mit Hilfe von Elementen durchgeführt worden. Im Jahre 1876 wurden im Hafen von New York zur Beseitigung eines Felsens 3600 Sprengladungen gleichzeitig mittelst einer Batterie von 23 Reihen zu je 40—44, im ganzen 960 Chromsäure-Elementen gleichzeitig gezündet.

Für den Bergbau sind nasse Elemente bisher wenig in Gebrauch genommen worden, und es ist nicht wahrscheinlich, dafs dies anders werden wird. Bei Besprechung der Strominduktoren (S. 175) sind schon die Übelstände hervorgehoben, die den nassen Batterien anhaften.

Bessere Aussichten bestehen für die sogenannten trockenen Elemente, da sie keiner Wartung bedürfen und ohne besondere Vorsicht transportiert werden können.

Die Elemente liefern Ströme von sehr niedriger Spannung, dagegen von einer für die Zündung von Sprengschüssen immerhin beträchtlichen Stärke.

Zufolge der geringen Spannung können diese Stromquellen nur für Zünder mit einem sehr niedrigen Widerstande in Frage kommen und werden deshalb ausschliefslich für die Spaltglüh- und die eigentliche Glühzündung benutzt. Auch hierfür reicht eine Spannung von 1—2 Volt an der Stromquelle in der Regel mit Rücksicht auf den Leitungswiderstand nicht aus, so dafs man gezwungen ist, mehrere Elemente hintereinanderzuschalten. Die Klemmenspannung steigt alsdann im selben Verhältnis wie die Zahl der Elemente. Was die Stromstärke betrifft, so ist zu bemerken, dafs der innere Widerstand einer Batterie durch das Hintereinanderschalten der Elemente vervielfacht wird, dafs aber

---

[1]) D.R.P. 111051.

gewöhnlich dieser innere Widerstand im Verhältnis zu demjenigen des äufseren Stromkreises sehr gering ist. Wenn

i die Stromstärke,

E die Spannung des einzelnen Elements,

n die Zahl der hintereinandergeschalteten Elemente,

r der innere Widerstand des einzelnen Elements,

R der Widerstand der Zündanlage

ist, so erhalten wir nach dem Ohm'schen Gesetze

$$i = \frac{n \cdot E}{R + n \cdot r}$$

oder, wenn $n \cdot r$ verschwindend gering gegenüber R ist,

$$i = \frac{n E}{R}.$$

Das heifst also, dafs bei grofsem äufseren Widerstande die Stromstärke annähernd im selben Mafse wie die Spannung oder im Verhältnis der Zahl der hintereinandergeschalteten Elemente wächst. Für Zündanlagen mit bekannten Widerstandsverhältnissen läfst sich leicht ermitteln, wieviel Elemente zur sicheren Zündung hintereinandergeschaltet werden müssen.

b) Von den nassen Elementen hat man diejenigen von Daniell, Bunsen, Leclanché, Trouvé, Smee und andere für Zündungszwecke benutzt. Insbesondere haben sich die Chromsäurebatterien bewährt. Die Spannung der gebräuchlichen Elemente schwankt zwischen 1 und 2 Volt, der innere Widerstand liegt gewöhnlich erheblich unter 1 Ohm.

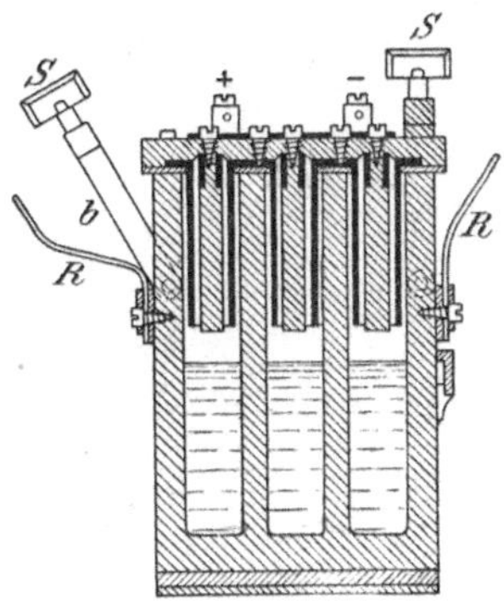

Fig. 94.

Figur 94 zeigt einen früher in der französischen Armee benutzten Zündapparat, der eine auch für Bergwerke nicht ungeeignete Ausführung besitzt. Die Elektrodenplatten sind am gut abgedichteten Deckel eines Hartgummigefäfses befestigt und befinden sich für gewöhnlich über der Flüssigkeit des Trouvéelements. Hat man die Zündleitung an die Klemmen $S\,S$ angeschlossen, von denen die eine am Verschlufshebel b des

Apparates befestigt ist, so kippt man das Gefäfs um, dafs die Flüssigkeit die Elektrodenplatten umspült, worauf die Stromentwicklung und die Zündung der Sprengschüsse erfolgen. *RR* stellen Tragriemen dar.

c) Trockenelemente werden erst in neuerer Zeit für Zündungszwecke benutzt. Er sind nur wenige einigermafsen verläfsliche Elemente dieser Art bekannt. Je kleiner die Apparate sind, um so geringer ist ihre Zuverlässigkeit, und um so eher tritt die Möglichkeit ein, dafs ihre Wirksamkeit nachläfst. Je gröfser das Element ist, um so weniger ist die Gefahr zu befürchten. Doch erfordert die Praxis aus Gründen der Handlichkeit kleine Elemente.

In jedem Falle sind regelmäfsige Prüfungen der Trockenelemente auf Spannung und Stromstärke vorzunehmen, damit das etwaige Unbrauchbarwerden eines solchen Zündapparates bei Zeiten gemerkt wird.

Die Fabrik elektrischer Zünder in Köln, Siemens & Halske in Berlin und M. Grillo in Düsseldorf bringen Zündapparate mit Hellessen-Trockenelementen auf den Markt. Die Elemente besitzen Zink- und Kohlenelektroden. Das Elektrolyt ist teigiger, breiiger Natur und ist wasserdicht nach aufsen abgeschlossen.

Jedes Element liefert etwa 1,3—1,4 Volt Spannung bei einem inneren Widerstande von 0,55—0,6 Ohm. Der kleinere Apparat,

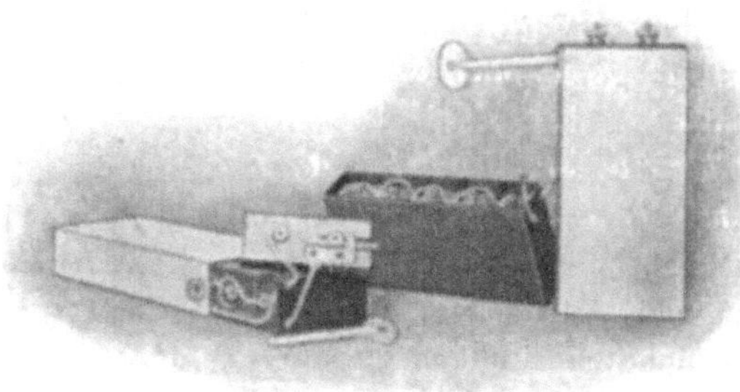

Fig. 95.

der für die gleichzeitige Zündung von 3 Schüssen bei 2 Ohm Leitungswiderstand bestimmt ist, ist in Figur 95 dargestellt. Der Zinkblechkasten von 42 : 90 : 192 mm Gröfse enthält 5 Hellessenelemente und ergibt eine Spannung von 6,25—7,25 Volt bei 2,75—3,0 Ohm innerem Widerstande. Der ganze Apparat wiegt nur 1,1 kg und hat sich auf westfälischen Zechen durchaus bewährt. Die gröfseren Apparate in Tornisterform (Fig. 96) dienen zur gleichzeitigen Zündung von 5 bezw. 15 Schüssen hinter 10 Ohm Leitungswiderstand und bestehen aus 11 bezw. 23 gröfseren Trockenelementen. Die Spannungen sind 13—15 bezw. 25—30 Volt, die Mafse 250 : 250 : 60 bezw. 250 : 250 120 mm, die Gewichte 4,5 bezw. 8,5 kg.

Fig. 96.

Alle diese Apparate tragen als Besonderheit im Hartgummideckel des Kastens eine Kontakteinrichtung, die zumeist mittelst abnehmbaren Schlüssels betätigt werden kann. Es hat dies den Zweck, bei Handhabung der Vorrichtung eine erhöhte Sicherheit zu schaffen und für das eigentliche Abtun der Schüsse einen besonderen Handgriff des Arbeiters notwendig zu machen. Der Arbeiter wird angewiesen, den Schlüssel an einer Schnur auf dem Leibe zu tragen, so dafs er mittelst des Schlüssels imstande ist, den Strom in die Zündleitung zu entsenden. Selbst wenn er also aus irgend einem Grunde, z. B. um einen Kurzschlufs in der Leitung zu suchen, den bereits angeschlossenen Apparat für einen Augenblick aus der Hand legt oder gibt, so kann der Schufs nicht unvermutet dadurch kommen, dafs der Kurzschlufs gefunden und aufgehoben wird oder ein anderer Arbeiter an dem Apparate spielt. Die Anordnung und Sicherung der Kontakte ist in verschiedenen Konstruktionen ausgeführt.

Durch besondere Eigenart in dieser Beziehung sind die von Lisse angegebenen klemmenlosen Zündmaschinen ausgezeichnet, die von der Firma Moritz Grillo zu Düsseldorf vertrieben werden. Statt der Klemmen besitzt die Batterie zwei gut vernickelte, durch Spiralfedern getragene Druckknöpfe *a* (Fig. 97). Diese haben eine platinarmierte Unterfläche, welche gegen eine ebenfalls mit Platin versehene Stiftschraube *b* gedrückt werden kann, so dafs eine gut leitende Verbindung erzielt wird. Nach Anschlufs der Zünder an die Zündleitung legt der Schiefsmeister je ein Ende der beiden Leitungsdrähte auf die Druckknöpfe und drückt letztere mit den aufgelegten Drähten gleichzeitig kräftig nieder, bis der Schufs erfolgt. Auf diese Weise wird gewissermafsen eine vierstellige Verbindung notwendig, die nach dem Schusse durch blofses Nachlassen beim Drücken sofort aufgehoben wird. Das Sitzenlassen von Drähten ist unmöglich, weil keine feste Verbindung hergestellt werden kann. Dabei ist die Handhabung ein-

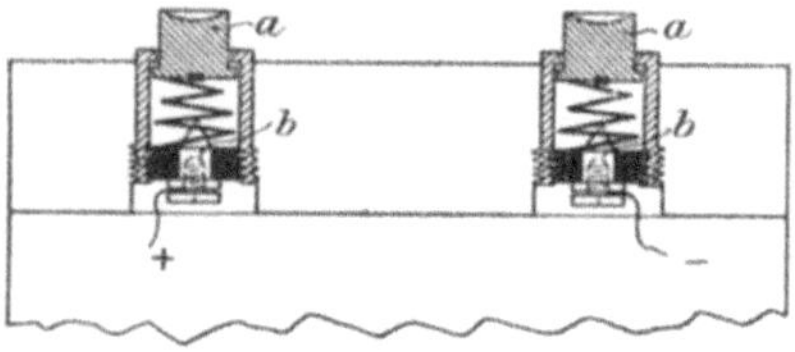

Fig. 97.

Fig. 98.

fach, schnell und sicher. Der in Fig. 98 dargestellte Apparat wiegt ca. 1 kg und hat sich auf den Gruben in Westfalen sowie Saarbrücken gut bewährt und wird in drei verschiedenen Gröfsen für 1—25 Schufs geliefert.

Bei den Zündapparaten der Fabrik elektrischer Zünder zu Köln und der Firma Moritz Grillo zu Düsseldorf sind die einzelnen Elemente der besseren Isolation wegen durch paraffinierte Papierlagen getrennt, nebeneinander in einem an der Längsseite offenen Kasten so angeordnet, dafs ihre Klemmen nach der Seite hin freiliegen, sobald der Kasten aus dem Blechmantel herausgezogen ist (Fig. 95). Durch diese Anordnung ist eine gute Isolation der Klemmen und Elemente und höhere Lebensdauer der letzteren gewährleistet, gleichzeitig aber auch die Möglichkeit gegeben, jedes Element einzeln prüfen und leicht auswechseln zu können. Der äufsere Blechmantel ist wasserdicht.

In England werden verschiedene Trockenelemente nach den Systemen O b a c h, B u r n l e y und D a v i s für Zündungszwecke benutzt. Die viel gebrauchten Obachelemente bestehen aus Zink und Kohle mit einem teigigen Elektrolyt. Ihr innerer Widerstand wird auf 0,2—0,3 Ohm und ihre Spannung auf 1,5 Volt angegeben.

8. **Die Akkumulatoren** (accumulateurs; secondary batteries) liefern eine etwas höhere Spannung und einen stärkeren Strom als die oben angeführten Elemente. Die Spannung beim Laden beträgt 2,1 Volt und steigt bis 2,6 Volt; beim Entladen ist sie anfangs 2,0 Volt und sinkt nach kurzer Zeit auf 1,95—1,92 Volt. Sinkt sie unter 1,85 Volt, so sollte man mit dem Entladen aufhören, um nicht den Akkumulator zu schädigen.

Was über die Anwendbarkeit der nassen Elemente für elektrische Zündung und über deren allgemeine Nachteile gesagt ist, trifft auch für Akkumulatoren zu. Man kann sogar sagen, dafs die Nachteile noch verschärft auftreten, da die Haltbarkeit der Akkumulatorplatten in jedem Falle zu wünschen übrig läfst. Die Behandlung der Akkumulatoren mufs besonders sorgsam sowohl in mechanischer wie in elektrischer Beziehung sein. Auch stellt sich der Preis höher als für Elemente.

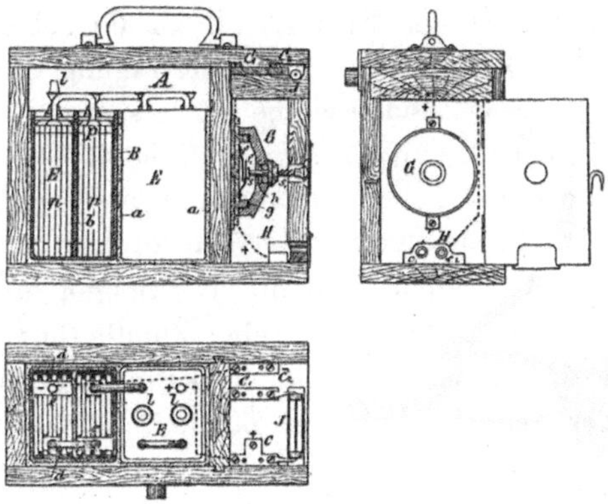

Fig. 99.

In Österreich-Ungarn sind Akkumulatorenapparate nach dem System Lauer[1]) auf Bergwerken zur Einführung gelangt. Der Apparat (Figur 99) besteht aus den Akkumulatorzellen *E*, der Bleisicherung *I*, dem Entlader *G* und der Schaltvorrichtung *H*. Die Doppelzelle *E* besteht aus vier positiven und sechs negativen Platten und ist in ein Hartgummigefäfs *B* eingebaut. Die Bleisicherung *I* verhütet bei etwaigem Kurzschlufs ein zu schnelles Entladen. Der Entlader *G* besteht aus zwei Blattfedern f und f_1, welche in der Ruhelage 2—3 mm voneinander entfernt stehen. Der Apparat ist in einen Kasten *A* aus hartem Holze eingesetzt, der aus einem gröfseren Raum für den Akkumulator und

1) Elektrische Zündung mit Rücksicht auf ihre Verwendung in Schlagwetter führenden Gruben, von Joh. v. Lauer, k. k. Generalmajor, Österr. Z. f. B. u. Hw. 1896, Nr. 45, S. 599 ff.

einem kleineren für die Kontaktklemmen CC_1 und C_2, Bleisicherung, Entlader und Schaltvorrichtung besteht. Zur oberflächlichen Untersuchung des Ladezustandes dient ein Glühlämpchen, welches angeschlossen wird. Brennt es hell, so ist der Akkumulator voll geladen.

Auch wenn der Apparat nicht benutzt wird, mufs er alle Monat nachgeladen werden. Bei ununterbrochener Benutzung mufs die Ladung innerhalb zweier Tage erfolgen. Der Apparat ist für höchstens drei Schufs bestimmt und wiegt 5 kg. Ein kleinerer, auf Anregung des k. k. Bergrats J. Mayer in Mährisch-Ostrau konstruierter, ähnlicher Apparat war für 1—2 Schufs bestimmt und wog nur 1,8 kg.

Auch in England werden kleine Akkumulatorenapparate von John Davis & Son in London und Cardiff für 1—2 Schufs gebaut.

In Österreich und Frankreich werden Akkumulatoren in elektrischen Lampen gleichzeitig für Zündungszwecke benutzt. Ähnlich ist die Korfmann'sche Lampe, die mit Trockenakkumulatoren ausgerüstet ist. Da sich die elektrischen Akkumulatorenlampen bisher nicht dauernd für den Gebrauch in der Grube bewährt haben, scheint die Verbindung von Lampe und Zündvorrichtung einstweilen wenig aussichtsvoll.

9. **Elektrische Leitungsnetze als Stromquelle für elektrische Schufszündung.** Bisweilen wird es möglich sein, durch Anschlufs der Schufsreihe an ein elektrisches Leitungsnetz für Beleuchtung oder Kraftübertragung die Beschaffung einer besonderen Zündmaschine zu ersparen. Obwohl dieses Verfahren besonders einfach zu sein scheint, so ist es doch wegen der in der Regel hohen Spannungen nicht ganz unbedenklich und wird nur mit besonderer Vorsicht zu handhaben sein.

Vor allem sind die Wirkungen etwaiger Erdschlüsse zu befürchten. Wenn die eine Zündleitung bereits an das Leitungsnetz angeschlossen ist, so kann möglicherweise durch Erdleitung der andere Zweig der Zündleitung früher, als es beabsichtigt ist, Strom erhalten, so dafs die Schüsse zu früh kommen und Unglücksfälle hervorrufen können. Zweckmäfsig ist es deshalb, für solche Fälle besondere Einschaltvorrichtungen anzuwenden, die es ermöglichen, beide Zündleitungen gleichzeitig in bezw. wieder aufser Verbindung mit dem Hauptleitungsnetze zu setzen. Derartige Apparate werden beispielsweise von der mehrfach genannten englischen Firma John Davis & Son in den Handel gebracht.

Es ist ferner darauf zu achten, dafs die Zünderdrähte eine besonders sorgfältige, der hohen Spannung entsprechende Isolation besitzen.

In der Regel wird es einfacher und sicherer sein, an Stelle des Hauptleitungsnetzes besondere Zündmaschinen als Stromquellen zu benutzen, die ohne besondere Gefahr gehandhabt werden können und an Einfachheit und Billigkeit nur wenig zu wünschen übrig lassen.

G. Elektrische Zünder.

1. **Deren Bestandteile.** Die elektrischen Zünder oder elektrischen Sprengkapseln (amorces électriques; electric fuzes) bestehen aus den beiden Zuleitungsdrähten, dem Zündsatze, in den die beiden Drähte mit ihren Enden bezw. ihren Polen münden, und der Sprengkapsel. Durch die Wirkung des elektrischen Stromes kommt der Zündsatz zur Entflammung. Dieser zündet die mit Knallquecksilber gefüllte Sprengkapsel und letztere die Sprengladung. Die Zünder für Schwarzpulver und ähnliche Sprengstoffe bedürfen der Sprengkapsel nicht, da Pulver allein durch die Flamme des Zündsatzes zur Explosion kommt.

Die Kapselstärke der elektrischen Zünder ist natürlich je nach der Art der gebrauchten Sprengstoffe verschieden.

Das Zünderende mit Zündsatz und Kapsel wird in die Sprengpatrone versenkt und das Patronenpapier zweckmäfsig darüber festgebunden, um dem Zünder einen sicheren Halt während des Besetzens zu geben.

Die Zünder werden entweder in fester Verbindung mit der Sprengkapsel in den Handel gebracht oder sind so eingerichtet, dafs die Sprengkapsel erst am Orte der Sprengung von dem Arbeiter auf den Zünder gesetzt wird, ähnlich wie dies bei Verwendung von Zündschnüren auch geschieht. Die Herstellung, der Transport und die Lagerung der eigentlichen Zünder sind in letzterem Falle völlig ungefährlich.

2. **Die Zuleitungsdrähte und ihre Isolation.** (Gewöhnliche, Band-, Schaft-, Stabzünder.) Die Zuleitungsdrähte müssen so lang sein, dafs sie von der Sprengladung bis vor die Bohrlochsmündung reichen und hier eine bequeme Verbindung untereinander und mit den Leitungsdrähten gestatten. Gewöhnlich wählt man sie 1,0—1,5 m lang. Die alte Methode des Ruggieri-

Zünders, der lediglich in die Mündung des mit der Zündnadel ausgesparten Zündkanals eingesetzt wurde, um durch die Entflammung und schufsartige Wirkung eines Raketchens durch die ganze Länge des Kanals die im Bohrlochstieften befindliche Schwarzpulverladung zur Explosion zu bringen, ist umständlich und unzuverlässig.

Die Zuleitungsdrähte bestehen aus Eisen- oder Kupferdraht. Für Zünder mit niedrigem Widerstande (also für Glühzündungen) ist bei gleichzeitigem Abtun vieler Schüsse Kupferdraht vorzuziehen, damit der Widerstand der Drähte nicht zu grofs im Verhältnis zu demjenigen der Zünder selbst wird. Für Funken- und Spaltglühzünder ist Eisendraht ohne Bedenken. Die Isolierung der Drähte voneinander erfolgt durch Guttaperchaüberzug, Baumwollumspinnung, Bandgeflecht, Papierumhüllung oder Holzstäbe.

Die Zünder mit Guttaperchaumhüllung oder mit Baumwollumspinnung sind sehr biegsam und lassen sich deshalb gut transportieren. Dagegen können sie wegen ihrer grofsen Biegsamkeit bei ungenügender Vorsicht im Besatz zusammengestaucht und dadurch verletzt werden. Bei grofser Kälte und langer Lagerung wird die Guttapercha brüchig. In dieser Beziehung verdient die Baumwollumspinnung den Vorzug. Für Funkenzündung genügt aber Baumwolle hinsichtlich der Isolation nicht.

Bei den sogenannten Bandzündern sind die Drähte je in den Rand eines Bandgeflechtes eingesponnen. Die Isolation ist sehr vollkommen, da ein gewisser Mindestabstand der Drähte voneinander gesichert ist und geringe Verletzungen der Isolierung nicht schaden.

Bei Benutzung von Papierwicklungen als Isolation erhalten die Zünder nach dem von der Fabrik elektrischer Zünder zu Köln eingeführten Verfahren die Form eines biegsamen Schaftes (Schaftzünder. Fig. 106 auf Seite 203). Die Zünderdrähte werden in einen schmalen Pappstreifen so eingewickelt, dafs zwischen sie nur die einfache Pappstärke zu liegen kommt. Die Seitenkanten des Schaftes werden von aufsen um die Drähte herumgeschlagen. Der entsprechende Strang wird mit Teer behandelt, geglättet und poliert. Die Schaftzünder vereinigen eine für die Arbeit des Besetzens angenehme Steifigkeit mit der Möglichkeit, sie des Transports wegen zu einem Ringe zusammenbiegen zu können.

Bei den Stabzündern (Figur 100), die früher viel gebraucht wurden, ist die eigentliche Sprengkapsel am Ende eines Holzstabes angebracht. Die Drähte sind in seitliche Rillen des Stäbchens gelegt, worauf der Stab mit paraffiniertem Papier umklebt ist. Diese Zünder sind zwar bezüglich der Isolation gut und wegen ihrer Steifigkeit beim Besetzen bequem, sie sind aber teuer herzustellen und für den Transport in der Grube lästig.

Von Norres zu Schalke sind schliefslich Zünder vorgeschlagen worden, an welchen die Zünderdrähte erst kurz vor dem Gebrauch befestigt werden sollen. Aus dem Zünder treten zwei kurze Metallröhrchen heraus, die mit ihren inneren Enden mit den Polen in leitender Verbindung stehen. Die Zuleitungsdrähte werden mit ihren blank gemachten Enden in die Röhrchen gesteckt und darin festgekniffen. Es soll dies den Vorteil haben, dafs die Drähte wiederholt gebraucht werden können, solange die Isolation noch tauglich ist. Das Verfahren ist jedoch umständlich und dürfte leicht zu Kurzschlüssen und Versagern Anlafs geben.

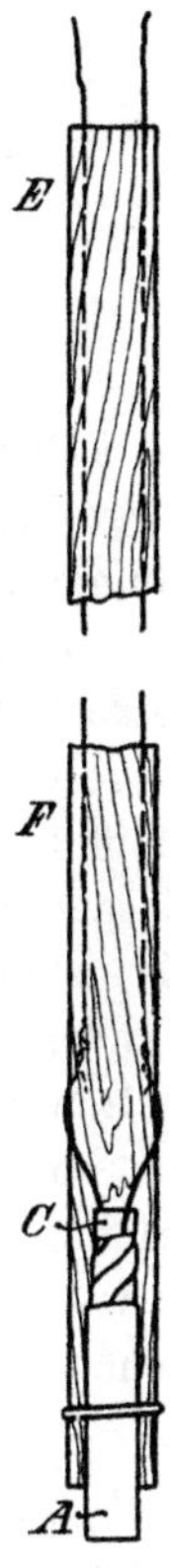

Fig. 100.

3. **Der Zündsatz** (poudre électrique; fuze composition, bridging-composition) für Funken- und Spaltglühzünder mufs eine leichte Entflammbarkeit und eine gewisse Leitungsfähigkeit besitzen. Beim Zündsatze für Glühzünder ist die letztere Eigenschaft nicht erforderlich. Vielmehr soll der Zündsatz ein schlecht leitender Körper sein, da ja die Stromleitung durch ein kleines Glühdrähtchen erfolgt und unbeabsichtigte Stromverluste durch den Zündsatz nur schädlich wirken würden.

Es folgen hierunter die Zusammensetzungen von Zündsätzen für Funken- und Spaltglühzünder:

Für hohe Spannungen:

Schwefelantimon . . .	44 %
Chlorsaures Kali . . .	44 %
Wasserblei	12 %
	100 %

Für mittlere Spannungen:

Schwefelantimon .	44	oder	47 %
Chlorsaures Kali	44	„	47 %
Kalisalpeter . .	6	„	— %
Retortenkohle. .	6	„	6 %
	100	—	100 %

Chlorsaures Kali . . .	50 %
Schwefelantimon . . .	50 %
	100 %

Knallquecksilber . . .	87 %
Retortenkohle	13 %
	100 %

Knallquecksilber . . .	25 %
Kupferstaub	75 %
	100 %

Für niedrige Spannungen:

Halbschwefelkupfer	64 %
Halbphosphorkupfer	14 %
Chlorsaures Kali	22 %
	100 %

Der Zündsatz wird entweder nach seiner Pulverisierung und sorgfältiger Mengung trocken benutzt oder durch Anrühren mit Gummiwasser in breiartigem Zustande auf die Polenden gebracht, um daran zu trocknen. Auf die Leitungsfähigkeit des Zündsatzes ist neben der Zusammensetzung auch die mehr oder weniger lockere Füllung bezw. der Grad der Pressung der Masse von Einfluſs. Eine besonders gute Leitungsfähigkeit wird durch den Zusatz von Halbschwefelkupfer und Halbphosphorkupfer bewirkt. Es ist schwierig, den Zündsatz und das Aufbringen auf den Zünder so zu gestalten, daſs annähernd gleiche Widerstände erzielt werden. Die Unterschiede im Verhältnis zueinander werden um so gröſser, einen desto niedrigeren Widerstand die Zünder erhalten sollen. Von der Gleichmäſsigkeit des Widerstandes hängt aber in einer Schuſsreihe das gleichzeitige Kommen aller Schüsse — also das Auftreten von Versagern — ab.

Für Glühzünder werden auſser den vorbenannten Zündsätzen noch hauptsächlich solche aus Schieſswolle gebraucht. Diese wird entweder in fein geriebenem oder in langfaserigem Zustande benutzt.

Die Entflammung der Zündsätze tritt etwa bei einer Erwärmung auf 180—200 ^{0} ein, unterliegt aber selbstverständlich je nach der Zusammensetzung erheblichen Schwankungen.

4. **Die Funkenzünder.** Der Spalt, den der Funke im Zünder überspringen muſs und der vom Zündsatze ausgefüllt ist, besitzt eine Breite von 1—$^1/_{10}$ mm. Es kommt darauf an, daſs die Polstellung bei allen Zündern gleich weit ist, daſs die Polenden ihre Stellung unveränderlich beibehalten und daſs der Spalt gehörig vom Zündsatze ausgefüllt ist.

a) Die Figur 101 zeigt den **Bornhardt'schen Funkenzünder.** Zwei mit Guttapercha überzogene Kupferdrähte *d d* sind an dem einen Ende zusammengedreht und mit einer Zange scharf abgekniffen, so dafs durch die zwischenliegende Guttaperchahülle die von dem elektrischen Funken zu überspringende Unterbrechung gebildet wird. Das so hergerichtete gemeinschaftliche Ende der Drähte taucht in einen Zündsatz *b* ein, welcher die obere Ausfüllung der mit dem Knallsatze *a* versehenen kupfernen Sprengkapsel *k* bildet. Der Verschlufs des Zünders ist durch einen wasserdichten, langsam erhärtenden Kitt und durch Ankneifen der Kapsel bei *c* hergestellt. Unter gewöhnlichen Verhältnissen ist ein Eindringen von Wasser in die Sprengkapsel nicht zu befürchten. Für Sprengungen in gröfserer Wassertiefe werden Zünder geliefert, die, wie in Figur 102 dargestellt, durch einen Gummiüberzug noch besonders abgedichtet sind.

Fig. 101.

Fig. 102.

Zum Zünden von Pulver und sonstigen, durch blofse Flammenwirkung entzündlichen Sprengstoffen ist die Sprengkapsel unnötig. Der Zündsatz wird mit einer Papierhülle umgeben, welche zur Abwehr der Feuchtigkeit mit einem geeigneten Überzuge versehen ist.

b) Bei der **Nobel'schen elektrischen Sprengkapsel** (Figur 103) sind die Zuleitungsdrähte durch eine Gufsmasse aus Schwefel und Glaspulver geführt. Der Spalt ist dadurch erzeugt, dafs an der Biegungsstelle des ursprünglich zusammenhängenden Drahtes über der Gufsmasse ein Schnitt hergestellt ist. Diese Unterbrechungsstelle wird in den aus chlorsaurem Kali und Schwefelantimon bestehenden Zündsatz eingebettet, wozu die auf die Gufsmasse *A* gesetzte Hülse *H* die nötige Kammer bietet. Im übrigen ist im Hülsenraum die mit Knallquecksilber gefüllte Kapsel *K* untergebracht. Der Kitt *m* verschliefst den Hülsenraum und schützt Kapsel und Zündsatz vor dem Eindringen der Feuchtigkeit.

c) Von Johnson und Spon wurde im Jahre 1881 vorgeschlagen die Sicherheit der Funkenzündung gegen Versager dadurch zu erhöhen, dafs man an zwei Stellen im Zünder dem Funken Gelegenheit zur Bildung gibt. Die Art dieser Zünder ist leicht verständlich, wenn man sich in Figur 103 noch ein zweites Paar Zuleitungsdrähte durch die Gufsmasse geführt und in gleicher Weise durch einen Spalt unterbrochen denkt. Aufserhalb des Zünders sind je zwei Drähte zusammengekuppelt und an die Leitungsdrähte angeschlossen. Der Funken wird dann also an beiden Unterbrechungsstellen auftreten. Da es keine Schwierigkeiten macht, Funkenzünder mit sehr hoher Zündsicherheit anzufertigen, erscheint der Vorschlag als eine unnötige Fabrikationserschwernis.

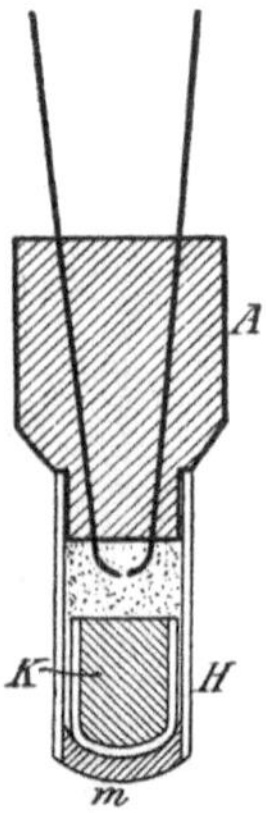

Fig. 103.

5. **Spaltglühzünder.** Für Zünder mit mittleren Widerständen sind folgende Ausführungsformen viel benutzt worden.

a) Der ältere Zünder der Troisdorfer Fabrik. Die beiden Zuleitungsdrähte *a* (Figur 104) sind an ihren Enden auf etwa 4 mm Länge von der isolierenden Umhüllung befreit und werden von der darum gelegten Papierhülse *b* zusammengehalten. Die blanken Polenden werden durch die Öffnungen eines Vulkanfiberplättchens *c* geführt und umgebogen, um eine gleichmäfsige Polstellung zu erzielen. Darauf wird eine zweite Papierhülse *d* derart auf den Zünder geschoben, dafs sie einige Millimeter die Polenden überragt und so einen Laderaum bildet. Der Zündsatz wird feucht in den Laderaum *f* gestrichen, etwas angedrückt und sodann das offene Ende der Hülse *d* mit einem Wachsseidenplättchen überklebt. Die Sprengkapseln *e* werden aufgesetzt, angekniffen und verkittet.

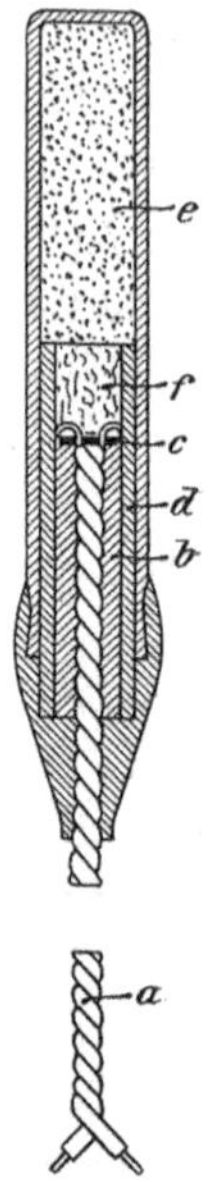

Fig. 104.

b) Der ältere Zünder der Küppersteger Fabrik (Figur 105 und 106). Durch Abkneifen der Isolation mittelst einer Zange sind die Polenden auf 2—3 mm freigelegt. Das Ende der Zuleitungen ist durch eine Hülse *c* verstärkt. Der Zündsatz *d* wird feucht auf die Polenden gebracht und trocknet an ihnen fest. Die Metall- oder Papierhülse *e* dient als Schutz zur Aufnahme der Sprengkapsel *f*, die an der Hülse *e* festgekittet wird.

c) Die Fabrik elektrischer Zünder zu Köln liefert neuerdings die im folgenden beschriebenen Zünder[1]), die sich sehr gut bewähren.

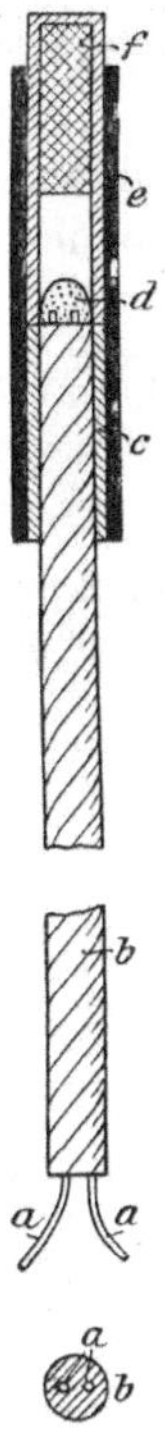

Fig. 105.

Fig. 106.

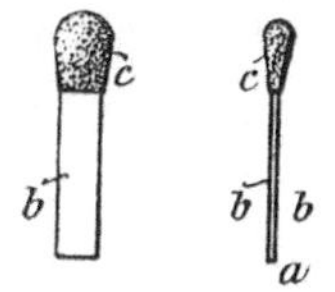

Fig. 107.

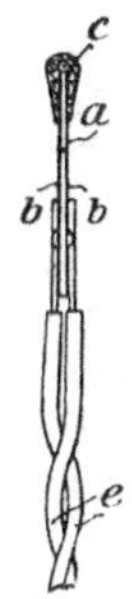

Fig. 108.

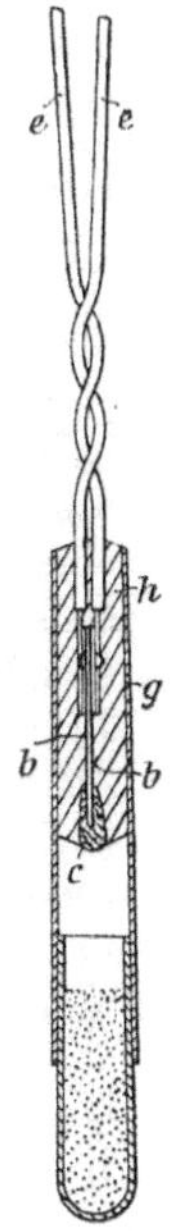

Fig. 109.

Der Zünder besteht aus den in Figuren 107—109 in einzelnen Teilen und im Schnitt dargestellten Metallblättchen *b b*, zwischen denen sich die Kartonpapierschicht *a* befindet. Die Blättchen werden nach Art der Streichhölzer in einen Zündsatz *c* getaucht, dessen Zusammensetzung und Leitungsfähigkeit je nach der Art der herzustellenden Zünder verschieden ist. Zum Schutze

---

[1]) D.R.P. 121345.

gegen Feuchtigkeit wird der Zündkopf mit einem Lacküberzug versehen. Die Verbindung der Zuleitungsdrähte *ee* mit den Metallbelegungen *bb* erfolgt durch Lötung in der aus Figur 108 und 109 ersichtlichen Weise. Das Ganze wird unter Einbettung in eine Schwefelgufsmasse *h* in eine paraffinierte Papp- oder Metallhülse *g* eingeführt, wobei die äufserste Spitze des Zündkopfs *c* eben aus dem umgebenden Gufs hervorsteht und so gegen die einzusetzende Knallquecksilberkapsel gerichtet ist. Die Zünderdrähte bestehen aus Eisen- oder Kupferdraht von je 0,7 mm Stärke.

Diese Zünder besitzen den Vorteil, dafs die Polstellung gegen äufsere Beschädigungen und Veränderungen vollkommen gesichert ist.

d) Um den Widerstand des Zünders unabhängig von der Art des Zündsatzes herabzumindern, sind Zünder besonderer Art vorgeschlagen:

Beim Beardslee'schen Zünder (Figur 110) sind die Zuleitungsdrähte durch eine Gufsmasse geführt und mit derselben oben platt geschliffen. Die beiden Polenden werden durch einen auf der Schleifebene gezogenen Bleistiftstrich mittelst des auf der Masse haftenbleibenden Graphits in leitende Verbindung gebracht. Das Erglühen dieser Graphitpartikelchen bringt den Zündsatz zur Entflammung. Man hat diese Zünder auch Brückenzünder genannt. Ähnliche Zünder, bei denen die Brücke durch Schwefelkupfer gebildet war, sind ebenfalls vorgeschlagen und versucht worden.

Fig. 110.

In gewisser Beziehung ähnlich sind die von Gaupillat & Co. (Paris) vorgeschlagenen Kugelzünder D.R.P. 81582 (Figur 111). Auf die Polenden der in der Gufsmasse *PL* ruhenden Zuleitungsdrähte *WW* sind Kügelchen aus Kohle gesetzt, die sich nur eben berühren. Die Kügelchen sind in dem Zündsatz *P* eingebettet. In den oberen Raum der Hülse *T* wird die Sprengkapsel eingesetzt. Beim Fliefsen des Stromes tritt an der Kontaktfläche der beiden Kügelchen eine Erhitzung ein, die die Entflammung des Zündsatzes zur Folge hat. Die Flamme schlägt durch das Loch in der Verschlufsplatte *D* zur Sprengkapsel.

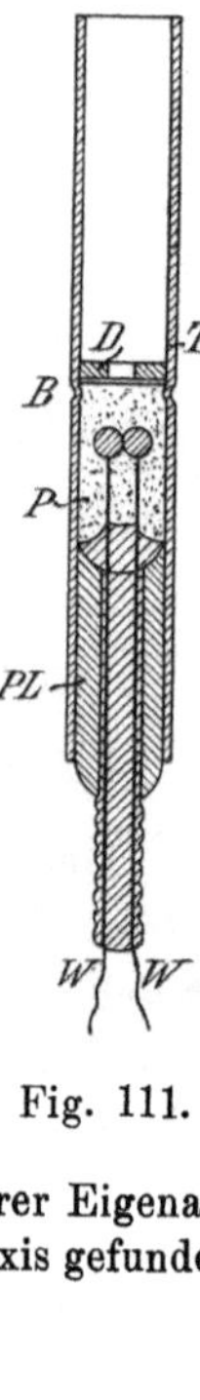

Fig. 111.

Die beiden zuletzt aufgeführten Zünder sind wegen ihrer Eigenart wohl bemerkenswert, scheinen aber keinen Eingang in die Praxis gefunden zu haben.

6. Die Glühzünder. a) Allgemeine Bemerkungen. Bei den Glühzündern ist, wie schon gesagt, keine Unterbrechung des äufseren, metallischen Stromkreises vorhanden, sondern die beiden Polenden sind durch ein sehr feines Platindrähtchen miteinander verbunden. Statt reinen Platins können auch besondere Legierungen benutzt werden. Die Stärke der in dem Zünder verwandten Platindrähte schwankt zwischen 0,03 und 0,05 mm, die Länge zwischen 2 und 11 mm. Zu kurz darf man die Drähtchen nicht wählen, da sonst die Abkühlung nach den Polenden zu stark wird, zu lang ebenfalls nicht, da sonst die sichere Unterbringung im Zünder Schwierigkeit macht. Die Drähtchen werden gewöhnlich durch Anlöten an den Polenden befestigt. Um das Reifsen der Drähtchen zu vermeiden, werden sie nicht straff angezogen, sondern bilden einen mehr oder weniger gekrümmten Bogen. Hierdurch erreicht man gleichzeitig, dafs zwischen den räumlich so nahen Polenden eine gröfsere Drahtlänge untergebracht werden kann.

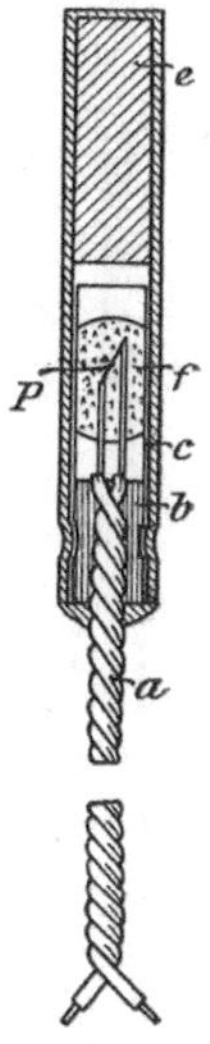

Fig. 112.

Der Widerstand des Platindrähtchens wird auf etwa 1/8 bis 1 Ohm bemessen. Wenn die Zünder, wie es in der Regel der Fall sein wird, für das gleichzeitige Abtun mehrerer Schüsse gebraucht werden sollen, so kommt es auf tunlichste Gleichmäfsigkeit der Widerstände an. Die Gleichmäfsigkeit genügt, wenn die Unterschiede 0,05 Ohm nicht übersteigen.

b) Die Figur 112 zeigt einen Glühzünder der Firma Siemens & Halske. Es bedeuten:

a die beiden Zünderdrähte,
P das die Polenden verbindende Platindrähtchen,
b einen Papierbund,
c eine Papierhülse,
f langfaserige, um das Platindrähtchen gewickelte Schiefsbaumwolle,
e die Sprengkapsel.

Das Umwickeln des Platindrähtchens mit der langfaserigen Schiefswolle hat den Zweck, des Drähtchen zu schützen und ein sicheres, dauerndes Anliegen der den Zündsatz bildenden Schiefswolle an dem Drähtchen zu gewährleisten.

Die Troisdorfer Zünderfabrik hat früher ähnliche Zünder geliefert. Der Unterschied bestand im wesentlichen nur darin, dafs die Schiefswolle nicht unmittelbar um das Platindrähtchen gewickelt wurde, sondern dafs sie in kurzfaserigem Zustande in eine das Platindrähtchen umschliefsende Papierhülse als Laderaum hineingefüllt war.

c) Die jetzigen Glühzünder der Fabrik elektrischer Zünder zu Köln entsprechen völlig der auf Seite 203 u. 204 gegebenen Beschreibung. Nur sind die beiden Metallblättchen, wie Figur 113 zeigt, durch einen an den Enden angelöteten Platindrahtbügel miteinander verbunden.

Da bei Zündern der in Figur 113 dargestellten Art die Sprengkapsel vor dem Fertigmachen des Schusses in die oben offene Hülse eingeschoben wird, ist es zweckmäfsig, um nicht bei unvorsichtigem Einsetzen in der dunklen Grube mit dem scharfen Grate des Kapselrandes Späne aus der Papierhülse auszuschälen, Sprengkapseln mit eingezogenem Rande zu verwenden (Fig. 114).

Fig. 113.

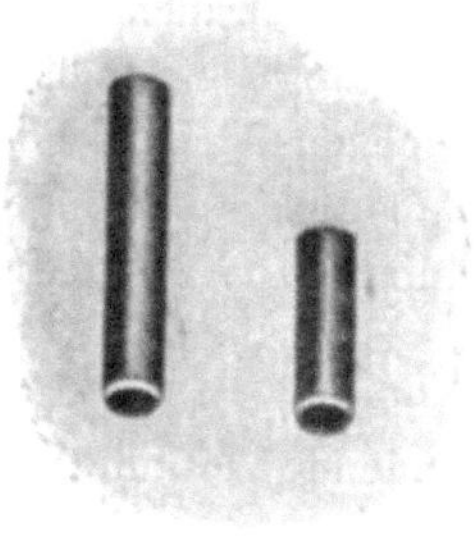

Fig. 114.

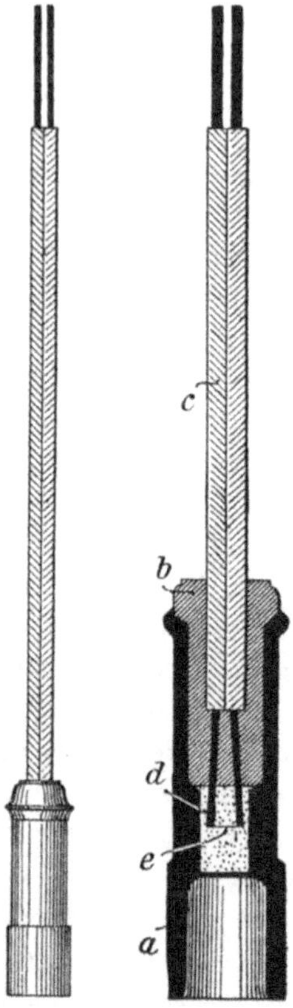

Fig. 115.

d) Figur 115 zeigt in Ansicht und Schnitt den Tirmann'schen Glühzünder D.R.P. 105 352. *a* ist eine Metallhülse mit zwei durch einen dünnen Metallboden vollkommen voneinander getrennten Abteilungen; *b* ist der Verschlufspfropfen, der gleichzeitig zur Befestigung der Leitungsdrähte dient, *c* sind die isolierten und *d* die von der Isolation befreiten Zuleitungsdrähte, *e* ist das Glühdrähtchen. Die Sprengkapsel wird mit dem offenen Ende in die kleinere, schwach konische Kammer der Hülse kurz vor dem Fertigmachen des Schusses hineingesteckt. Die dünne Metallwand zwischen den beiden Abteilungen der Hülse bewirkt, dafs der Zündsatz sicher festgehalten wird und nicht durch Feuchtigkeit leiden kann. Bei der Explosion des Zündsatzes soll die Wand durchschlagen werden, so dafs die Zündung der Sprengkapsel erfolgen kann. Die Kapseln stehen in Österreich-Ungarn in Gebrauch.

7. Zeitzünder. Die sogenannten Zeitzünder haben den Zweck, beim Zünden mehrerer Schüsse ein Kommen derselben mit Zeitunterschieden zu bewirken. Zwischen den Zündsatz und die Sprengkapsel wird ein Stückchen Zündschnur (oder auch langsam brennendes Pulver) geschaltet. Der bei allen Schüssen gleichzeitig gezündete Zündsatz bringt die Zündschnur ins Brennen. Je nach der Länge der letzteren kann die Explosion der Sprengkapsel verzögert werden.

Es bestehen keine Bedenken, sowohl Funken- wie Spaltglüh- als auch Glühzünder durch Einschieben von Zündschnurenden als Zeitzünder auszugestalten. Tatsächlich scheinen bisher nur Glühzünder für solche Zwecke benutzt zu sein.

Figur 116 zeigt Zeitzünder, wie sie von der Fabrik zu Troisdorf früher hergestellt wurden. Die Figur ist ohne weiteres verständlich, wenn man beachtet, dafs *f* der Zündsatz, *g* langsam brennendes Pulver oder ein Stückchen Zündschnur und *c* die Sprengkapsel ist. Zum Entweichen der Pulvergase nach Einleitung der Zündung sind in der Messinghülse *i* einige Löcher *h* angebracht.

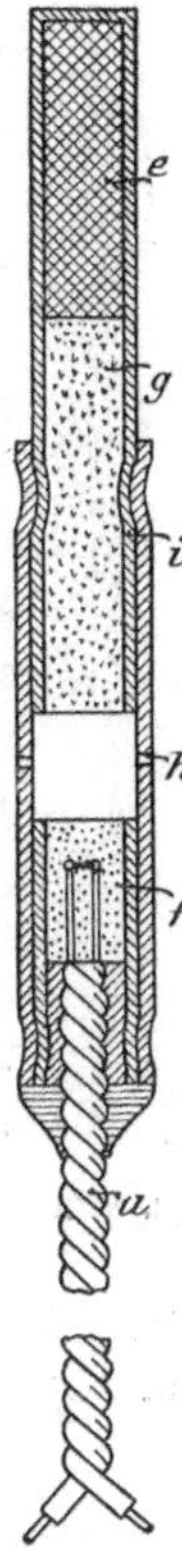

Fig. 116.

Diese Zünder bestehen also nur aus einem einzigen Stücke. Es ist aber wichtig, dafs bei Zeitzündern möglichst bald nach Entflammung des Zündsatzes die Verbindung zwischen Zünder und der eingeschobenen Zündschnur gelöst wird, damit, wenn beim Fallen des ersten Schusses etwa die Zünderdrähte aus den Bohrlöchern gerissen werden, die Zündschnur mit der Kapsel im Loche verbleiben kann. Aus demselben Grunde ist es vorteilhaft, nicht Zeitzünder gemeinsam mit gewöhnlichen, sofort kommenden Zündern zu benutzen.

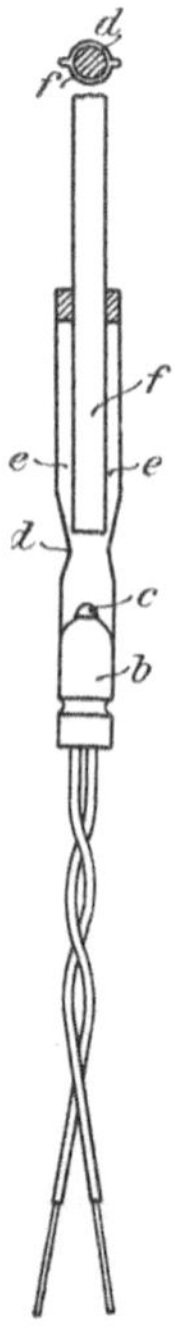

Fig. 117.

Die neueren Zünder werden deshalb mit längeren Zündschnüren (20—50 cm Länge) versehen, auf deren einem Ende der elektrische Zünder lösbar befestigt ist und auf deren anderes Ende die Sprengkapsel in der üblichen Weise gesetzt wird.

Figur 117 zeigt einen neuen Zeitzünder der Fabrik elektrischer Zünder zu Köln, dem aber die Sprengkapsel noch nicht aufgesetzt ist. Die Hülse *d* trägt einerseits in dem Verschlufskopfe *b* die beiden Polenden mit dem Zündsatze *c*, während die Zündschnur *f* in dem anderen Hülsenende durch eine wasserdichte Verkittung befestigt ist. Dieses letztere Hülsenende ist platt gedrückt (vergleiche den Querschnitt der Figur), damit seitliche Gaskanäle *e e* gebildet werden. Die Zündung des Zündsatzes schmilzt oder wirft die Verkittung heraus, so dafs die Zündschnur frei wird und die Verbrennungsgase entweichen können.

Fig. 118.

Bei anderen Ausführungen werden in der Hülse seitliche Abzugslöcher für die Gase (Figur 118) angebracht und wasserdicht verklebt. Die Figuren 119 und 120 stellen die beiden zuletzt besprochenen Zünder in An-

Fig. 119. Zeitzünder mit Entgasungskanälen.

Fig. 120. Zeitzünder mit Entgasungslöchern.

sicht dar, wie sie von der Fabrik elektrischer Zünder zu Köln zurzeit gefertigt werden.

H. Die Leitungen.

1. Für die Leitungen (conducteurs; conducting wires) kommt als **Material** Eisen-, Messing- oder Kupferdraht in Betracht. Für Zünder mit verhältnismäfsig niedrigen Spannungen ist der elektrische Widerstand der Leitungen von Wichtigkeit. Ein Beispiel macht das leicht klar.

Der Widerstand eines Glühzünders beträgt 1 Ohm. Soll der Schufs aus einer Entfernung von 50 m abgegeben werden, so würde die Hin- und Rückleitung bei einem 1 mm dicken Kupferdrahte einen Widerstand von 2,3 Ohm besitzen. Würde man statt einer Kupferleitung gleich dicken Eisendraht wählen wollen, so würde der Widerstand der Leitung auf 15,2 Ohm steigen. Der Widerstand der Leitung würde im Verhältnis zu demjenigen des Zünders sehr hoch werden. Um nicht die Stromquelle allein mit Rücksicht auf den hohen Widerstand der Leitung unhandlich grofs und stark zu machen, mufs man in diesem Falle dickeren Eisendraht oder statt der Eisen- die teurere Kupferleitung wählen.

Oder aber in einem anderen Falle beträgt der Widerstand eines Funkenzünders 1 000 000 Ohm. Es leuchtet ein, dafs gegenüber diesem Widerstande es gleichgültig ist, ob als Leitungswiderstand 2 oder 15 Ohm hinzukommen. Eisendraht ist also dem Kupferdraht völlig gleichwertig und in Berücksichtigung des Kostenpunktes sogar vorzuziehen. Da die an den Zünder unmittelbar anschliefsenden Zünderdrähte einen Teil der Leitung bilden, treffen diese Überlegungen auch hier zu.

In der folgenden Tabelle sind für je 100 m Leitungsdraht, was einer Entfernung von 50 m vom Schufsorte entsprechen würde, die Widerstände von Kupfer, Eisen und Messing für einige verschiedene Drahtdicken angegeben:

Drahtstärke	Widerstände von 100 m langen Drähten		
	Kupferdraht	Verzinkter Eisendraht	Messingdraht
0,7 mm Durchmesser	4,7 Ohm	31,2 Ohm	20,8 Ohm
1,0 mm „	2,3 „	15,2 „	10,2 „
1,2 mm „	1,6 „	10,6 „	7,1 „
1.5 mm „	1,0 „	6,8 „	4,5 „
2,0 mm „	0,57 „	3,8 „	2,55 „
Vier Drähte von je 1,5 mm Durchmesser	0,25 „	1,7 „	1,1 „

Wie man sieht, macht es keine Schwierigkeit, auch bei Anwendung von Eisendrähten zu sehr niedrigen Leitungswiderständen zu gelangen. Man mufs nur genügend dicke Drähte nehmen oder eine aus mehreren dünnen Drähten bestehende Drahtlitze verwenden. Derartige Drahtlitzen haben gegenüber einem einzigen dicken Drahte den Vorteil gröfserer Biegsamkeit. Auf Zeche Shamrock bei Herne hat man mit gutem Erfolge einzelne Drahtlitzen alter Bremsbergseile für Glühzündanlagen benutzt. Auch beim Abteufen eines 80 m tiefen Schachtes im Felde der Viktoriaschächte bei Saarbrücken hat sich dies Verfahren bewährt. Die Drahtlitzen wurden an zwei gegenüberliegenden Schachtstöfsen heruntergeführt und waren nicht isoliert.

Dicke Drähte und Drahtlitzen haben aufser dem Vorzug der besseren Leitungsfähigkeit noch denjenigen der gröfseren Dauerhaftigkeit. Man sollte deshalb in jedem Falle Drähte unter 1 mm vermeiden und möglichst darüber gehen.

Bei wichtigeren Zündanlagen, wo der höhere Preis des Kupfers keine Rolle spielt, tut man selbstverständlich gut, stets Kupferdraht zu wählen. Im allgemeinen kann man sagen, dafs bei Glühzündanlagen der Widerstand der Leitung nicht über etwa 10 Ohm betragen soll.

2. Die Leitungen erhalten entweder eine **Isolation** oder sind einfache, blanke Drähte. Ob die Isolation notwendig ist oder nicht, hängt von den Spannungsverhältnissen der Zündanlage und von der Kurzschlufsgefahr ab.

Nehmen wir an, dafs in einer Zündanlage der Widerstand der Zünder 3 Ohm und derjenige der Leitung 2 Ohm beträgt und dafs die ungenügend isolierte Leitung über eine feuchte Streckenwand geführt wird, die einen Kurzschlufs mit 5000 Ohm Widerstand bildet. An dieser Stelle würde sich sodann ein Stromverlust ergeben, der sich zu der durch Zünder und Leitung gehenden Strommenge umgekehrt wie das Verhältnis der genannten Widerstände, also wie 5 : 5000 verhält. Es würde also in diesem Falle überhaupt kein nennenswerter Stromverlust eintreten.

Ganz anders liegen die Verhältnisse, wenn wie bei der Funkenzündung für den oder die Zünder allein ein Widerstand von 1 000 000 Ohm anzunehmen ist. Wenn hier der hochgespannte Strom zwischen Maschine und Zünder eine ungenügend isolierte Stelle mit nur 5000 Ohm Widerstand findet, so würde sich der Stromverlust zu der nutzbaren Strommenge wie 1 000 000 : 5000 verhalten, oder, anders ausgedrückt, der Schufs würde nicht kommen.

Bei niedrigen Widerständen von Zündern und Leitungen darf man also blanke Leitungen anwenden. Je höher die Widerstände werden und je mehr Zünder man hintereinander schaltet, eine desto gröfsere Wichtigkeit erlangt die Isolation.

Die Kurzschlufsgefahr in den Strecken bei Anwendung von blanken Drähten ist naturgemäfs sehr verschieden. Besonders grofs ist sie in nassen Strecken.

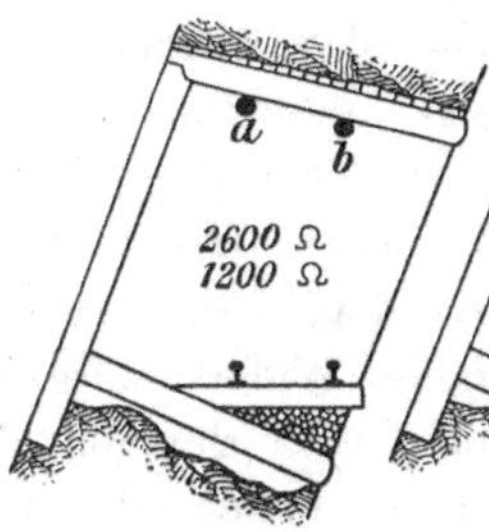

Fig. 121.

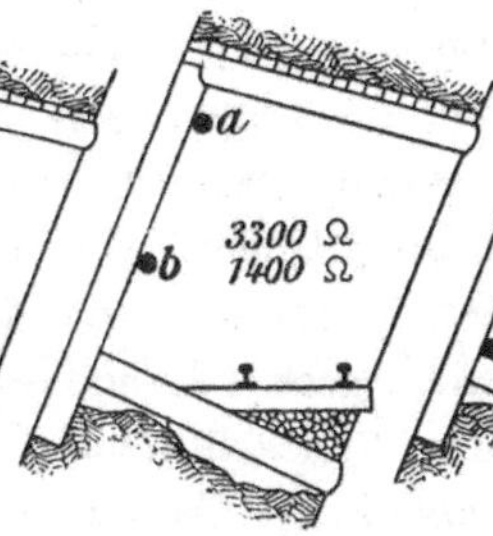

Fig. 122.

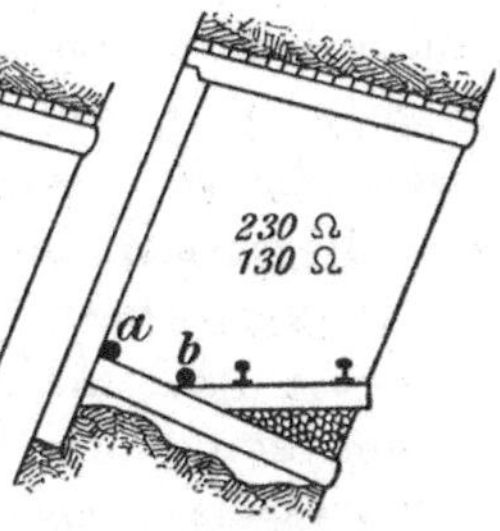

Fig. 123.

Fig. 124.

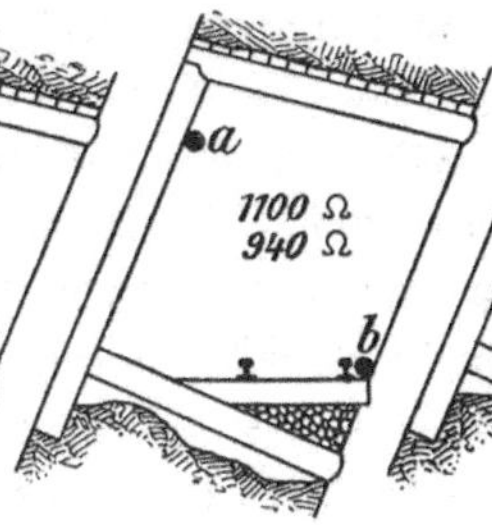

Fig. 125.

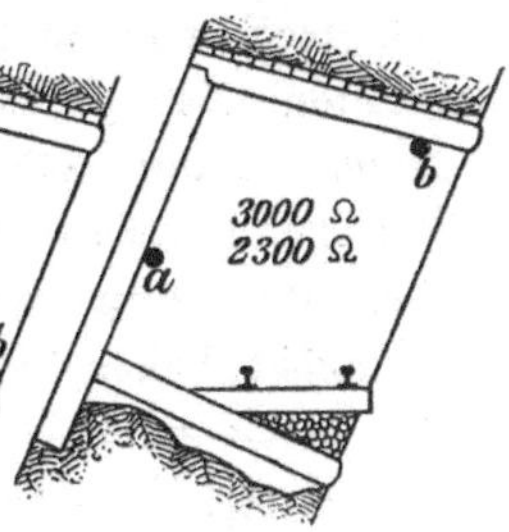

Fig. 126.

Bergwerksdirektor Meyer hat durch Versuche wichtige Feststellungen über die Kurzschlufsverhältnisse, wie sie in der Grube tatsächlich zu erwarten sind, gemacht[1]).

Die Versuche wurden in einer Grubenstrecke vorgenommen, deren Querschnitt und Ausbau in den Figuren 121—126 dar-

[1]) Die Beseitigung der Versager bei der elektrischen Schufszündung. Vortrag, gehalten auf dem VIII. allgemeinen deutschen Bergmannstage, von G. A. Meyer. Glückauf, 1901, Nr. 39, S. 841 ff.

gestellt ist. Es wurden verzinkte, eiserne Drähte von verschiedener Stärke als Leitungen (*a b* der Figuren) ausgespannt, indem eine Entfernung von 50 m vom Schuſsorte angenommen wurde. An dem einen Ende wurden beide Leitungen mit einer Widerstandsmeſsbrücke verbunden, während sie an dem anderen Ende, d. h. vor dem Ort, wo der Zünder zu denken war, unverbunden blieben. Die blanken Leitungsdrähte waren, soweit eine aufgehängte Lage aus den Skizzen ersichtlich ist, in eiserne Ösen lose hineingelegt.

Es wurde darauf mit der Meſsbrücke festgestellt, welche Möglichkeit zur verlustbringenden Stromausgleichung durch Vermittlung des Holzausbaues, der Streckenwandungen usw. zwischen den beiden blanken Leitungsdrähten bei den verschiedenen, in den Figuren dargestellten Lagen der Leitungen vorhanden war, indem die Widerstände, welche sich dem als Nebenschluſs gedachten Übergange des Stromes von einer Drahtleitung zur anderen entgegensetzten, gemessen wurden. In die Figuren ist die höchste und niedrigste gefundene Widerstandsgröſse in Ohm hineingesetzt. Die beträchtlichen Abweichungen der zu einer Leitungsanlage gehörigen Zahlen sind den Widerstandsunterschieden zuzuschreiben, welche sich bei den Messungen bei trockenen und nassen Streckenwandungen herausstellten. Der gröſste, bei Figur 122 verzeichnete Widerstand beläuft sich auf 3300 Ohm, der niedrigste in Figur 124 auf 70 Ohm. Es leuchtet ein, daſs bei solchen Nebenschlüssen blanke Leitungen für Zünder mit verhältnismäſsig hohen Widerständen ausgeschlossen sind. Die Vornahme entsprechender Versuche in Gesteins- und ausgemauerten Strecken oder unter veränderten Verhältnissen erscheint zweckmäſsig.

Zur Isolation verwendet man Guttapercha- oder Gummiumhüllungen, Baumwolle-, Hanf- oder Juteumspinnungen oder Umflechtungen, die nachträglich geteert oder paraffiniert werden, Papierwicklungen und dergleichen. Zwecks dauerhafter, guter Isolation werden die Leitungsdrähte zunächst mit dem Guttaperchaüberzug versehen und auſserdem durch Umspinnungen oder Umklöppelungen geschützt. Figur 127 zeigt einen Minenzündkabel der Firma S i e m e n s & H a l s k e, bestehend

Fig. 127.

aus sieben zusammengedrehten Kupferdrähten von je 0,5 mm Durchmesser, die zunächst von einem Guttaperchaüberzuge, sodann von zwei Lagen Naturgummi, ferner zwei Lagen Isolierband und schliefslich von einer getränkten Klöppelung umhüllt sind. Die Fabrik elektrischer Zünder liefert Kabel mit Guttaperchaüberzug und doppelter, imprägnierter Umklöpplung (Fig. 128).

Fig. 128.

Für die gewöhnlichen, bergmännischen Zwecke kommt man mit weit einfacheren und billigeren Leitungen aus. Häufig benutzt man nur eine isolierte Leitung, während die Rückleitung aus einem blanken Drahte besteht. Bei sehr hoch gespannter Elektrizität kann man auch den nassen Erdboden oder einen Wasserlauf als Rückleitung benutzen (Erdleitung). Jedoch kann dieses Verfahren wegen der unbekannten und wechselnden Widerstände des Erdschlusses zu Versagern führen und ist nicht zu empfehlen.

Vielfach werden Leitungskabel angeboten, bei denen die Hin- und Rückleitung in einem Strange untergebracht ist. Derartige, sogenannte Zwillingskabel sind aber für alle solche Fälle, in denen wie fast stets in der Grube Verletzung durch Sprengstücke möglich ist, besser zu vermeiden. Einmal verletzte Zwillingskabel geben leicht zu Kurzschlüssen Veranlassung, und das Auffinden der Fehlstelle ist infolge der verdeckenden Isolation erschwert und zeitraubend. Einfacher und richtiger erscheint es, nach dem Vorschlage der Fabrik elektrischer Zünder Zwillingskabel derart herzustellen, dafs man um einen gut isolierten und umflochtenen Draht einen blanken Draht als Rückleitung wickelt (Figur 129 und 130), da bei solchen Kabeln etwaige Fehler viel leichter gefunden werden können.

Fig. 129.

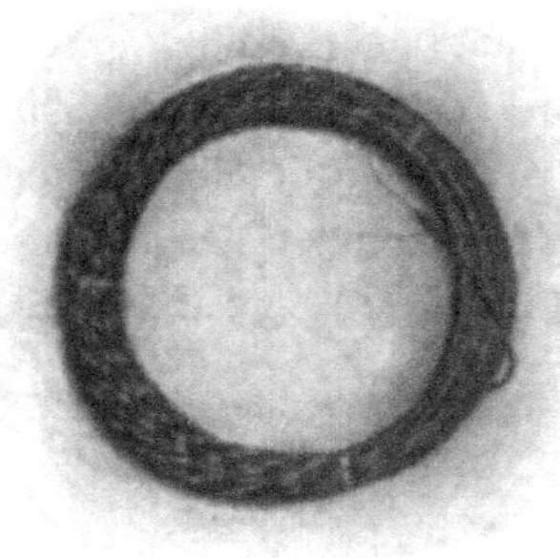

Fig. 130.

3. Die **Verbindung** einzelner Leitungsenden untereinander sowohl wie die Verbindung der Leitungen mit der Maschine und mit den Zünderdrähten mufs um so sorgfältiger geschehen, je

niedriger gespannt die zur Verwendung kommende Elektrizität ist. Ein einfaches Ineinanderhaken der Drähte, wie es vielfach bei Anwendung von reibungselektrischen Maschinen geübt wird (Figur 131), kann zwar für die in Frage kommenden, hohen

Fig. 131. Falsche Drahtverbindung.

Spannungen genügen, obwohl auch hier ein Zusammendrehen der Drahtenden vorzuziehen ist. Bei Elektrizität von niedrigerer Spannung, wie sie von den anderen Stromquellen geliefert wird, insbesondere aber für Glühzündanlagen müssen die Leitungsenden sorgfältig miteinander verdreht sein, wie es die Figuren 132 und 133

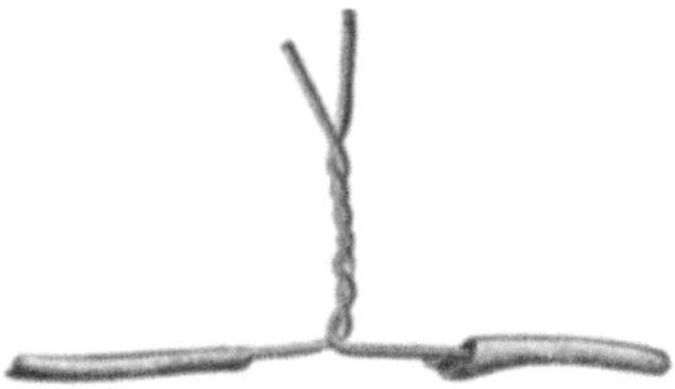

Fig. 132.

Fig. 133.

Richtige Drahtverbindungen.

zeigen. Tragen die Drähte eine Oxydationsschicht, so sind sie vorher durch Kratzen davon zu befreien. Sonst könnte die Verbindungsstelle allein einen Widerstand besitzen, der denjenigen der ganzen übrigen Zündanlage erreicht oder gar übersteigt.

Besteht die Gefahr, dafs von der Verbindungsstelle aus wegen der mangelnden Isolation Kurzschlufs entstehen könnte (Funkenzündanlagen), so ist die nach Figur 133 zusammengedrehte Ver-

Fig. 134.

bindungsstelle noch besonders durch Umwickeln mit Kautschukband oder, wie es Figur 134 zeigt, zu isolieren.

4. **Das Verlegen der Leitung.** Die Leitungen sind womöglich nicht auf die Sohle der Strecke zu verlegen, da einerseits hier wegen der Feuchtigkeit die Kurzschlufsgefahr am

gröfsten ist und da andrerseits bei dieser Lage am leichtesten Verletzungen durch fortgeschleudertes Gestein zu erwarten sind. Am besten werden die Leitungen in der Nähe der Firste, und zwar an jedem Stofse der Strecke eine, untergebracht sein. Das Aufhängen an Isolatoren wird sich auch bei hochgespannter Elektrizität erübrigen, wofern nur isolierte Leitungen zur Anwendung kommen. Für niedrig gespannte Ströme sind Isolatoren erst recht nicht nötig.

Sollte in besonderen Fällen gröfsere Vorsicht notwendig sein, so kann man Glas- oder Porzellanringe oder Gummirollen als isolierte Leitungsträger anwenden.

Zum Transport werden die Leitungen auf Rollen gewickelt. Auch beim Schachtabteufen und in allen solchen Fällen, wo man längere Zeit von einem Orte aus zünden will, während die Arbeit voranrückt, empfiehlt es sich, Rollen anzuwenden und neben der Zündmaschine aufzustellen. Je nach dem Vorrücken der Arbeit wickeln sich die Leitungen von der Rolle ab und werden allmählich nachgezogen.

5. **Zündung ohne Streckenleitung.** Norres hat vorgeschlagen, die Zündapparate mit Uhrwerk zu versehen und dicht vor dem Arbeitsorte an einem vor der Sprengwirkung geschützten Orte unterzubringen. Die Zündung soll durch das Uhrwerk verzögert und erst dann betätigt werden, nachdem die Arbeiter sich in Sicherheit gebracht haben. Dem zu erwartenden Vorteile des Fortfalls der Streckenleitungen steht gegenüber, dafs die Zündapparate durch das Uhrwerk teurer werden und Verletzungen derselben immerhin zu befürchten bleiben. Auch liegt die Bestimmung des Zeitpunktes der Zündung nicht mehr in der Hand des Arbeiters.

J. Hilfsapparate für die elektrische Zündung.

1. Der Zünder- und Leitungsprüfer dient zur Prüfung von einzelnen Glühzündern, Leitungen und ganzen Glühzündanlagen.

In dem unteren Teile des Gehäuses (Figur 135) befindet sich ein leicht aus-

Fig. 135.

wechselbares Trockenelement, das den für die Untersuchung nötigen schwachen Strom liefert. Zwischen den beiden oben sichtbaren Klemmschrauben ist ein Galvanoskop angebracht, dessen Nadel einen Ausschlag zeigt, sobald von Klemme zu Klemme durch einen angeschlossenen äuſseren Stromkreis Strom flieſsen kann.

Glühzünder untersucht man in der Art, daſs man die Zünderdrähte an die Klemmen hält. Zeigt die Nadel einen Ausschlag, so bietet der Zünder dem Strom die ordnungsmäſsige Durchgangsmöglichkeit. Der von dem Prüfer gelieferte Strom ist so schwach, daſs von ihm Glühzünder nicht zur Explosion gebracht werden. Bei Fehlern des Apparates, z. B. wenn in der Wicklung des Galvanoskops Kurzschluſs besteht, ist es allerdings nicht mit aller Sicherheit ausgeschlossen, daſs ein einzeln angeschlossener Glühzünder losgeht. Darum ist eine gewisse Vorsicht anzuraten, und es sollte das Prüfen einzelner Zünder möglichst ohne Sprengkapseln geschehen.

Bei Prüfung von Leitungen darf der Apparat keinen Ausschlag zeigen, wenn die beiden an die Klemmen angeschlossenen Leitungen nirgendwo in Berührung miteinander stehen. Anderenfalls wäre ein Kurzschluſs vorhanden.

Fertige Glühzündanlagen dürfen vor der Zündung unbedenklich mittelst des Prüfers auf die vorhandene Stromleitung untersucht werden, da bei der Gröſse der Widerstände einer ganzen Zündanlage ein Losgehen einzelner Schüsse in keinem Falle zu befürchten ist. Bei Parallelschaltung der Schüsse muſs jeder Zweig einzeln geprüft werden.

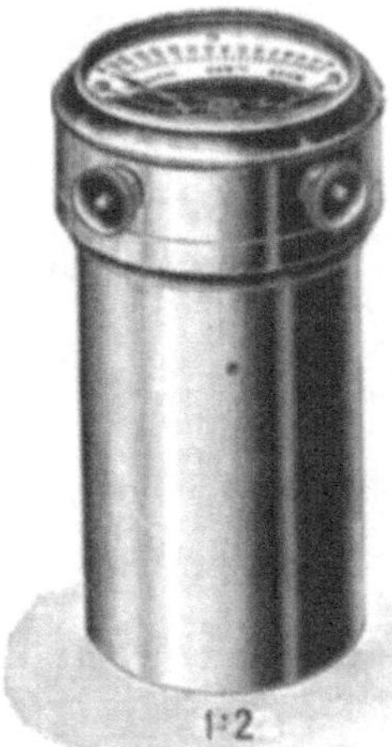

Fig. 136.

Jedoch kann man bei dieser Prüfung zu Trugschlüssen gelangen, wenn in der Leitung oder den Zünderdrähten Kurzschluſs vorhanden ist. Alsdann flieſst der Strom, die Nadel zeigt den Ausschlag, und trotzdem entstehen Versager, da der Strom nicht bis zum Zündsatze kommt.

Diesem Übelstande hilft der Lisse'sche Minenprüfer ab, der als Ohmmeter ausgestaltet ist (Figur 136). Die Handhabung möge aus einem Beispiele erhellen:

Bei einem Schachtabteufen stellt man zunächst den Widerstand der Leitungen für alle ferneren Messungen fest, nachdem man die Enden der Kabel auf der Schachtsohle mit einander verbunden hat. Derselbe sei, über Tage gemessen, 10 Ohm. Für eine Sprengung sollen 15 Schufs angeschlossen werden. Der Widerstand der 15 Zünder mit je 1 Ohm beträgt also 15 Ohm.

Der Prüfer mufs also insgesamt 25 Ohm Widerstand anzeigen. Zeigt er etwa 35 Ohm an, so ist die Verbindung der Zünder unter sich oder mit der Leitung schlecht, bei nur 20 Ohm Widerstand sind nicht alle Zünder eingeschaltet, bei 10 Ohm liegt voraussichtlich Kurzschlufs am Ende der Leitung und bei weniger als 10 Ohm in der Leitung selbst vor.

Entspricht der festgestellte Widerstand dem zu erwartenden, so kann auf eine zuverlässige Zündung gerechnet werden.

Der Prüfer ist seit mehreren Jahren in der Praxis erprobt und ist insbesondere für Schachtabteufen durchaus empfehlenswert. Er leitet die Schiefsmannschaft zur Achtsamkeit an und erleichtert die Überwachung. Geliefert wird er von M. Grillo zu Düsseldorf.

Bei einer dynamoelektrischen Zündmaschine, die von Keiser & Schmidt in Berlin geliefert wird, ist die Prüfung der Leitung und der Zünder durch eine an der Maschine selbst angebrachte Vorrichtung ermöglicht. Im Inneren des Maschinengehäuses ist ein polarisiertes Relais angebracht, welches in die Sprengleitung durch einen Schalthebel ein- und ausgeschaltet werden kann und welches nach Einschalten eine Anzeigescheibe betätigt. Letztere wird durch eine Öffnung im Deckel sichtbar, wenn die Leitung in Ordnung ist. Bei der Prüfung wird der Strom durch den Widerstand des Relais so weit geschwächt, dafs eine Zündung der Schüsse nicht eintreten kann. Nach der Prüfung wird der Widerstand durch Umstellen eines Hebels ausgeschaltet, und die Zündung kann erfolgen.

Bei der französischen Dynamozündmaschine von Manet fliefst bei den ersten Umdrehungen der Kurbel ebenfalls ein ganz schwacher Strom durch den äufseren Stromkreis. Derselbe läfst als Zeichen, dafs die Leitung ununterbrochen ist, eine in der Maschine angebrachte, elektrische Schelle ertönen. Der eigentliche Zündungsstrom setzt erst, wie bei Besprechung der Maschine gesagt ist, später unter der Einwirkung eines Zentrifugalregulators ein.

Auch die oben erwähnte Maschine von Gomant ist mit einer ähnlichen Einrichtung und Prüfungsklingel ausgerüstet.

Beiden Apparaten haften ebenfalls die oben bezeichneten Mängel an, da der Zeiger ausschlägt oder die Glocke ertönt, einerlei, ob der Strom durch die Zünder geht oder bereits in der Leitung kurzgeschlossen ist.

2. Widerstands- und Meſsbrücken dienen zum Sortieren der Glühzünder nach ihren verschiedenen Widerständen.

3. Galvanometer werden zum Prüfen der Leitungsfähigkeit von Spaltglühzündern benutzt, da die Galvanoskope wegen des höheren Widerstandes dieser Zünder hierfür nicht empfindlich genug sind. Man kann mittelst der Galvanometer aber nur den einzelnen Zünder untersuchen, da der Widerstand ganzer Zündanlagen zu hoch ist.

Es ist vielfach üblich geworden, auf den Gruben selbst die Zünder vor ihrer Ausgabe an die Häuer oder Schieſsmeister auf ihre Leitungsfähigkeit und ihren Widerstand zu prüfen. Es kann dies mittelst der in Figur 137 dargestellten Prüfer (geliefert von der Fabrik elektrischer Zünder) geschehen. Der Prüfer besteht aus einem kleinen Trockenelement (im hinteren Kasten der Figur) und einem sehr empfindlichen, aperiodischen Galvanometer, das in dem Widerstandssystem einer Wheatstone'schen Brücke angeordnet ist. Der Prüfer wirkt also in gewissem Sinne wie ein Ohmmeter. Der Ausschlag des Instrumentes muſs für bestimmte Zündergattungen innerhalb einer gewissen Grenze bleiben.

Fig. 137.

4. Das Telephon kann benutzt werden, um Zünder mit sehr hohen Widerständen auf Leitungsfähigkeit zu untersuchen. Dasselbe spricht noch unter der Wirkung kaum meſsbar geringer Ströme.

5. Mittelst Volt- und Ampèremesser sind die Stromquellen von Zeit zu Zeit auf ihre Leistungsfähigkeit zu untersuchen. Insbesondere ist dies für Trockenelementbatterien erwünscht, um unbrauchbar gewordene Elemente rechtzeitig auswechseln zu können. Für Wechselstrommaschinen sind die entsprechenden Meſsinstrumente zu verwenden. Bei den Untersuchungen ist auf tunlichst gleich bleibende Drehgeschwindigkeit bei der Betätigung des Antriebes zu achten.

Einen Ampèremesser für Trockenelemente zeigt Figur 138. Um sowohl einzelne Elemente als auch ganze Batterien prüfen zu können, werden durch Stöpselung mehr oder weniger Widerstände eingeschaltet. Sobald einzelne Elemente die erforderliche Stromstärke nicht mehr liefern, müssen sie durch neue ersetzt werden.

Fig. 138.

Da Ampèremesser einen hohen Stromverbrauch haben und infolge dessen die Batterie geschwächt und die Messung selbst durch eintretende Polarisation der Elektrodenplatten ungenau wird, liefert die Firma M. Grillo zu Düsseldorf einen nach den Vorschlägen von Lisse gebauten Batterieprüfer, bei dem sich die Messungen lediglich auf die Spannung, bezw. den Spannungsabfall mittelst eines Voltmeters bei verschieden hohen, angeschlossenen Widerständen beschränken, so dafs der Stromverbrauch überaus gering bleibt. Es wird beispielsweise zunächst die Klemmenspannung der Batterie bei 1000 Ohm äufserem Widerstand und sodann bei einem der Zündanlage entsprechenden Widerstande gemessen. Die Gröfse des noch zulässigen Spannungsabfalls ist erfahrungsmäfsig festgestellt und auf dem Instrumente angegeben.

Erreicht der Spannungsabfall diese Gröfse nicht, so ist die Batterie noch gebrauchsfähig.

6. Ein verhältnismäfsig einfaches, wenn auch rohes Mefsverfahren ermöglicht der Stromquellenprüfer der Fabrik elektrischer Zünder zu Köln. Es ist dies ein Schaltbrett (Figur 139 und 140), auf dem je nach Gröfse und Art der zu prüfenden

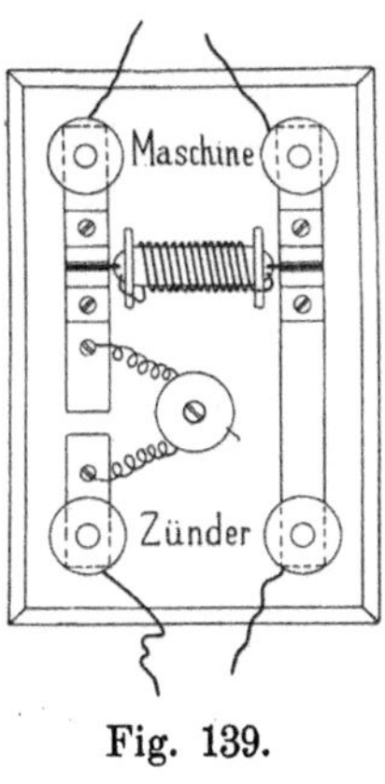

Fig. 139.

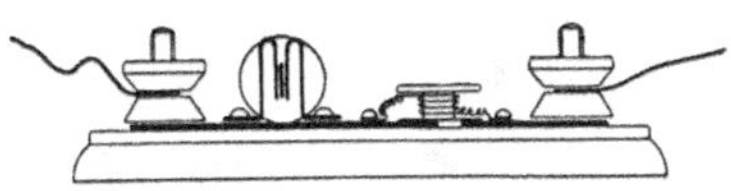

Fig. 140.

Stromquelle verschieden grofse Widerstandsrollen entsprechend dem zulässigen, höchsten Leitungswiderstande und aufserdem künstliche Nebenschlüsse, wie sie in nassen Gruben vorkommen, eingeschaltet werden können. Jede Stromquelle, die noch imstande ist, durch einen angemessenen Widerstand trotz eines gewissen

Fig. 141.

Nebenschlusses einen bestimmten Normalzünder zu zünden, kann als gebrauchsfähig für die Grube gelten. Figur 141 zeigt die Handhabung des Apparates.

K. Die Schaltung der Sprengschüsse.

1. Sollen mehrere Schüsse gleichzeitig gezündet werden, so können die Zünder auf verschiedene Weise an die Zündleitung angeschlossen oder geschaltet werden. Nehmen wir an, dafs sechs

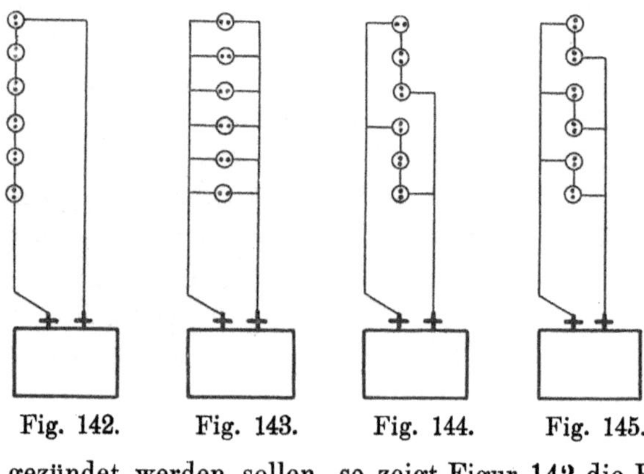

Fig. 142. Fig. 143. Fig. 144. Fig. 145.

Schüsse gezündet werden sollen, so zeigt Figur 142 die Hintereinanderschaltung, Figur 143 die Parallelschaltung und Figur 144 und 145 die gruppenweise Parallelschaltung mit zwei bezw. drei Gruppen.

Im Bergbau von der alten Funkenzündung her am bekanntesten ist die Hintereinanderschaltung (auch Reihen- oder Serienschaltung genannt). Es ist dies eine einfache Schaltung, die für den Bergmann leicht verständlich ist und am wenigsten zu Irrtümern Anlaſs gibt. Sie ist jedoch, was die Ausnutzung des verfügbaren Stromes betrifft, nicht in allen Fällen die günstigste, wie die folgenden Überlegungen zeigen.

2. Nach dem Ohm'schen Gesetze läſst sich die Stärke i des durch die Zündanlage flieſsenden Stromes ausdrücken durch die an der Stromquelle verfügbare Spannung e, dividiert durch den Widerstand w der Zündanlage. Der Widerstand w setzt sich aus dem inneren Widerstande r_i der Stromquelle und dem Widerstande r_z der Zünder selbst zusammen, wobei wir zunächst annehmen wollen, daſs der Leitungswiderstand so gering ist, daſs er vernachlässigt werden kann. Wir haben dann also, wenn nur ein Zünder an die Stromquelle angeschlossen ist,

$$i = \frac{e}{r_i + r_z}.$$

Bei mehreren, gleichzeitig zu zündenden Schüssen stellt sich die Stromstärke je nach der Schaltung verschieden. Wir wollen für die obige Annahme, daſs sechs Schüsse zu zünden sind, die Formeln der Stromstärke für jede Schaltungsweise aufstellen.

Bei der Schaltung nach Figur 142 wird die Stromquelle einen Strom liefern, dessen Stärke sich, wie folgt, ausdrücken läſst:

$$1. \quad i = \frac{e}{r_i + 6\,r_z}.$$

Die übrigen Schaltungen ergeben in den Hauptzuleitungen folgende Stromstärken:

$$2. \quad i = \frac{e}{r_i + \frac{r_z}{6}} \quad \text{(nach Figur 143)}$$

$$3. \quad i = \frac{e}{r_i + \frac{3\,r_z}{2}} \quad \text{(nach Figur 144)}$$

$$4. \quad i = \frac{e}{r_i + \frac{2\,r_z}{3}} \quad \text{(nach Figur 145).}$$

Ist nun der innere Widerstand r_i der Stromquelle sehr grofs im Verhältnis zu dem Zünderwiderstande, so schadet es nichts, wenn man die Zünder nach Formel 1 hintereinander schaltet. Die Stromstärke wird nicht in merklichem Mafse ungünstig beeinflufst. Dagegen kommt in jedem Zünder der volle Strom zur Geltung. Würde man in solchem Falle die Zünder parallel schalten wollen (Formel 2), so würde man den Widerstand des Stromkreises nur wenig herabsetzen und die Stromstärke unwesentlich erhöhen. Wohl aber wird der einzelne Zünder, wenn wir uns Figur 143 vergegenwärtigen, nur je $^1/_6$ des Gesamtstromes erhalten. Unter diesen Voraussetzungen bekommt also bei Hintereinanderschaltung der einzelne Zünder annähernd 6 mal so viel Strom als bei der Parallelschaltung.

Umgekehrt liegt das Verhältnis, wenn der innere Widerstand der Stromquelle sehr niedrig und der Widerstand der Zünder unverhältnismäfsig hoch liegt. Alsdann wird bei Hintereinanderschaltung die Stromstärke sehr gering, während sie bei Parallelschaltung infolge des niedrigen Widerstandes des Stromkreises sehr grofs wird, so dafs der einzelne Zünder weit mehr Strom als bei der Hintereinanderschaltung erhält.

Wir haben also die Regel:

Ist der innere Widerstand der Stromquelle sehr grofs im Verhältnis zum Widerstande der Zünder, so ist Hintereinanderschaltung vorzuziehen; ist er dagegen im Verhältnis zum Zünderwiderstande sehr klein, so ist es vorteilhaft, Parallelschaltung zu wählen.

Ist der innere Widerstand der Stromquelle weder besonders klein noch besonders grofs zum Zünderwiderstande, so kann man gruppenweise Parallelschaltung wählen.

Diese allgemeinen Regeln lassen natürlich für den Einzelfall keinen unmittelbaren Schlufs zu. Vielmehr mufs man für gegebene Verhältnisse die Rechnung anwenden und hierbei insbesondere auch die Spannung der Elektrizität und den Widerstand der Zündleitung berücksichtigen.

Kennt man die zu erwartende Klemmenspannung, den inneren

Widerstand der Stromquelle, den Widerstand der Zündleitung und der Zünder, so ist es für den einzelnen Fall nicht schwer, an der Hand der Formel für das Ohm'sche Gesetz für wichtige Sprengungen das günstigste Schaltungsverhältnis zu finden.

3. Neben den theoretischen kommen aber noch praktische Gesichtspunkte bei der Wahl der Schaltungsweise in Betracht. Es ist zu beachten, dafs Funken- und Spaltglühzünder nicht mit gleichen Widerständen hergestellt werden können. Nur bei Glühzündern wird durch sorgfältige Aussortierung der mit zu hohem oder zu niedrigem Widerstande behafteten Zünder eine annähernde Gleichmäfsigkeit erreichbar sein. Ferner ist zu berücksichtigen, dafs bei vielen Zündmaschinen der Zündungsstrom im ersten Augenblicke nicht mit der vollen Stärke die Zündanlage durchfliefst, sondern dafs ein wenn auch schnell verlaufendes, so doch immerhin allmähliches Anwachsen der Stromstärke stattfindet.

Sehen wir nun zu, wie für die verschiedenen Zündungsarten sich die Verhältnisse gestalten werden.

4. Bei der Funkenzündung liefern die reibungselektrischen Maschinen (ebenso die Strominduktoren) bei sehr grofsem, innerem Widerstande einen aufserordentlich hoch gespannten Strom. Danach wäre also die Reihenschaltung am Platze. Nun ist es unmöglich, den Funkenzündern gleiche Widerstände zu geben. Wenn also bei dem Zündungsstrom ein allmähliches Anwachsen der Stärke stattfände, so würden notwendigerweise die Zünder mit den höchsten Widerständen zuerst kommen und bei Reihenschaltung den Strom unterbrechen. Tatsächlich erfolgt die Wirkung der Elektrizität aber durch einen einzigen, augenblicklichen Funken, der sofort die nötige Stärke besitzt, um sämtliche Zünder gleichzeitig zur Explosion zu bringen. Die Unterschiede in den Widerständen schaden also nichts, und es steht nichts im Wege, Reihenschaltung anzuwenden, die nach der theoretischen Betrachtung am Platze ist. Parallelschaltung ist nicht anwendbar, weil sie für den einzelnen Zünder zu wenig Strom liefert und weil sie bei beträchtlichen Unterschieden in den Widerständen der Zünder leicht zur Folge hätte, dafs nahezu der ganze Funken auf einen einzigen Zünder, der einen besonders niedrigen Widerstand hat, verbraucht wird.

5. Wesentlich anders liegen die Verhältnisse bei der Spaltglühzündung. Ob Reihen-, Parallel- oder gruppenweise Parallelschaltung aus theoretischen Gründen vorzuziehen ist, hängt von der Stromspannung und den jeweiligen Widerständen der Stromquelle, der Leitungen und der Zünder ab und mufs durch Rechnung ermittelt werden. Praktisch wird man aber in den meisten Fällen bei dieser Zündungsart auf Parallelschaltung abkommen müssen. Der von den üblichen Zündmaschinen gelieferte Strom besitzt nicht im ersten Augenblicke die plötzliche, volle Wirkung des elektrischen Funkens, sondern nimmt mehr oder weniger allmählich die volle Stärke an. Die Widerstände der Zünder können nicht so gleichmäfsig gehalten werden, dafs beim Einsetzen des Zündstromes auf ein gleichzeitiges Kommen aller Schüsse ohne Unterbrechung der Reihenschaltung mit Sicherheit zu rechnen ist. Vielmehr kommen die Zünder mit hohen Widerständen zuerst, unterbrechen den Stromkreis, und die übrigen Schüsse würden versagen. Möglich erscheint die Reihenschaltung nur in solchen Fällen, wenn Trockenelemente gebraucht werden oder durch ein völlig selbsttätiges Eingreifen der Maschine ein besonders starker Strom sehr plötzlich auf die Zündanlage geschaltet werden kann.

Dagegen liegen die Verhältnisse für Parallelschaltung günstiger. Hierbei erhalten die Zünder mit niedrigen Widerständen von vornherein mehr Strom als diejenigen, die mit hohen Widerständen behaftet sind. Bis zu einem gewissen Grade gleichen sich also die Ungleichmäfsigkeiten der Widerstände durch die Stromverteilung aus. Aufserdem bleibt die Möglichkeit, dafs die Schüsse in ganz kurzen Zeitunterschieden hintereinander kommen, da ja die Stromleitung durch das Erglühen eines Zünders für die übrigen Schüsse noch nicht unterbrochen wird. Eine tatsächliche Unterbrechung des Stromkreises ist erst durch die verhältnismäfsig spät sich bemerkbar machende Sprengwirkung des zuerst gezündeten Schusses zu befürchten. Die Schüsse kommen also vielleicht nicht völlig gleichzeitig, bleiben aber auch nicht ganz aus. Eine gewisse Gleichmäfsigkeit in den Zünderwiderständen bleibt aber in jedem Falle die Voraussetzung, da allzu grofse Verschiedenheiten auch durch Parallelschaltung nicht mehr ausgeglichen werden können.

In der Regel bleibt also für Spaltglühzündung die Parallelschaltung zu empfehlen. Insbesondere gilt dies für Spaltglühzünder, die verhältnismäfsig niedrige Widerstände besitzen, während für Zünder mit hohen Widerständen, ähnlich wie für die Funkenzünder, Reihenschaltung angebracht sein kann.

6. Bei der Glühzündung schliefslich kann die Gleichmäfsigkeit der Zünderwiderstände so weit getrieben werden, dafs von vornherein alle Arten der Schaltung möglich erscheinen. Je nach der Art der Stromquelle, den Widerständen der Leitung und der Zünder und der Zahl der letzteren kann man entweder Reihen- oder Parallel- oder gruppenweise Parallelschaltung anwenden. Nur wird man der Vorsicht halber zwecks Ausgleichs der niemals ganz zu vermeidenden Unterschiede in den Zünderwiderständen bei Reihenschaltungen einen höheren Strombedarf in die Rechnung einzusetzen haben, als es in Berücksichtigung des einzelnen Zünders nötig scheinen würde. Wenn z. B. der Einzelzünder 0,45 Ampère gebraucht, so tut man gut, bei Hintereinanderschaltung

für	3	Schufs	0,6 Ampère,
„	6	„	0,8 „
„	12—15	„	1,0 „
und für noch mehr		Schüsse	1,2—1,5 „

Stromstärke vorzusehen.

7. Beispiel: Es sollen zehn Schufs gleichzeitig mittelst Glühzündung abgegeben werden. Die dynamoelektrische Zündmaschine liefere 30 Volt Spannung und besäfse einen inneren Widerstand von 5,6 Ohm.

Die Entfernung bis zum Schutzorte sei 100 m, so dafs die 1 mm dicke Leitung aus Kupferdraht 4,6 Ohm Widerstand besitzt. Die einzelnen Glühzünder sollen $1^1/_2$ m lange Eisendrähte von 0,7 mm Dicke besitzen. Der Widerstand des einzelnen Zünders samt seinen Drähten sei 1,8 Ohm.

Bei Hintereinanderschaltung aller zehn Schüsse erhalten wir folgende Stromstärke:

$$i = \frac{30}{5{,}6 + 4{,}6 + 18} = \frac{30}{28{,}2} \text{ Ampère.}$$

Die Schüsse werden also kommen.

Parallelschaltung ergibt insgesamt

$$i = \frac{30}{5{,}6 + 4{,}6 + \frac{1{,}8}{10}} = \frac{30}{10{,}38} \text{ Ampère,}$$

was für den einzelnen Zünder aber nur rund $\frac{3}{10}$ Ampère ausmacht. Parallelschaltung ist also unzulässig.

Bei Parallelschaltung von zwei Gruppen von je fünf Schufs stellt sich die Rechnung wie folgt:

$$i = \frac{30\,.}{5{,}6 + 4{,}6 + \frac{9}{2}} = \frac{30}{14{,}7} \text{ Ampère,}$$

wovon jede Schufsreihe die Hälfte mit

$$\frac{15}{14{,}7} = \sim 1 \text{ Ampère,}$$

also einen für eine Reihe von nur fünf Schüssen reichlich starken Strom erhält.

In diesem Falle würde also die gruppenweise Parallelschaltung für die Zündung am zweckmäfsigsten sein.

Das Beispiel zeigt genügend klar, welche Wichtigkeit der Schaltungsweise innewohnt. Zu bemerken ist noch, dafs man bei Glühzündung durch Anwendung der Parallel- oder der gruppenweisen Parallelschaltung der Möglichkeit verlustig geht, die fertige Zündanlage vor dem Abtun der Schüsse auf Stromführung zu prüfen. In diesem Falle mufs die Prüfung für jeden Zweig der Zündanlage einzeln erfolgen.

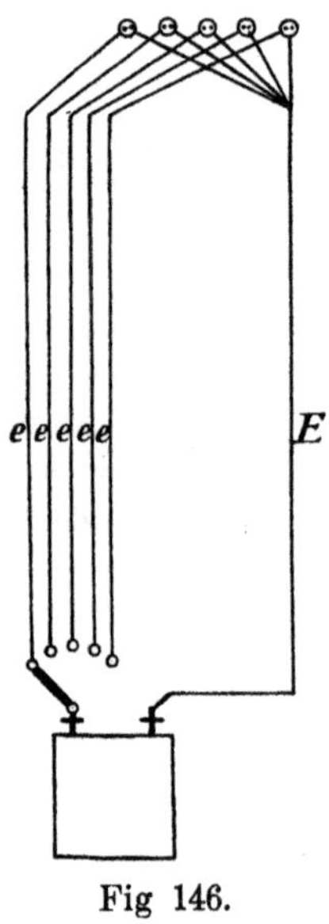

Fig 146.

8. Die von Verdu vorgeschlagene **Einzelschaltung mit schneller Aufeinanderfolge der Schüsse** (Successivzündung) hat den Zweck, eine gröfsere Anzahl von Schüssen mittelst einer verhältnismäfsig schwachen Stromquelle zur Entladung zu bringen, wobei jeder Zünder für sich den vollen Strom der Quelle für kurze Zeit erhalten soll. Die Schüsse fallen hierbei in ganz kurzen Zwischenräumen nacheinander. Die Zündungsanlage ist in Figur 146 dargestellt. Jede Sprengladung ist durch eine besondere Hinleitung *e* und die gemeinschaftliche Rückleitung *E* mit dem Stromschalter einerseits und der Batterie (Element oder Akkumulator) andrerseits verbunden. Mittelst einer im Kreise drehbaren Kontaktfeder des Stromschalters können nach Verbindung derselben mit der Batterie durch raschen Zug über die Enden der Hinleitungen sämtliche Schüsse in Verbindung mit der Batterie und zur Explosion gebracht werden. Die einzelnen Schüsse können auch durch Gruppen von Schüssen ersetzt sein. Die Zahl der zu zündenden Schüsse oder Schufsgruppen ist dadurch

beschränkt, daſs die Einschaltung des letzten Schusses so schnell erfolgen muſs, daſs nicht vorher schon durch die Wirkung des ersten Schusses die Leitungen zerstört sind.

Das Verfahren hat den Übelstand, daſs jeder einzelne Schuſs einer besonderen Leitung bedarf. Die Zündanlage wird also teuer. Die Handhabung des Umschalters erfordert einige Gewandtheit. Man ist auch in der Auswahl der Stromquellen beschränkt, da nur ein dauernder Strom in der vorgeschlagenen Weise benutzt werden kann. Tatsächlich dürfte sich das Verfahren nirgends eingebürgert haben. Es entspricht für bergmännische Arbeiten auch kaum einem Bedürfnis, da die gleichzeitige Zündung einer gröſseren Anzahl von Schüssen weder mit Bezug auf die Zünder noch mit Bezug auf geeignete Stromquellen Schwierigkeiten macht. Als eigentliche Zeitzündung, bei der ein Schuſs vor dem anderen kommen und diesem Einbruch schaffen soll, kann das Verfahren nicht gelten, da die Aufeinanderfolge der Schüsse zu schnell vor sich gehen muſs.

Von dem Amerikaner H. Julius Smith ist vorgeschlagen worden, die Zündmaschine selbst so einzurichten, daſs durch die Bewegung des Handgriffs (z. B. der Zahnstange bei der rackbar-Maschine) die vorbesprochene Schaltung der Schüsse erfolgt. Praktische Bedeutung hat anscheinend auch dieser Vorschlag nicht erlangt.

L. Die Schlagwettersicherheit der elektrischen Zündung.

Im Abschnitte B ist schon einiges über die Schlagwettersicherheit der elektrischen Zündung gesagt.

Über die Grenzen der Schlagwettersicherheit sind auf der berggewerkschaftlichen Versuchsstrecke bei Gelsenkirchen Versuche gemacht worden.

Bekannt war, daſs die durch reibungselektrische Zündmaschinen erzeugten Schlieſsungsfunken bei unachtsam gelegter Leitung Schlagwetter zu zünden vermögen. Die Versuche mit solchen Maschinen erstreckten sich deshalb nur darauf, ob auch die kleinsten, derartigen Funken Zündung hervorrufen können. Benutzt wurde eine für 15 Schuſs bestimmte Nobel'sche Maschine. Es ergab sich, daſs Funken von nicht mehr als $^1/_2$ mm Länge ungefährlich sind. Bei Funken von 1 mm Länge tritt dagegen bereits Zündung ein.

Beim Gebrauche von magnet- und dynamoelektrischen Maschinen können zufolge der geringen Spannung Schlieſsungsfunken überhaupt nicht, wohl aber Öffnungsfunken in gewissen, besonderen Fällen auftreten, nämlich dann, wenn der äuſsere Stromkreis während des Flieſsens des Stromes dadurch unterbrochen wird, dafs zwei bisher in leitender Berührung stehende Drahtenden von einander entfernt werden. Derartige Funkenbildungen werden aus zufälligen Ursachen freilich überaus selten vorkommen. Solche Funken können tatsächlich Schlagwetter zur Entzündung bringen. Nur wenn die Maschinen sehr klein waren (6 Volt Spannung bei 0,8 Ohm innerem Widerstand), wurden die Schlagwetter nicht mehr gezündet.

Die beim Unterbrechen von Strömen, die von Elementen und Akkumulatoren geliefert werden, auftretenden Funken sind verhältnismäfsig ungefährlich, anscheinend deshalb, weil die Wirkung der Selbstinduktion fehlt. Es konnten im Schlagwettergemische Akkumulatorenströme von 20—25 Ampère Stärke bei 4—8 Volt Spannung ohne Zündung ausgeschaltet werden.

Alles in allem sind für Schlagwettergruben gewisse Bedenken gegen die reibungselektrischen Maschinen ebenso wie gegen Strominduktoren nicht von der Hand zu weisen. Aber auch diese Art der Zündung wird der Zündschnurzündung an Schlagwettersicherheit noch weit überlegen sein. Die Zündanlagen für Spaltglüh- und Glühzündungen dürften dagegen zu Explosionsfällen in der Grube wohl noch nie Anlafs gegeben haben.

M. Zündsicherheit.

Maurice gibt an, dafs auf englischen Gruben unter 11 800 Schufs nur 3 Versager festgestellt wurden.

Bergwerksdirektor G. A. Meyer (Zeche Shamrock) will auf 100 259 Schüsse mit Glühzündern keinen einzigen Versager gehabt haben.

Verfasser dieses selbst hat bei 4500 Schufs mit Spaltglühzündern trotz schwieriger Leitungsverhältnisse nur 1 Versager gefunden. Bornhardt'sche Funkenzünder erwiesen sich auf der westfälischen berggewerkschaftlichen Versuchsstrecke als ähnlich zündsicher.

Insgesamt besitzt somit die elektrische Schufszündung bei sachgemäfser Handhabung eine Zündsicherheit, die unerreicht unter allen Zündungsarten dastehen dürfte. Voraussetzung ist natürlich, dafs die Zünder selbst mit der nötigen Sorgfalt hergestellt und die Zündmaschinen in ordnungsmäfsigem Zustande sind.

Treten trotzdem Versager ein, so werden in der Regel die Fehler anderswo als in den Zündern zu suchen sein. Bei hochgespannter Elektrizität sind insbesondere Stromverluste durch Nebenschlüsse zu fürchten; bei Zündern mit niedrigen Widerständen liegt der häufigste Grund für das Vorkommen von Versagern darin, dafs die Verbindungsstellen der Leitungen nicht mit der nötigen Sorgfalt ineinander verdreht sind.

Bei besonders wichtigen Schüssen bringt man wohl zwei elektrische Zünder in eine Sprengladung, damit beim Versagen eines Zünders noch der zweite zur Erreichung des gewünschten Zweckes übrigbleibt. Sicher ist dieses Verfahren freilich nicht, da man nicht im voraus weifs, ob der etwaige Fehler eines Zünders in Kurzschlufs der Zünderdrähte oder der Pole oder in einem zu hohen Widerstande besteht. Im ersteren Falle müfsten die beiden Zünder hintereinander und in letzterem Falle nebeneinander geschaltet werden, damit der zweite Zünder die volle Stromstärke erhält. Die angedeutete Vorsicht wird bei der hohen Zündsicherheit im allgemeinen überflüssig sein, wenn sonst alle Teile der Zündanlage in Ordnung sind.

N. Unglücksfälle bei der elektrischen Zündung.

Es dürfte kaum Unglücksfälle geben, die als unvermeidliche Begleiterscheinungen der elektrischen Zündung aufzufassen sind. Die tatsächlich vorkommenden Unfälle werden vielmehr in der Regel auf ein Verschulden der Mannschaft oder auf das Verhalten der Sprengladung zurückzuführen sein.

Besondere Vorsicht ist bei der Behandlung der mit Sprengkapseln versehenen, elektrischen Zünder notwendig. Bekanntlich sind die Sprengkapseln an sich gegen Stofs und Schlag empfindlich. Also werden auch die an den elektrischen Zündern befindlichen Sprengkapseln bei übermäfsig heftigem Besetzen zur Explosion Veranlassung geben können. Der Versuch, nach Versagen des Schusses den Zünder mittelst der Zünderdrähte durch den Besatz zu ziehen, erscheint ebenfalls nicht ungefährlich. Namentlich wird das bei solchen Zündern der Fall sein, bei denen Knallquecksilber und Zündsatz in einer und derselben Hülse untergebracht sind, also eine unmittelbare Druckwirkung des Zündsatzes oder der Polenden auf den Knallsatz nicht ausgeschlossen ist.

Bei sehr nachlässig gefertigten Zündern ist es vorgekommen, daſs bei unbeabsichtigtem Zerren an den Zünderdrähten der Zündsatz durch die Verkittung hindurchgezogen wurde und infolge Reibung zur Entzündung kam. Ist alsdann die Sprengkapsel schon in Verbindung mit dem Zünder, so sind verfrühte Explosionen möglich. Es macht keine Schwierigkeit, diesen Übelstand durch geeignete Herstellung der Zünder auszuschlieſsen, so daſs die angedeutete Gefahr bei den von einer bewährten Firma bezogenen Zündern nicht zu befürchten ist.

Die meisten Unfälle bei der elektrischen Zündung werden als Folge von Versagern auftreten. Nehmen wir an, daſs als Stromquelle ein Trockenelement oder ein Akkumulator ohne gute Kontakteinrichtung (S. 193) benutzt wird und daſs der Schuſs infolge eines Kurzschlusses in der Leitung nicht gekommen ist. Wenn nun der Schieſsmann den Zündapparat, ohne die Leitung davon zu lösen, aus der Hand legt und den Kurzschluſs suchen geht, so wird der Schuſs im selben Augenblick kommen, wo der Kurzschluſs gefunden ist und die beiden Leitungen von einander entfernt werden. Derselbe Fall kann infolge Erdschlusses eintreten, wenn der Schieſsmann das Lösen nur einer Leitung von dem Apparate für genügend erachtet oder wenn bei Benutzung anderer Zündmaschinen mittlerweile diese von Unberufenen in Tätigkeit gesetzt werden. Mehrfach haben auch einzelne Zünder, die versagt hatten, dadurch Anlaſs zu Verunglückungen gegeben, daſs sie ohne besondere Schutzmaſsregel zu weiteren Versuchen an der Zündmaschine oder sonstigen Spielereien benutzt wurden. Da der Widerstand der Leitung fehlt, liefert die Stromquelle in solchem Falle einen stärkeren Strom und kann sehr wohl den Zünder nachträglich zur Explosion bringen.

Zu frühe Schüsse sind — abgesehen von der Unaufmerksamkeit des Schieſsmannes — dadurch möglich, daſs die Leitungen mit Starkstromleitungen oder mit den Leitungen elektrischer Signalapparate usw. versehentlich in leitende Berührung kommen.

Besondere Aufmerksamkeit haben die Spätschüsse (siehe S. 13 und 14) erregt. Der Schieſsmann glaubt, es mit einem Versager zu tun zu haben. Wenige Augenblicke und unter Umständen mehrere Minuten später kommt der Schufs. Derartige Vorkommnisse sind bei elektrischer Zündung besonders auffällig, da man den Schufs zu einem ganz bestimmten Zeitpunkte erwartet. Bei Zündschnurzündung sind solche Fälle kaum festzustellen, werden aber sicherlich nicht minder häufig sein. Die Erklärung hierfür ist zum Teil in dem elektrischen Zünder gesucht worden. Wenn es auch unwahrscheinlich ist, so ist es doch nicht ganz unmöglich, dafs zwischen Zünder und Knallsatz ein langsam glimmender Körper (Sägemehl, Papier oder dergleichen) geraten kann, der die Explosion des Knallquecksilbers kurze Zeit hintan hält. Ferner kann es bei gewissen Zündern, die zwischen Zünd- und Knallsatz eine Wand besitzen, vorkommen, dafs der Zündsatz seitlich die Hülse durchschlägt und den Sprengstoff ins Brennen bringt, und dafs die eigentliche Sprengkapsel erst nachträglich infolge der brennenden Sprengladung explodiert. Volf hat darüber in Karwin Versuche angestellt[1]). Alles in allem wird es in den meisten Fällen wahrscheinlicher sein, dafs der Sprengstoff selbst die Ursache zu der Spätzündung gegeben hat.

Schliefslich mag noch erwähnt sein, dafs elektrische Entladungen bei Gewittern unter Umständen über Tage befindliche Zünder oder anstehende Schüsse zur Explosion zu bringen imstande sind. Dadurch dafs man die beiden Enden der Zünderdrähte durch Verdrehen oder sonstwie in leitende Berührung miteinander bringt, kann man sich hiergegen schützen.

O. Rückblick auf die Vor- und Nachteile der drei verschiedenen Zündungsarten.

1. Die Funkenzündung erfordert Stromquellen, die empfindlich sind gegen die Einflüsse der Grubenluft und die Wirkungen des Betriebes. Zufolge der hohen Spannungen besteht Kurzschlufsgefahr; auch ist das Auftreten von Funken in Schlagwettergruben zu befürchten. Die Leitungen müssen gut isoliert sein. Dagegen kommt es auf das Material und den Querschnitt der Drähte wenig an. Die Zünder können nicht auf Stromleitung

---

[1]) Neue dynamoelektrische Minenzündmaschine, Patent Hans Tirmann, und die verspäteten Sprengschüsse. Von L. Volf. Österr. Z. f. B. u. Hw. 1901, Nr. 17, S. 221 ff.

untersucht werden, sind aber einfach und billig mit genügender Zündsicherheit herzustellen. Es sind gleichzeitige Zündungen von 80—100 Schufs bei Hintereinanderschaltung mit Sicherheit möglich.

2. Die Spaltglühzündung gestattet die Verwendung dauerhafter und haltbarer Zündapparate, z. B. von magnet- und dynamo-elektrischen Maschinen und den neuerdings sehr beliebten Trockenelementen. Die erforderliche Spannung ist je nach der Art der Zünder sehr verschieden. Bei hoher Spannung ist Isolation der Leitungen notwendig, bei niedriger sind blanke Drähte verwendbar. Die Zünder sind einfach und billig und können in der Regel auf Leitungsfähigkeit untersucht werden. Eine entsprechende Prüfung der ganzen Zündanlage ist nicht möglich. Die gleichzeitige Zündung mehrerer Schüsse bedingt bei niedrigen Zünderwiderständen in der Regel Parallelschaltung und hat eine verhältnismäfsig hohe Gleichmäfsigkeit der Widerstände zur Voraussetzung. Bei Zündern mit hohen Widerständen und Zündmaschinen mit plötzlicher starker Stromwirkung bei hoher Spannung ist Hintereinanderschaltung angebracht und wirkt ordnungsmäfsig.

3. Die Glühzündung steht bezüglich der Stromquellen auf derselben Stufe wie die Spaltglühzündung. Wegen der niedrigen Spannung ist die Kurzschlufsgefahr sehr gering. Auf Isolation der Leitungen braucht deshalb kein besonderes Gewicht gelegt zu werden, und blanke Leitungen sind in der Regel zulässig. Jedoch müssen die Leitungen genügenden Querschnitt besitzen oder aus gut leitendem Material bestehen, damit der Widerstand gering ist. Die Zünder sind etwas teurer als bei der Funken- und Spaltglühzündung. Die Zünder können ebensowohl wie die ganze Zündanlage auf Leitungsfähigkeit geprüft werden. Reihen- und Parallelschaltung ist anwendbar.

4. Bei einem Vergleiche insgesamt wird man zu dem Schlusse gelangen, dafs die Verwendung von Zündern mit niedrigen Widerständen (Spaltglühzünder für niedrige Spannungen und Glühzünder) für den Grubenbetrieb infolge Dauerhaftigkeit der Zündmaschinen, der Zulässigkeit blanker Leitungen und der Möglichkeit einer vorherigen Prüfung besondere Vorteile bietet. Tatsächlich bürgern sich diese Zünder auf Kosten der älteren Zünder für höhere Spannungen immer mehr ein.

VI. Zündung durch Fernwirkung.

(Explosion par influence; explosion sympathique.)

Eine merkwürdige Erscheinung, die zweckmäfsig mit „Zündung durch Fernwirkung“ zu bezeichnen ist, besteht darin, dafs ein unter der Wirkung einer Sprengkapsel explodierender Sprengstoff eine in der Nachbarschaft befindliche Sprengladung zur Explosion bringen kann, ohne dafs hierbei eine unmittelbare Berührung der beiden Ladungen oder auch nur eine Übertragung der Flammenwirkung stattfindet.

Paul Chalon berichtet über Versuche, die von Kapitän Pamart mit 55%igem Dynamit angestellt wurden. Zwei gleich starke Ladungen wurden in Zinkbüchsen eingeschlossen. Betrug das Gewicht jeder Ladung 1 kg, so war die Entfernung, über die die Explosion der einen Ladung auch die der anderen nach sich zog, 90 cm. Betrug das Gewicht je 5 kg, so stieg die Entfernung auf 4,5 m, so dafs für diese Bedingungen die Entfernung D und das Gewicht P der Ladung im folgenden Verhältnis stand:

$$D = 0{,}9\ P.$$

Wurden die Ladungen ohne Metallbüchse an freier Luft abgefeuert, so war die Übertragungsentfernung bei der Explosion von 1 kg nur 50 cm. Bei Anwendung von Holzbüchsen statt der Zinkbehälter war die Entfernung nur 30 cm.

Bei anderen Versuchen wurden Dynamitpatronen, deren Zusammensetzung nicht angegeben ist, von 100 g Gewicht an senkrecht stehenden Pfählen befestigt. Die Explosion übertrug sich im Höchstfalle von einer Patrone auf die andere über eine Entfernung von 80 cm. Regelmäfsig fand die Übertragung bei Entfernungen von 35—40 cm statt.

Besonders gut und sicher findet die Übertragung der Explosion durch Fernwirkung statt, wenn die Patronen auf Schienen liegen. Man nimmt an, dafs Dynamitpatronen von 100 g alsdann noch sicher bis auf 70 cm die Explosion übertragen.

Auf welche weiten Entfernungen unter Umständen eine Zündung durch Fernwirkung erfolgen kann, lehrt der folgende interessante Fall, der nach Mowbray in einem Tunnel bei Hoosac in den Vereinigten Staaten vorgekommen ist. Ein Metallgefäfs, das 4 Pfund Sprengöl enthielt, stand 400 Fufs vom Arbeitsstofse entfernt in unmittelbarer Berührung mit einer Schiene. Das Gefäfs explodierte, als vor Ort 16 Schüsse abgetan wurden.

Die Zündung durch Fernwirkung wird begünstigt, wenn die Ladungen in Röhren untergebracht sind. Nach dem Vorschlage von Abel hat man in tiefe Bohrlöcher drei Patronen gebracht, von denen die eine in das Bohrlochstiefste, die zweite in die Mitte des Loches und die dritte an die Mündung zu liegen kam. Das Abtun der äufseren Patrone mittelst Sprengkapsel veranlafste die gleichzeitige Explosion der beiden inneren Patronen. Besatz wurde hierbei nicht angewandt. Auf diese Weise kann unter Umständen an Zeit und Kraft gespart werden.

In den Vereinigten Staaten hat man bei einigen umfangreichen Sprengungen von dieser Art der Zündung Gebrauch gemacht.

Nach Berthelot läfst sich die Zündung durch Fernwirkung, wie folgt, erklären: Durch die Explosion einer Sprengladung entstehen zwei Arten von Wellen, nämlich die Explosionswelle (vergl. S. 8), die aus einer regelmäfsigen Folge von chemischen, kalorischen und mechanischen Wirkungen besteht und mit stets erneuerter, gleichbleibender Kraft die Masse des Sprengstoffes durchläuft, und eine lediglich physikalische (mechanische) Welle, die aus der plötzlichen Druckwirkung der Explosionsgase auf die Nachbarschaft entsteht und sich in den umgebenden Raum ausbreitet. Die Kraft der letzteren Welle nimmt umgekehrt wie das Quadrat der Entfernung ab. Trifft diese Welle eine zweite Sprengladung, so wird sie aufgehalten und hierdurch ihre mechanische Energie zum Teil in kalorische umgesetzt. Die sich ergebende kalorische Energie kann bei genügender Stärke die Explosion der zweiten Ladung im Gefolge haben.

Für die praktische Handhabung der Sprengarbeit wird die Zündung durch Fernwirkung stets nur von geringer Bedeutung sein können.

Literatur.

Ein eingehendes Verzeichnis der Literatur über Sprengstoffe findet sich in dem Werke von O. Guttmann, „Die Industrie der Explosivstoffe“, Braunschweig 1895.

Das Gebiet der Sprengstoffe ist in vielen, z. T. vortrefflichen Einzelaufsätzen bearbeitet worden, die sich namentlich in bergtechnisehen Zeitschriften finden. In dieser Beziehung seien besonders erwähnt:

Glückauf, Berg- und Hüttenmännische Wochenschrift, Essen.

Österreichische Zeitschrift für Berg- und Hüttenwesen, Leoben und Wien.

Annales des Mines de Belgique, Bruxelles.

Von umfassenderen Bearbeitungen sind zu empfehlen:

S. P. von Romocki, Geschichte der Explosivstoffe, Berlin 1895 und 1896.

O. Guttmann, Die Industrie der Explosivstoffe. Vieweg & Sohn, Braunschweig 1895.

Derselbe, Handbuch der Sprengarbeit. Vieweg & Sohn, Braunschweig 1892.

Dr. Fr. Böckmann, Die explosiven Stoffe. Leipzig 1880.

K. Zickler, Die elektrische Minenzündung. Vieweg & Sohn, Braunschweig 1888.

A. v. Renesse, Die elektrische Minenzündung. Karl Duncker, Berlin 1891.

M. Berthelot, Sur la force des matières explosives d'après la thermochimie. Troisième édition. Gauthier-Villars, Paris 1883.

Sous-Commission Spéciale de la Commission des Substances Explosives. Rapport sur l'étude des questions relatives à l'emploi des explosives en présence du grisou. Annales des mines ou recueil etc. T. XIV, sér. VIII. Vve Ch. Dunod, Paris 1888.

Dr. J. Daniel, Dictionnaire des matières explosives. Vve Ch. Dunod, Paris 1902.

L. Gody, Traité théorique et pratique des matières explosives, 2e édition, Wesmael-Charlier, Namur 1896.

J. Henrotte, Étude sur les explosifs de sécurité en usage dans les mines grisouteuses. Extrait des Annales des Mines de Belgique, t. I. Bruxelles 1896.

A. Macquet, Explosifs de sûreté. Baudry & Co., Paris 1893.

Chalon, P. F., Le tirage des mines par l'électricité. Baudry & Cie., Paris 1888.

Eissler, The modern high explosives. John Wiley & Sons, New York 1884.

Wm. Maurice, Electric blasting, Excerpt from the Transactions of the Institution of Mining Engineers. Newcastle-upon-Tyne 1899.

Namen- und Sachregister.

GPSR Compliance

The European Union's (EU) General Product Safety Regulation (GPSR) is a set of rules that requires consumer products to be safe and our obligations to ensure this.

If you have any concerns about our products, you can contact us on ProductSafety@springernature.com

In case Publisher is established outside the EU, the EU authorized representative is:

Springer Nature Customer Service Center GmbH
Europaplatz 3
69115 Heidelberg, Germany

Batch number: 10682427

Printed by Printforce, the Netherlands